TIEMPO
sin relojes

TIEMPO sin relojes
©2022

ISBN: 9798422639137
Paperback

A Marcela…

NOTA LIMINAR.	11
1. MITO Y DESESPERANZA.	17
1.1 ETERNIDAD Y VIDA ETERNA.	17
1.2 EL CORAZON DE LOS SABIOS.	21
1.3 MENOS MITOS.	22
1.4 DEL DEVENIR AL RETORNO. HERÁCLITO.	24
1.5 LO QUE ES TAL CUAL ES. PARMÉNIDES.	25
1.6 CAMBIANTE SIN CAMBIAR.	26
1.7 REALIDAD Y MATEMÁTICAS. ZENÓN DE ELEA.	27
1.8 SER Y ESPACIO. MELISO.	29
1.9 NO TANTO ESPACIO. LEUCIPO.	29
1.10 IMAGEN MÓVIL DE LA ETERNIDAD. PLATÓN.	30
2. TIEMPO Y LÓGICA	33
2.1 NÚMERO DEL MOVIMIENTO. ARISTÓTELES.	33
2.2 UNA INTUICIÓN. ESTRATÓN DE LAMPSACO.	39
2.3 SIN TIEMPO PARA VANIDADES. EPICURO.	40
2.4 DE NUEVO LO MISMO. ZENÓN DE CITIO.	42
2.5 IN MEMORIAM. PIRRÓN.	44
2.6 PARÁSITO DE LA ETERNIDAD. PLOTINO. PORFIRIO.	45
3. CARPE DIEM.	47
3.1 EL TIEMPO ES EN LA MEDIDA EN QUE TIENDE A NO SERLO. AURELIUS AUGUSTINUS DE HIPONA.	47
3.2 ETERNIDAD DE LO PERPETUO, DE LO TEMPORAL Y DEL QUINTO POSTULADO DE EUCLIDES. PROCLO. KHAYYA´M.	58
4. RENACE LA CIENCIA, NACE EL RENACIMIENTO EN MEDIO DE LA BARBARIE QUE SE LE OPONE.	61
4.1 REALIDAD Y MATEMÁTICAS. JOHN PHILOPONUS.	61
4.2 EL TIEMPO PROPORCIONA, A AQUELLO QUE TOCA, APARIENCIA DE EXISTENCIA. BOECIO.	63
4.3 MUERTE ETERNA.	66
4.4 UN PRINCIPIO DE RELATIVIDAD. UNA MUERTE BRUTAL. BRUNO.	68
5. EL LENGUAJE DEL UNIVERSO.	71
5.1 EPPUR SI MOUVE. GALILEO.	71
5.2 ETERNIDAD AL ALCANCE DE LA MANO. O DE LA MENTE. SPINOZA.	78
6. DE NEWTON A EINSTEIN; LA FILOSOFÍA (NATURALMENTE) EN PROBLEMAS.	81
6.1 HYPOTHESES NON FINGO. NEWTON.	81

6.2 EL ABOGADO DE DIOS. LEIBNIZ. —87

6.3 EULER PROPONE, HASTA DONDE SE PUEDE, UN RELOJ PARA METAFÍSICOS. —90

6.4 LA FILOSOFÍA DECLARA ÉXITO A SU DERROTA. —91

6.5 TIEMPO: EL CONCEPTO MISMO EN SU EXISTENCIA; O TAMBIÉN: LA NEGATIVIDAD TOTAL. HEGEL. —99

6.6 OTRO ADIÓS PARA EL ETERNO RETORNO. —102

6.7 TIEMPO DEL VIAJE Y VIAJE EN EL TIEMPO. LA LÓGICA COMO SEMÁFORO. —103

6.8 CREO QUE EL TIEMPO NO EXISTE Y ME PROPONGO EXPLICAR LAS RAZONES. McTAGGART. —105

7. LA PERTINAZ REALIDAD. —109

7.1 LA REALIDAD, MÁS AMPLIA QUE LAS MATEMÁTICAS. GÖDEL. —109

7.2 EL TIEMPO SICOLÓGICO Y EL MUNDO NATURAL. DEBATE ENTRE BERGSON Y EINSTEIN. —110

7.3 INGENIERÍA, TRENES, RELOJES, MATEMÁTICAS. POINCARÉ. —112

8. TODO CAMBIÓ Y YA NO SEGUIRÁ IGUAL (EN FÍSICA). EINSTEIN. —119

8.1 OTRAS GENERALIDADES Y ANTECEDENTES PARA LA TEORÍA ESPECIAL DE RELATIVIDAD. —119

8.2 LA TEORÍA ESPECIAL DE RELATIVIDAD (SIN NÚMEROS, SIN ECUACIONES). —121

8.3 EL ESPACIO TIEMPO, UN MUNDO (NUEVO) QUE SORPRENDIÓ A EINSTEIN. MINKOWSKI. —125

8.4 LA VELEIDOSA LUZ. DICKE. —129

8.5 UN MOLUSCO A CAMBIO DE UN MUNDO. RELATIVIDAD GENERAL. (SIN NÚMEROS, SIN ECUACIONES). —131

8.6 EL EXTRAÑO MUNDO DE SUBUSO (Mr. MUM). BERKELEY LAB LASER ACCELERATOR. —138

8.7 LA TEORÍA COMO SUSTITUTO DE LA REALIDAD. HAWKING. ALGO DE SENSATEZ. PENROSE. —141

8.8 ESE (MOLESTO) ESPACIO QUE CONTINUAMENTE SE CONVIERTE EN TIEMPO. WEYL. —143

8.9 RELATIVIDAD ESPECIAL, TORTUGA Y AQUILES. —148

9. LA HORA DEL TIEMPO. —151

9.1 EL INSTANTE, AUSENTE. —151

9.2 ¿PASA EL PASADO? ¿POR DÓNDE, A DÓNDE, DESDE DÓNDE? ¿QUÉ ES LO QUE PASA? ¿CÓMO Y POR QUÉ? —152

9.3 ¿LLEGA EL FUTURO? ¿A DÓNDE Y DESDE DÓNDE? ¿QUÉ ES LO QUE LLEGA? —163

9.4 AUSENCIA DEL PRESENTE. —166

9.5 ETERNIDAD, OTRA VEZ. —170

9.6 MÁS FLECHAS. CARNOT, BOLTZMANN, OTROS. —171

9.7 UNA OCASIÓN SIN TIEMPO. —173

10. VOLVER AL PRESENTE. —177

10.1 LA LINTERNA DE ALADINO. —177
10.2 FATALISMO, PARA PROFETAS. —180
10.3 ¿CAPRICHO MATEMÁTICO, O SERVIDUMBRE DE LOS RELOJES? —181
10.4 EL PRESENTE, DURADERO E INEVITABLE. —183
10.5 LA REALIDAD DEL CAMINANTE NO ES LA DE LA RELATIVIDAD. UN MODESTO PASO.—188
10.6 LEIBNIZ, REVISITADO. SHOEMAKER. LE POIDEVIN. —189
10.7 FLUYE LA LUZ, SE DICE QUE FLUYE EL TIEMPO. —190
10.8 LO QUE DESPARECE NO CAMBIA, LO QUE CAMBIA NO DESAPARECE. —193
10.9 RELOJES, UNA PÉRDIDA DE TIEMPO. —195
10.10 EL TIEMPO NO TIENE ORIGEN NI META. —199
11. TIEMPO Y REALIDAD. —201
11.1 ESPACIO TIEMPO. —201
11.2 TIEMPO DISCRETO, TIEMPO CONTINUO. —202
11.3 TIEMPO Y MOVIMIENTO. —203
11.4 TIEMPO Y EXISTENCIA. EL SABOR DEL TIEMPO. ECKHART. —207
11.5 LA REALIDAD SIEMPRE EXISTENTE, ACTIVA. SIN CAUSA NI META. —210
11.6 LA DURACIÓN ESCAPA A TODA MEDICIÓN. —214
11.7 DE VUELTA A LA (PERTINAZ) REALIDAD. RELOJES Y AVIONES. —218
11.8 LOS RELOJES SE PARECEN, PERO NO SON IGUALES. —221
11.9 NO FLUYE EL TIEMPO, NI EL RÍO, NI EL MAR. —225
11.10 LO QUE ES, ES Y OCURRE EN EL PRESENTE. —227
11.11 SI EL RÍO NO CAMBIA, NO ES. SI ES, NO CAMBIA. —230
12. ESPACIO, TIEMPO, Y ESPACIO TIEMPO. —233
12.1 EL TIEMPO DE LA FÍSICA ES NÚMERO DE RELOJ, Y SIEMPRE ES ESTÁTICO. —233
12.2 TIEMPO COMO EXISTENCIA. —234
13. MAGNITUD. MÉTRICA. RIEMANN. —237
13.1 GEOMETRÍA Y ESPACIO. —237
13.2 GEOMETRÍA Y TIEMPO. —242
14. …NO HAY CAMINO/SINO ESTELAS EN LA MAR… MACHADO. —251

Oriente: -59 ± 10 nanosegundos
Occidente: +273 ± 7 nanosegundos

Hafele & Keating

SIN ECUACIONES
SIN NÚMEROS

TIEMPO
SIN RELOJES

$C_f = C_i(1+i)^n$

Donde:
C_f = Capital final
C_i = Capital inicial
i = Tasa de interés
n = Período de ahorro

$c = 1/\sqrt{\mu_0\varepsilon_0} = 2.99792458 \times 10^8$ m/s

¿137? ¿1836?

α = 1/137.035999

$2AB / (t'a - t'b) = C$

Maximiliano Echeverri Marulanda
©2022

0.000000000000000000000000000000000000000000000005391 06 s

NOTA LIMINAR.

Uno de los temas que más ha contribuido al desprestigio del pensamiento filosófico es el tiempo; declarar que no es más que una ilusión es usual, a veces hasta de rigor; y en curiosa coincidencia la física contemporánea parece adoptar la misma tesis. Ante eso el sentido común suele devolver una sonrisa, si no una burla.

El oyente o el lector, no siempre desconcertado, piensa en la edad y en la muerte.

Lo que se propone aquí es sencillo de describir: presente y realidad son aspectos de lo mismo; ni realidad ni tiempo acontecen entre instantes o en ellos; es imposible por razones absolutas asignar o medir una duración al presente; todo se origina en el mundo físico, inclusive las ilusiones, de modo que relegar el tiempo al ámbito de lo meramente sicológico nada soluciona; si se acepta al presente, no es necesario extenderlo ni hacia el pasado ni hacia el futuro, palabras que pueden entonces recuperar un uso amable y ligero; el concepto de flujo del tiempo recobra el sentido de metáfora, y nada más; el presente es el ámbito de la existencia y no hay otro espacio, pasado o futuro, ni otra región conceptual para lo real; los relojes no definen el tiempo, salvo el de la física; el presente no es como un punto arbitrario situado en una especie de línea del tiempo, ni recta ni curva ni circular; el concepto tradicional de eternidad es superfluo e innecesario, cuando no contradictorio, y a cambio es suficiente el que Spinoza propuso.

Esa concepción descrita no se opone a las teorías de relatividad, pero sí a las interpretaciones conocidas como Universo en Bloque, a la posibilidad de lo que se suele entender como viaje en el tiempo, y en particular a la extensión del concepto de tiempo físico de relojes a la idea general, o única, de tiempo.

También se opone a la pretensión ocasional de las ciencias físicas matematizadas, que a veces presumen acoger y comprender la totalidad de lo real. Lo matemático, en tanto que idea y sin más pretensiones ni alcances, forma parte de la realidad, y no a la inversa.

El texto se detiene brevemente en algunos pocos hitos en la historia de las ideas sobre el tiempo.

Parménides y Heráclito parecen tanto inconciliables como irrefutables; la visión del tiempo que presentan y un intento de hacerlas compatibles es ineludible si se quiere enfrentar el misterio de lo temporal.

Con Zenón de Elea nace la larga tradición que consiste en analizar las consecuencias de aplicar sin restricciones conceptos matemáticos a la realidad física. Aquiles pierde y siempre fracasará, en el papel o en el tablero; y triunfa generalmente, en el estadio, si no se distrae. Este escrito intentará mostrar por qué es así. Las matemáticas no sirven ni para resolver las paradojas de Zenón, ni para afirmarlas: porque esos problemas nacen de confundir matemáticas con realidad, y una vez que eso está claro y se abandona la superposición, tienen solución.

Aristóteles, se dice, modificó las paradojas de Zenón con el fin de facilitar la refutación; pudo haber tenido éxito en la modificación, que parece que ya no es rastreable, pero no en la refutación. No obstante, las ideas que sobre el tiempo propone Aristóteles son de veras notables. El énfasis en la numeración, tarea hoy delegada a los relojes, y punto clave en las dificultades para concebir un concepto adecuado del presente y de lo temporal, puede rastrearse hasta la descripción suya del tiempo como número del movimiento, expresión que tiene al menos una línea o renglón como antecedente, en un escrito de Platón.

Agustín de Hipona pensó profundamente los problemas e ideó algunas soluciones originales, su escrito sobre el tiempo es obligado para quien quiera pensar lo que él pensó. Es el primero en proponer con claridad que si el ritmo mide al tiempo, no hay cómo medir al ritmo.

En la larga tradición de las no siempre claras relaciones entre matemáticas y realidad, John Philoponus tiene un puesto muy importante, y mereció el respeto y reconocimiento tanto de Galileo como de Poincaré; Galileo hizo de la unión o identidad entre esos dos mundos posibles un principio y una declaración famosa, y se le puede acreditar la consolidación del uso no solo de los relojes en mundo de la ciencia, sino de la recta numérica como imagen del tiempo.

Newton parece tener sus reservas. Le correspondió declarar que no contaba con la posibilidad futura de disponer de un reloj suficientemente confiable y preciso como para el tiempo absoluto, regular, parejo y matemático que postuló y que Galileo tal vez supuso inadvertidamente. El avance de la ciencia dio la razón a Newton, con base en realidades muy distintas de las que él imaginó.

Einstein teorizó, con éxito, que los relojes marchan cada uno a su ritmo, ninguno al ritmo del otro, y si dos relojes marchan al unísono, será porque uno o ambos están mal construidos.

Las teorías de relatividad de Einstein son aquí examinadas un poco, sin ecuaciones ni fórmulas, en los términos que él usó para divulgarlas, para mostrar la función que en ellas tienen los relojes; y para hacer explícita la razón por la cual si bien se acepta, con Einstein, que el tiempo es lo que los relojes miden, será solo el tiempo de la física, un tiempo con camisa de fuerza, un tiempo que los relojes no logran aprisionar más allá de las mediciones que no miden sino que cuentan, incluso si el laboratorio es esa versión incompleta que la física moderna presenta como el universo, los universos o los multiversos. Y un tiempo que, como se acaba de mencionar, es distinto para cada reloj, así y de manera sorprendentemente precisa lo predice la teoría y ha sido más que comprobado en experimentos de laboratorio, en la calle, los edificios, los aviones, los satélites y el sistema de posicionamiento global.

Y también se hablará de Minkowski, el creador, aunque ya se conocían algunos antecedentes, de la moderna idea de espacio tiempo, de un mundo en el cual el tiempo ya no será lo que pudo haber sido, así lo dijo; un mundo descrito en un tablero que excluye al profesor, un mundo que los teóricos del tiempo pronto denominaron Universo en Bloque, sin relojes, en el cual el presente, el pasado y el futuro están siempre actuales, siempre movibles, etiquetas a disposición del profesor, palabras que solo designan decisiones arbitrarias, pero que solo frente al tablero se pueden tomar, agrego. El problema con esa descripción es que en ese mundo no tiene lugar el que hace la descripción.

El presente puede transcurrir, y transcurre, entre distintos, y válidos, números de relojes, y más allá de ellos. A Gödel, el más grande lógico de todos los tiempos, lo tocó en suerte demostrar que la realidad es más amplia que los sistemas formales axiomáticos, y así debería estar claro que el programa de unificación entre matemáticas y realidad no es viable. Y algunos físicos teóricos de seriedad y renombre no disputados, cuyo laboratorio es lo matemático, han llegado hasta afirmar pública y repetidamente que en su trabajo no se interesan por la realidad, que no saben qué es eso. Un extraño eco para las ideas de Gödel, al menos para las consecuencias de sus extraordinarios teoremas.

La teoría de relatividad general, cuya seriedad y eficacia no se discute, y que se acepta en cuanto teoría científica exitosa, permite mostrar el concepto en el que todos los temas acabados de mencionar se encuentran. Se trata de la relación entre matemáticas y realidad, imposible en el punto o instante o número de la recta numérica o del tablero de reloj que en cierta forma la representa. A lo largo del escrito se mencionan las distintas variables, hasta la conclusión que permite afirmar que el tiempo del presente, el único que existe de manera real sin cualificaciones ni condiciones, dura y no es medible, ni física ni matemáticamente, y por supuesto tampoco con relojes, puestas de sol, efemérides, clepsidras, en fin.

Se espera que la idea de tiempo que al final se presenta no parezca extraña, y que sea visible la relación muy directa entre Riemann, el fundador y precursor, y Einstein, un alumno tanto genial como algo díscolo, un alumno que siguió al maestro en la forma, y en lo más profundo del concepto se separó.

De paso debe señalarse que hay una incompatibilidad entre las teorías de relatividad y las de mecánica cuántica, no sólo en el tema gravitatorio, sino en el papel que en ellas juega el tiempo. Este escrito hará de pasada algunos comentarios, pero no es el tema central en la concepción de lo temporal que aquí se propone. Los trabajos de Riemann son generales y se aplican también a esas dos ramas de las ciencias físicas, sin restricciones de ninguna clase. Quizás sea pertinente alguna precisión sobre márgenes de error cuando se trata de lo grande, o de lo pequeño, siempre y cuando resulten medibles, que no tiene mucha importancia en este contexto, en cuanto aquí se trata de lo no medible.

Se intentará mostrar que Einstein tuvo claro el asunto ya visible desde que Riemann identificó el problema, y que eludió al menos públicamente las consecuencias; se limitó a las bien conocidas y efectistas declaraciones que al final de su vida quedaron sintetizadas en la conocida frase sobre el tiempo como ilusión pertinaz. En el pobre y famoso debate entre Einstein y Bergson en 1922 ambos pensadores fracasaron: Bergson no pudo prescindir de los relojes o tiempo discreto, debiendo haberlo hecho, y Einstein prescindió de lo que escapa a los relojes, o tiempo continuo, cosa que tampoco debió haber hecho. Se le reconoce aquí a Bergson que no autorizó posteriores ediciones de su libro sobre ese debate, sin embargo publicadas. Una vez que se tiene claro que esas fueron las estrategias y posiciones, el debate deja de ser interesante o importante.

Lo que Riemann identificó de manera general en su escrito fundamental con el cual nació una nueva geometría: la diferencia entre magnitud y medida. Si se aplica esa idea al tiempo se tiene que es, si acaso, unidimensional, que puede tener magnitud pero no tiene medida, es decir no tiene métrica, los números que se le imponen su usan para reemplazar variables en las ecuaciones, y así surge ese otro tiempo, el de la física, tiempo de ritmos, relojes, ciclos, oscilaciones, tiempo discreto o en partes o porciones por oposición a continuo, como se dice en matemáticas.

La consecuencia obligada de las ideas de Riemann aplicadas al tiempo es ineludible: el presente no es instantáneo ni se compone de instantes. El presente tiene magnitud y no tiene medida. Esto implica que no es válido ponerle un límite que siempre será arbitrario, a partir del cual se hable de existencia real para el pasado, o de existencia real para el futuro. Estos dos conceptos retoman su sentido usual y del lenguaje ordinario; y en la magnitud del presente no constreñido la realidad activa y potente tiene plena cabida.

Retorna no algo eterno, ni cíclico, sino la posibilidad de concebir al presente, una vez despojado del lastre del instante, sin contradicciones.

Este escrito acepta sin reservas el tiempo de la física, que no es más que lo que un reloj de laboratorio suministra para sustituir variables en ecuaciones; nada hay que objetar, y al parecer no hay otra cosa distinta o adicional que la física pueda hacer con este problema. No deja de ser llamativo que un aspecto fundamental de los trabajos pioneros de Riemann, sin los cuales no es posible la teoría general de la relatividad tal como hoy se conoce, haya sido trasladado a la física teórica de la única manera, tal vez, en el que en ese nuevo terreno podía ser aprovechado: al costo o beneficio de revelar que el reloj traiciona al tiempo.

Los métodos de Riemann hacen desaparecer la magia del reloj: aparato para suplantar al tiempo continuo con una mutilación que lleva el nombre de tiempo discreto, minuto, segundo, lo que se quiera.

Y así se abre la puerta a la idea de que el presente es objetivamente extendido; una vez que se recupera el presente, ya no es necesario aferrarse al pasado o al futuro o a ambos para afirmar que el tiempo, con o sin presente, forma parte de lo real. Basta con el presente. Pasado y futuro son nociones, recuerdos o expectativas, lo dijo Agustín.

En ese presente se puede pensar la actividad de lo real por fuera de las camisas de fuerza verbales, imprudentemente consideradas como restricciones lógicas, conocidas generalmente como el llegar a ser y el dejar de ser. Y se llega así a la idea de que el tiempo no fluye, ni sirve flecha alguna para describir eso; a manera de metáfora cercana se puede decir que tiempo es la existencia de lo real en tanto que existe. No vale la pena ni hace falta malgastar el tiempo, que por lo demás no es malgastable, para insistir en que la realidad no es estática.

En general el texto debería leerse como fue escrito, es decir una sola pieza sin divisiones. Los capítulos y sus nombres son un agregado artificial que no añade nada de interés, pero pueden facilitar una referencia para superponer al paginado electrónico propio de estos formatos, y para localizar uno que otro nombre.

Muchas ideas y muchos pensadores no aparecen; la omisión es especialmente notoria a partir de la explosión de literatura generada por las ideas, o mejor los escritos incomprensibles de un cierto idealista inglés, por allá en 1908, y por el entorno académico en su forma y exigencias actuales.

Por las muchas omisiones y silencios dos excusas ofrezco y presento: una, el propósito de este texto no es hacer un compendio académico de todas las ideas que sobre lo temporal han sido expresadas; y dos, si se logra construir una idea o concepto del tiempo presente que tenga alguna razonabilidad, los esfuerzos para rescatar la realidad del tiempo mediante el recurso de situarlo en el pasado, o en el pasado y en el futuro, o en el estático tablero de Minkoswki, o en otros mundos, asuntos que han originado multitud de estudios y análisis, empiezan a parecer excesivos, reforzados e innecesarios, y se alejan del asunto que consiste en que sólo el presente es real, en el sentido más estricto de la palabra.

No utilizo la palabra *espaciotiempo*, tampoco *espaciotemporal*, por una razón que ya está anticipada en este escrito, una que obligaría a escribir *espaciorreloj*, *espaciocronométrico*. No vale la pena usar estos forzados términos, basta la aclaración; escribo con simpleza espacio tiempo cuando se trata de lo que se suele denominar espaciotiempo

En el texto hay repeticiones que he aceptado como inevitables, porque se intenta analizar lo mismo desde aspectos diferentes no obstante los puntos en común.

A lo largo del texto aparecen citas y autores, tanto como las fuentes.

La Calera, febrero del 2022.

1. MITO Y DESESPERANZA.

1.1 ETERNIDAD Y VIDA ETERNA.

Uno de los textos más antiguos hoy conocidos, de hace unos 4600 años, el *Himno del Templo de Kesh*, parece no ocuparse del tiempo, no sugiere origen, ni transcurrir ni desaparecer. Narra lo que está dado, los acontecimientos escasamente ocurren como en una especie de presente; son los espacios de la cotidianeidad, casi sin mencionarlos, sin usarlos. La lectura deja sensación de quietud, placidez plana.

Los *Consejos de Shuruppag*, de la misma época, son una serie de instrucciones de padre a hijo, con marcada connotación temporal, hablan de ancestros que aconsejaron, de previsiones para el buen vivir; y aparece en unos renglones intermedios: solo la vida ha de ser amable, no hay que estar al servicio de las cosas, son para usarlas. Una forma sutil de mencionar a la muerte, y la muerte es una forma cruda de mencionar al tiempo.

Unos doscientos años después, los *Textos de las Pirámides*. Es visible inmediatamente la realidad de la muerte junto a la espesa y turbia intervención de sacerdotes, administradores de conjuros dirigidos a obtener para el faraón ya cadáver una nueva vida que, como la de los dioses, no terminará jamás; recogerá el faraón sus huesos y organizará sus despojos, y por supuesto, aprovechará las ofrendas de toda clase. No hay mención de lo que debió hacer para asegurar la lealtad de los sacerdotes, ni se puede barruntar cómo consiguen ellos obediencia de los dioses.

En estos mitos aparece ya la tensión entre presente y futuro, la incertidumbre entre la prolongación indefinida de la vida personal y una cierta eternidad todavía no pensada o no comprendida.

Quien no esté familiarizado con las discusiones sobre lo que el tiempo pueda ser quizás se sorprenda de encontrar que para muchos y sin límite las especulaciones desbordan lo imaginable, como ya ocurrió con los faraones. La menos extraordinaria es que lo temporal no existe, una bastante opuesta y también fantástica es que sí es real, en cierta forma sin límites, pero no transcurre; a esta última se le denomina a veces eternidad. En otras ocasiones más técnicas, universo en bloque. Se puede hoy sostener seriamente casi cualquier ocurrencia sobre lo que el tiempo pueda ser, y se encontrarán cientos de referencias bibliográficas y académicas que la soporten. Por ejemplo, quien escribió el Himno continúa escribiéndolo, no solo la primera letra y cada parte de ella, sino también la segunda, y la tercera, cada una es escrita, cada uno de los mínimos trazos, cada instante del proceso ocurre en mundos separados e independientes, y extrañamente paralizados según unas versiones, o cada escribano con su tiempo usual, y todo creciendo como un fractal; escribe el Himno un autor que es el mismo y es otro; ha nacido y su nacimiento sigue presente en la realidad como algo actual, con todos los riesgos y desenvolvimientos, y vive cada instante previo a la muerte, cada uno de ellos y cada fracción inimaginablemente pequeña de ellos, y también lo que ha seguido a la muerte está ahí tan real como siempre lo ha sido y como siempre lo será. El niño será escritor y el escritor será niño. Y así para lo que ha sido y será, puesto que no ha sido ni será, sino que es, es en el pasado lo que es en el pasado, es en el presente lo que es en el presente, y lo mismo para el futuro. Y cada pasado tiene su presente y su futuro, y así cada nuevo presente, pasado, futuro, aunque esta necesaria consecuencia de la estructura no se suele presentar así. Una multiplicación infinita de los mundos, una que quizás no sería del gusto de Bruno, ni de Borges, ni de Cantor, quizás ni de Nietzsche.

Mundos infinitos y paradójicos, multiplicación que permanece oculta a la realidad que la genera, cada una de las versiones es espejo con su propio tiempo, nadie vive más de una y cada versión vive la suya aunque se supone que las vive todas, mientras cada una escapa de la consideración de las otras, todo a la velocidad del tiempo, quizás.

Y otros dicen que el tiempo no existe; o en la imaginación solamente, sin existir; o apenas en un cierto sentido es real, y aún así, solo para la mente humana; nadie se molesta en barruntar cómo será para el caballo, la ballena o el mosquito. O que la bicicleta tiene una parte, quien sabe qué parte, en el pasado y otra en el futuro; o que completa existe simultáneamente en el presente tanto como en su pasado y su futuro. Y así se multiplican las opciones y la literatura de divulgación en materia de física matemática, o de astronomía, o de filosofía, crece velozmente, como si el tiempo fuera a acabarse, como si fuera necesario o eficaz tener prisa así sea para publicar una, nueva o no tanto, idea sobre lo que el tiempo es.

Y aquí se hace lo mismo.

Todas las opiniones tienen su público, todas están autorizadas. Al fin y al cabo el autor de la teoría general de la relatividad dijo que el tiempo es una ilusión pertinaz, y Minkowski, el primero si no en pensar por lo menos en aplicar rigurosamente y en llevar al público general el concepto de espacio tiempo, había dicho antes que el tiempo ya no es ni será lo que fue. Un mundo de ilusiones, tierra de la imaginación, en donde lo que existe siempre está en otra parte. Se le denomina realidad, y la de Minkowski es una de las versiones. O mundo nuevo, como él dijo.

Una diferencia entre lo que queda del *Himno del Templo de Kesh* y lo que se lee en los *Textos de las Pirámides* es que en estos últimos está clara una preocupación en el más extraño e inconcebible sentido para lo que pueda ser de interés para una vida que valga la pena de ser vivida: hay que anticiparse al tiempo que seguirá a la muerte.

En general, algo que el *Himno* y los *Textos* esconden, eluden, o se les escapa, o sabiamente dejaron de lado, o no era ocasión de plantear, especialmente el primero: ¿Tiempo para vivir en él? ¿Duración objetiva o solo en una conciencia que así lo advierte o lo imagina? ¿Transcurrir? ¿Tiempo sin relación con movimiento? ¿Eternidad que transcurre? ¿Eternidad estática, sin tiempo, con o sin duración? ¿Qué es duración? ¿Los muertos, en el tiempo o por fuera de él? ¿Salen los muertos del tiempo y regresan, se supone que después de algún tiempo, mediante resurrección? ¿O viajarán en el tiempo a revivir su pasado? ¿Cómo viaja un muerto? ¿Tiempo antes del nacimiento, antes de la llegada a la vida? ¿Tiempo para lo inanimado? ¿Transcurre el tiempo al lado o al frente de la eternidad, o en ella?

¿Coexisten? ¿Es lo mismo tiempo infinito hacia atrás y hacia adelante, que eternidad? ¿Es la eternidad una condición para la realidad del tiempo? ¿Transcurrirá el tiempo eternamente? ¿Es la eternidad un eterno presente? ¿Es el paso del tiempo algo imaginado, o algo real? ¿Fluye el tiempo en las cosas, o las cosas en el tiempo? ¿Qué clase de eternidad, qué es eso, espera, si es la palabra, a la mujer de Neandertal? ¿Y al que habrá de nacer y al que murió la víspera? ¿Y a este perro amigo? Y ¿En el caso de los relojes, de cuerda, atómicos, efemérides, qué o cómo es el tiempo? ¿Es concebible un tiempo estático? Si el tiempo transcurre, ¿cómo o sobre qué o con referencia a qué lo hace? ¿Transcurre siempre de la misma manera? ¿Tiene velocidad su transcurso, puede ser medida? ¿Puede el tiempo paralizarse en ocasiones? ¿Mide a los relojes o es medido por ellos? ¿Tiene duración el presente? ¿Qué es un instante? ¿Tienen relación el pasado y la memoria? ¿Es la memoria indicación de que el tiempo es asunto mental? ¿Existe el pasado, o lo que fue desaparece y el recuerdo no es más que un asunto que ocurre en una mente, en el presente? ¿Es en este caso lo mismo asunto mental que ilusión? ¿Es el futuro un cálculo que se hace siempre desde y en el presente? ¿Qué clase de eternidad, si la hay, espera para los años no vividos, esos de antes del nacimiento y posteriores a la muerte? ¿Una eternidad para cada uno, o una eternidad común? ¿Eternidad para la muerte? ¿Es lo mismo haber existido ya que no existir aún? ¿Es estático lo eterno, o también puede el río fluir eternamente? ¿Qué relación tienen el tiempo, el movimiento y el espacio, si la tienen, entre sí? ¿Qué es la duración? ¿Es posible pensar al tiempo como ilusión sin duración? ¿Como ilusión que parece durar?

Estas preguntas son una invitación al lector: invitación a que por el momento no las haga, a que aplace lo que primero llega a la mente, lo que ha sido trajinado por siglos, sin resultados convincentes. Se trata por ahora de pasar por las referencias sin pedirles lo que se suele acaso averiguar, hoy miles de años después. Algunos textos antiguos sorprenden tanto por su profundidad como por su inocencia o descuido, parecen estar preocupados por la conservación del escaso margen que en lo temporal ha correspondido al que está próximo a vivir o a morir, sin que se caiga en cuenta de que desde el punto de vista de la realidad, del universo, siempre será mayor el tiempo que no fue ni será para cada uno, sin que se admita o reconozca que hay un tiempo irremediablemente ido y otro que no vendrá, tanto el del ayer como aquel anterior a la existencia de quien, siempre próximo a morir, se pregunta por su escaso pasado al cual mira ya sin interés, y por su imaginado e inaccesible futuro en el que ya no vale la pena interesarse; la angustia del que intenta refugiarse en una extraña eternidad al mismo tiempo temporal cuyo concepto incomprensible se acepta en un intento de ocultar la derrota.

Aquí no se seguirá muy ordenadamente ni la historia de las ideas sobre el tiempo, ni el detalle de las discusiones académicas, que las hay muchas no solo desde la filosofía en general, sino desde el campo especializado que se suele denominar filosofía de la ciencia; los debates científicos pueden ser altamente técnicos, matemáticos generalmente, y fácilmente se tornan complejos. Pero también encontrará aquí algún lector el barrunto de una idea bajo la cual quizás se pueda iniciar un intento de comprender lo temporal, en el que lo temporal encuentra un ámbito por fuera tanto de la física convencional como de las matemáticas. Para eso hay que incursionar un poco en la naturaleza de esas dos disciplinas, en lo que dicen sobre el tiempo, para saber qué es lo que se abandona.

Si se ha de ser justo con la bibliografía y con los que han antecedido y con los que han pensado ideas aquí acogidas o desechadas sería necesario escribir una enciclopedia o seleccionar una tesis y dedicarse a ella de manera especializada. La tarea bien hecha es imposible para los aficionados, y en esta sombrilla el autor busca sombra y no reclama originalidad. Una magnífica guía para empezar a recorrer la selva está en la Stanford Encyclopedia of Philosophy, en el internet; y por la vía de los enlaces aparecen y continúan muchos caminos, algunos pocos de los cuales han sido aquí seguidos durante algún trecho, nunca hasta el final; y un vasto volumen de bibliografía que no vale la pena repetir aquí, ya está allá y de más fácil acceso. Quien se deje llevar por la curiosidad puede encontrar en ese excelente archivo en permanente revisión y crecimiento, y en otros también, todo el detalle académico y preciso que hace falta.

Sigue esta pequeña y arbitraria historia. De hace unos cuatro mil años quedan los *Textos de los Sarcófagos*, egipcios también. Son visibles los mitos que luego el cristianismo presenta como suyos, la reunión de los muertos revividos y juzgados, cosas de esas. Los conjuros aparecen escritos en ataúdes, y, otra vez los sacerdotes intermediarios y comisionistas del acceso a esa nueva vida; no sin que el resucitado afronte peligros y aventuras que ocurren en un dudoso intermedio. Derivados de los *Textos de las Pirámides* y ahora ofrecidos a quien pueda pagar el precio del sarcófago, no agregan nada nuevo salvo detalles pintorescos y la ampliación del negocio mediante el ofrecimiento de vida eterna a un grupo más amplio y variado que el estrecho y singular de los faraones.

En la *Epopeya de Gilgamesh*, sumeria, las cosas son distintas y un poco menos insensatas. Gilgamesh busca la inmortalidad, que no le es concedida, lo fue a un humano, a uno solo, y no será concedida a nadie más según explica, y oculta, el texto; Gilgamesh obtiene sin embargo información para localizar una planta que devuelve la juventud, o la inmortalidad, depende de las interpretaciones y las traducciones; no exactamente una eterna juventud. Gilgamesh pierde la planta y al fin muere o se suicida. La inmortalidad es para los dioses, no para los humanos salvo uno, la Epopeya lo dice. Pero sí hay un submundo en el cual los muertos viven penalidades y molestias; y un mundo arriba, si se sigue literalmente una de las historias que el texto trae; pero no es un mundo de bienaventuranza, es más bien otra arena o circo taurino, más o menos literalmente.

A Gilgamesh le preocupa la muerte, no el tiempo; parece que su interés está limitado a la continuación indefinida de lo biológico, lo personal.

1.2 EL CORAZON DE LOS SABIOS.

Y luego el *RigVeda*, que supera en todo sentido a esos posibles antecesores. Basta aquí el Himno CXXIX, *Creación*. De hace unos 3700 años, podría considerarse vigente. Los antiguos griegos tomaron y a veces modificaron de ahí muchas cosas.

Las traducciones varían, la idea es: lo no existente no era, lo existente tampoco, en esa época ... ni muerte ni inmortalidad entonces ... ni día ni noche ... solo una respiración sin brisa y nada más ... y lo que ha llegado a ser, eso que estaba envuelto en el vacío y la nada, nació del poder de la llama y de esta el Deseo y este sembró el pensamiento, y los sabios buscaron en su propio corazón y encontraron así lo que une a la existencia con la inexistencia ... pero del origen de esta creación ... solo el que vigila desde el cielo lo sabe, o quizás ni siquiera lo sabe...

Se sospecha entonces por qué el hinduismo original es cosa seria, aparte; no está destinado a distracción en un parque de diversiones para decadentes victorianos imperialistas aparecidos milenios luego, ni para militares con pasado de militar y futuro de pensionado. No hay aventuras ni promesas ni respuestas, tampoco amenazas, tan solo la inexistencia está unida a la existencia, ninguna tiene prioridad o ventaja. La profundidad de este pensamiento se revela en las dudas del cantor, que no puede resolver si antes del tiempo y el espacio había un antes o un dónde, que no puede saber dónde queda el aquí, ni desde cuándo. En eso no se ha avanzado mucho, excepto la técnica y la destrucción del planeta; ahora se denomina física teórica, mecánica cuántica, astronomía y cosmología a lo que antes era designado como el corazón de los sabios. Estas ciencias han logrado un nivel de descripción extraordinario, pero no explican nada, por lo menos nada que de veras importe, pero sí hay algo que las justifica de manera definitiva: el intento de abandonar el mito. Sin embargo, lamentablemente, nacido de la ciencia, el éxito de la técnica ha sustituido a la explicación, de nuevo el mito amenaza, más poderoso, con el nombre de progreso.

Con el *Libro de los Muertos*, de unos 3500, años el asunto queda, si es que se puede, más anclado en esa tradición egipcia, en lo propiamente religioso y sacerdotal; para quien tenga curiosidad sobre el origen de los mitos cristianos, se trata de un texto que le hará recordar cielos de bienaventuranza sádica e infiernos de salvajismo, como enseña Tertuliano con mucho detalle y cuidado; sin embargo, la cosa no es aún salvaje, o no tanto, y para el que no pasa el examen final hay una muerte que por lo menos es inmediata en lugar del inquisitorial sufrimiento eterno.

Estos textos no agregan nada de interés sobre el asunto de lo temporal o intemporal; curiosa tal vez la que es al parecer la primera anotación, para un texto con la muerte en el título: el narrador dice simplemente y en una línea que el pasado le pertenece y al futuro lo conoce. Una radical división entre lo vivido, y lo apenas conocido, una frase misteriosa, esotérica, de pitonisa, para la cual ya no hay entendimiento seguro.

Parece claro que antes de lo egipcio ya Zoroastro había inventado todo. El zoroastrismo interesa aquí como antecedente general, y por un cierto buen talante ya olvidado: parece ser el primero en plantear el escenario para una indefinida eternidad al lado o simultánea con cosas que no son eternas, cosas que forman parte del ámbito de tiempo lineal, en particular el tiempo de la vida de las personas, luego un tiempo pasajero que es época para castigos y premios; finalmente, sí, el buen talante, una eternidad bienaventurada que será para todos, sin excepciones y sin castigos. La narración deja sin resolver qué sea eternidad, parece que se trata de una duración que se extiende del pasado marcado por un origen, al futuro sin fin.

En estos ya lejanos antecedentes los textos que pueden ser considerados como de rango filosófico no cometen el error de definir cosas no definibles; en cambio en los otros, en donde aparece lo religioso los sacerdotes proponen y hacen publicidad para el horror ante la muerte y la angustia ante la vida, y viven de eso.

No es aquí el espacio para hablar de lo religioso, solamente se ha intentado tomar nota de la forma en que unos y otros textos se enfrentan al problema, unos con engaños cuya eficacia no deja de sorprender y otros con un silencio que puede denominarse sabio si se entiende como gesto que señala pero no dice, como luego dijo Heráclito a propósito del Oráculo en Delfos.

No hay que subvalorar los antiguos textos por el hecho de que no digan lo que hoy se dice y repite sin fundamento alguno.

1.3 MENOS MITOS.

Ni en Confucio ni en Lao Tze es fácil encontrar referencias al tiempo o la eternidad, los escritos están más bien centrados en el presente de la administración tanto de la vida burocrática como de la personal, cosas que se desenvuelven casi como en un simple dejar de lado. De pronto no se trata siquiera de silencio sino de algo que no vale la pena mencionar, un sueño sin interés, consideraciones inútiles porque están centradas en un error que en Occidente se denomina sujeto, individuo, yo, centro de imputación para castigos, fuente de zozobra, obstáculo para una verdadera vida. Quizás en esas para Occidente ajenas formas de espiritualidad es más pertinente un koan o un haikú.

En esas regiones la sabiduría, para quienes la valoran, es algo por lo que hay que esforzarse, y el maestro se ocupa de que el discípulo aprenda, no de enseñarle.

Por los lados de Occidente, Tales de Mileto usó el tiempo para fines prácticos, sin pensarlo mucho; se dice que pudo predecir el clima y los efectos en los cultivos de olivo, y así se enriqueció; también que anticipó algún eclipse; nada de esto indica interés en lo temporal más allá de la implícita confianza en que el sol no eclipsado iluminará también mañana, un sol que es buen reloj al servicio del pragmatismo, para agricultores, acreedores, comerciantes. Y sin embargo, con Tales nace la filosofía, reporta Aristóteles. Pero ya había nacido antes, de otra manera y con otras metas.

Ferécides de Siros, pensador original al menos desde el punto de vista griego. Afirmó que Chronos está en el origen de todo, o es la explicación; que el cosmos se originó a sí mismo; que hay algo denominado alma y es eterna; extraña mezcla entre origen, tiempo y eternidad para algunas cosas, no para todas, parece que eso no le preocupó.

Las crónicas dicen que viajó a Egipto a estudiar teología y geometría, y se explica entonces que no hay sorpresa ni novedad en sus interpretaciones, salvo la tendencia de algunos griegos en insistir en almas y cosas así hasta llegar al paroxismo platónico en contra de lo real, frente al cual la impertinencia sacerdotal egipcia es poca cosa. Lo que sí es evidente es el estilo que luego se concretó en lo que se agrupa como presocrático, y es lo que de veras es valioso: los temas no se eluden, las explicaciones y las hipótesis aparecen abiertamente ofrecidas, está clara la intención de abandonar los mitos. Pero Chronos sigue siendo Chronos, algo tan inexplicable y elusivo como el agua propuesta por Tales de Mileto, un mojón y una boya para viajeros aún sin brújula ni meta, y sin embargo uno bienvenido en la historia del pensamiento que se esfuerza por pensar, un intento de dejar de lado a agentes impertinentes y caprichosos. Al menos ese Chronos parece estar por encima de los dioses.

Anaximandro propone algo que luego tomará importancia en la llamada teología negativa, asigna el origen de todo a lo que nombra como lo indefinido, según la traducción e interpretación de Nietzsche. Se dice que algunos renglones no desaparecidos son lo primero que ha quedado escrito de filosofía en Occidente, unas líneas llamativas, hablan de una cierta reparación del daño causado por una injusticia no especificada que probablemente consista en el hecho de que algo ha surgido desde esa oscuridad o indefinición, situación que se resuelve con el desaparecer de nuevo en el origen. Esta reparación o desaparición ocurre según el tiempo asignado, explica Anaximandro. Es decir, el tiempo consume aquello que ha surgido de lo indefinido, y lo consumido retorna a lo indefinido o a la indefinición. O quizás el tiempo o la existencia temporal misma sea el castigo, entonces gratuito. Desde una visión en la que prime la búsqueda de lo que el concepto pueda significar se diría entonces que el tiempo es no el origen como dice Ferécides, sino el sustento de la existencia: pero aquí en el mundo de lo concreto, y la transgresión, o existencia, es el castigo. Es extraño, parece que Anaximandro no contempla la posibilidad de desechar todo origen, la necesidad de alguno es sobreentendida, y al hecho mismo del originar se le considera como algo merecedor de castigo que ha de recibir lo originado. Asimetría que adoptarán los monoteísmos.

A Pitágoras se le atribuye la idea conocida como metempsicosis, según la cual hay un alma inmortal que cambia de cuerpo a medida que el que la usa o la sufre o la expresa, muere. Si en este contexto morir significa algo. Esa inmortalidad no es una discusión sobre el tiempo, como tampoco la correlativa mortalidad del cuerpo, y no pasa de ofrecimiento gratuito, o infundado. Tampoco las armonías que estudió son discutidas en términos temporales como frecuencias sino como proporciones, quizás valoradas como místicas, en las longitudes vibrantes de una cuerda tensa. Es curioso que este tipo de pensamiento se incluya normalmente como parte de la historia de la filosofía. Y se le atribuye con gran ligereza el famoso teorema que lleva su nombre y que reaparecerá en este escrito para explicar uno de los aspectos centrales del tiempo de la física, el de Einstein y de la teoría de relatividad; una teoría exitosa más allá de toda duda, cuyas bases y éxito se aceptan sin reservas en tanto que no se pretenda para ellas validez más allá del mundo científico y de las teorías físicas. Se deja esto en claro porque este escrito sostiene que el tiempo de los relojes no es el tiempo, sino una imposición que se le hace al tiempo, domesticado o traicionado para efectos de las ciencias físicas, es decir para el entendimiento de un aspecto de la realidad. Curiosa coincidencia, el teorema de Pitágoras permite explicar con mucha sencillez tanto en qué consiste el reloj ideal de Einstein, como por qué no tiene ritmo parejo.

1.4 DEL DEVENIR AL RETORNO. HERÁCLITO.

Heráclito marca el fin del sueño que consistió en usar o rehusar o transformar ideas orientales, y la oscuridad que se le atribuye ha sido también entendida como un reto, una burla, o una precaución. Dijo algunas o muchas cosas, aquí sin apego al texto oficial: siempre aguas distintas para los que se bañan en los mismos ríos; este mundo es el mismo para todos, no ha sido creado ni por hombres ni por dioses, fue, es y será siempre fuego que con medida se enciende y con medida se apaga; en los mismos ríos nunca el mismo bañista, somos y no somos; la eternidad es un niño que juega a los dados y su reinado es el de un niño.

Maestro de un devenir que ocurre con violencia, fuego o guerra son las figuras que suele usar; no se puede fundar con Heráclito una teoría del tiempo como cambio, sino más bien una especie de eternidad del proceso siempre cambiante, eternidad fluida que quizás permita alguna o infinitas veces que todo se repita. Eternidad no de una parálisis sino de un acontecer. Dijo que el Logos existe siempre y que en un círculo es lo mismo el comienzo que el fin, cosa que los amantes del eterno retorno intentan justificar con infinitos y con probabilidades, y con la necesidad producto del tedio o del agotamiento de las posibilidades. El niño que juega a los dados: una eternidad sin solemnidad, sin pretensiones, limitada en las posibilidades, que no son más que las de los dados, una eternidad presa de sí misma, que no logra escapar al tiempo, un cambio pasajero, no definitivo, quizás condenado a la repetición, una repetición insegura e indiferente al fin, que no termina de repetirse y que se repite sin terminar.

El maestro del devenir ha sido también entendido como el maestro del retorno.

Heráclito no intentó ocultar lo que todos los argumentos han intentado soslayar: habló de la eternidad del cambio, o más exactamente, habló del cambio. No es raro que la historia se haya referido a él como El Oscuro, y sin embargo lo oscuro no es él ni lo son sus frases, sino los temas que le interesaron, y siguen siendo oscuros. El llegar a ser y el dejar de ser, el cambio incesante, y no obstante los dados no pueden ofrecer nada mejor que una falsa variedad que amenaza repetición. Y sin embargo hay río tanto como hay bañista, aunque estén condenados a perder su identidad, no en la desembocadura o con la muerte, sino en cada momento y lugar.

Algo hay que tener para algo perder; algo hay que ser para algo dejar de ser. La nada no es origen ni final, eso no lo ha dicho Heráclito.

Para la filosofía el asunto del tiempo es el más retador y quizás el más intratable, para la física moderna sus relojes parecen negarse a responder, se ha declarado que lo único que se les puede preguntar es qué número muestran; para las religiones todo se desvanece en contradicciones y en propuestas míticas; en Oriente se pretende que la tarea principal del sujeto es dejar de ser sujeto, sumergirse en una nada sin tiempo, en fin. No parece mala idea.

En lo que ha subsistido de Heráclito no hay ninguna palabra para la muerte personal, ese asunto en donde el tiempo, el devenir, el cambio, y la imposible eternidad del que no ha sido ya eterno se unen en la simpleza inútil que enseña que lo aprendido morirá también definitiva y eternamente si se quiere decir así, con y para el que lo aprendió: vivo tal vez en la mente de otros que también fugazmente seguirán ese mismo camino con la ilusión o la desesperanza de que no es solo el suyo. Muerto siempre, a cada instante, una y otra vez, como el río, pero esta vez sin cambio.

Muerte que es mortal.

Heráclito sigue vigente, la filosofía es una conversación entre Heráclito y Parménides.

1.5 LO QUE ES TAL CUAL ES. PARMÉNIDES.

Establecer o recuperar la unidad del Logos, ese centro de apoyo que está por ahí a veces con el nombre de fuego o de guerra, esparcido en las sentencias de Heráclito, es el tema de Parménides, contemporáneo, un poco mayor. Ha quedado un fragmento de escritos en verso, los primeros en la historia de la filosofía en los que además de la idea aparece el argumento elaborado, la intención de que la tesis presente sus bases y desarrollo y quede así justificada. El reto sigue presente, tanto como el de Heráclito, y es tradicional en la historia de la filosofía verlos como dos opositores que se respondieron, uno a otro, sin que exista acuerdo sobre quién contestó a quien: la mejor prueba de la exquisita oposición entre dos pensamientos irrefutables que existen y coexisten y cuya coexistencia no es posible, no al menos en la forma en que siempre han sido entendidos.

La sencillez aparente del argumento de Parménides sigue ahí: lo que no es, no es, ni puede llegar a ser; no es posible pensar que lo que no es, es o será. De aquí surgieron los famosos argumentos de Zenón de Elea en contra del movimiento y del tiempo, paradojas que se supone fueron diseñadas para dar ejemplos y para apoyar la tesis de Parménides.

Según Parménides, todo es, no hay cambio ni tiempo ni división alguna en la realidad o en lo real. No hay devenir porque nada puede ser y no ser simultáneamente, tampoco en sucesión, y porque nada puede salir de la nada, ni desaparecer en ella. Que algo no es no puede ser ni pensado ni dicho en forma que tenga sentido, salvo en el juego formal de la lógica. Recíprocamente: afirmar algo no prueba nada más que el hecho de que una afirmación ha ocurrido, ha sido expresada.

Quizás resulte necesario un nuevo concepto de devenir, de cambio, que permita salir de los poderosos argumentos de Parménides, que se aleje de los juegos verbales que se usan tanto para intentar confirmarlo como refutarlo. Y lo mismo con Heráclito. Quizás ahí resida alguna de las claves para entender qué pueda ser el tiempo.

Parménides entendió el embrujo de lo real como la forma más absoluta de la existencia, invita a pensar que eso denominado cambio no es posible, que incluso no tiene justificación frente a la potencia y completitud de lo real. Tampoco ninguna forma de lo temporal.

Heráclito al parecer intenta conservar por lo menos algo de ese pensamiento bajo la metáfora del círculo, en donde el movimiento conduce desde cualquier principio a cualquier fin, pero siempre en el mismo círculo. La inmediatez de la actividad de lo real le es del todo innegable.

No ha sido posible entender en forma compatible a esos dos pensamientos.

Estos precursores no dejaron rastro de haberse preguntado por el tiempo desde la posible realidad, o engaño, de lo psicológico, esto último no era para el buen gusto intelectual griego antiguo, o no es necesario o es una ruta equívoca; y al parecer tampoco se interesaron en plantear o investigar si la mera sensación, incluso la mera ilusión del paso del tiempo implica la existencia objetiva de alguna clase de temporalidad. Es como si la coexistencia de lo temporal y lo eterno no les hubiera parecido problemática.

Es decir, lo temporal como apariencia meramente, en Parménides, y la eternidad del devenir, en Heráclito. Cada uno cedió ante una parte de lo innegable, e hizo caso omiso de la otra parte, también innegable.

1.6 CAMBIANTE SIN CAMBIAR.

Anaxágoras es conocido entre otras cosas porque dice aceptar la tesis de Parménides, y sin embargo se ocupa del cambio, uno que entiende como combinación, asociación o disociación de elementos básicos que nunca cambian, que nunca cambiarían. Si esto no es ejemplo de eclecticismo rampante, tiene que estar en todo caso muy cerca. Y a la visión ecléctica agregó el Nous, que puede ser mente, o intelecto, depende de las traducciones, entidad que explica el origen de todo, e incluso el hecho de que el todo se mantenga en la realidad. Nous precursor de las versiones del dios creador y atareado de los monoteísmos, Nous inconsistente con el hecho o tesis de que lo que es no pudo no haber sido. Superfluo. ¿Del eclecticismo al diletantismo?

O por el contrario, podría estar en esa forma de ver las cosas una explicación para el cambio apenas superficial, que ocurre a partir de algo que subyace y que no cambia, como hoy se dice que todo es energía, una letra en un lado de una ecuación, dos cosas distintas pero iguales. Así se ha intentado explicar la paradoja del cambio considerado imposible si es un llegar a ser o un dejar de ser: no se trata de eso, sino de una combinación de elementos, de una reorganización o alteración como si se dijera externa.

Esa idea no ha conducido a ninguna solución, ni siquiera parece sugerirla. Vale la pena intentarlo. La clave puede estar en cómo ha de entenderse la palabra ser. Sin caer en el sinuoso e interminable camino de la aparente distinción entre lo esencial y lo accidental, que no conduce a ninguna parte. Ese tipo de planteamiento es equívoco; para responderlo basta decir que los accidentes son necesarios, nada accidental hay en lo real.

1.7 REALIDAD Y MATEMÁTICAS. ZENÓN DE ELEA.

Las conocidas como paradojas de Zenón de Elea han permanecido vigentes, y como suele decirse, prueba de su fuerza es la variedad, periodicidad e insistencia de las refutaciones. Elaboradas como argumento a favor de las tesis de Parménides, eran alrededor de cuarenta, dice Proclo. Tratan sobre unidad y pluralidad de elementos en la realidad; finitud o infinitud en tamaño; divisibilidad hasta el infinito o completa, terminada; imposibilidad de llegar a la meta porque primero hay que llegar a una mitad, y antes a otra, así sucesivamente. Acertijo de infinitos espaciales, temporales, tareas, repeticiones. Todas de una forma intrigante que después de los siglos aparecerá evidente: esa imposibilidad de separar tiempo y espacio, que tampoco se entienden bien juntos; esa barrera que el tiempo tradicionalmente entendido impone al infinito y le niega toda forma de actualización.

Han sido explicadas, refutadas, analizadas, revividas, alteradas, tergiversadas desde que aparecieron. Aristóteles inició la práctica y se dice que las adaptó un poco para facilitar el intento de refutación. El consenso general pareció ser que con los avances de las matemáticas en materia de infinitos, transfinitos, límites, diferenciales, densidad, series infinitas, continuo matemático, con algo de esto se pueden contestar y despejar, y se ha intentado hacerlo. Un consenso sobre las herramientas, uno sin resultados.

También está Diógenes El Cínico, en vez de argumentar camina. Y este Diógenes no podía saber que su respuesta es completamente válida también si se entiende que está dentro del grupo de las que dicen que las matemáticas no abarcan a la totalidad de la realidad, que la física parece a veces ir por el camino errado que espera de esa herramienta más de lo que puede ofrecer.

Se ha dicho que la idea de continuo matemático es suficiente para desvanecer esas paradojas, y se pasa por alto que uno de los argumentos de Zenón se basa, precisamente, en un concepto semejante al del continuo matemático, o más exactamente, el concepto matemático de densidad: siempre habrá un número entre dos distintos cualesquiera, basta calcular el promedio. Pero aquí se oscila sin control entre matemáticas y realidad física. Se puede citar en apoyo de Zenón, si lo necesitara, a Poincaré, un refugio con autoridad indiscutible.

También se ha dicho algo más curioso aún: si la realidad es discontinua, como en unidades mínimas de Planck, la flecha pasa instantáneamente de un lugar al discontinuo siguiente, y no se mueve en cada lugar, sino entre discontinuos. Puede ser una simpática abstracción, implica que la flecha desaparece de un sitio y reaparece en otro, ya ni siquiera hay argumentos para afirmar que es la misma flecha, ni tiene sentido llamar movimiento a eso.

El brillante y siempre sensato y entretenido Russell, expositor de argumentos de ese estilo, cayó en la trampa que Zenón puso para todos. La flecha no se mueve en los espacios discretos que la teoría admite, pero entonces sí se mueve en unos ámbitos incomprensibles en donde no se habla ni de espacio ni de tiempo, es decir, se mueve entre o por una nada que es lo que se requiere para pasar de una unidad discreta a otra. Pero no se sabe qué es eso ni qué es lo que se requiere para dar el salto; y si hay unidades mínimas de espacio, están unidas, porque nada hay entre ellas; pero la suposición ha sido que, precisamente, esas unidades tienen que estar separadas. No hay cómo afirmar si lo están o no, y se pierde la posibilidad de una noción para movimiento. No hay cómo calcular una velocidad que no resulte infinita, o nula.

Desde una perspectiva muy general, los argumentos de Zenón de Elea tratan de mostrar consecuencias absurdas a partir de premisas que parecen aceptables y luego hay que desechar en vista de los resultados. A él y a Gorgias se les atribuye la invención del método de demostración por reducción al absurdo, dice G. Colli. No es que Zenón estuviera interesado en demostrar que la flecha no es peligrosa, o que no vale la pena intentar caminar para buscar amigos y algo de conversación, ni esforzar el paso para intentar escapar de la lluvia, esto último tal vez no requiere demostración. Lo que señala es que las premisas son falsas, no hay espacio ni tiempo, ni movimiento, o no son como el argumento usual pretende que son, no surgen de esas premisas. Quienes dejan de lado a Gödel suelen confiar en la capacidad de las matemáticas para describir la totalidad de la realidad; pero aún sin Gödel, que un número infinito de sumandos pueda tener un resultado o suma bien determinado, en el límite, cosa que se logra a veces mediante una manipulación del concepto de suma, no define si el tiempo físico o el espacio físico existen, ni si son continuos o discontinuos, tanto como que si un punto por definición no tiene área, entonces no sirve para resolver si el área de la superficie o el volumen del cubo están formados por infinitos puntos, y afirmarlo o negarlo es un mal uso del lenguaje y del formalismo, como lo es decir que un volumen tiene color o suena como nota musical.

El problema que plantea Zenón es que si se piensa al tiempo, o al espacio, como parte del asunto, si se piensan en la forma en que siempre e incluso después de Zenón han sido pensados, a partir de una analogía con la geometría o con lo matemático, entonces no se entiende que la flecha se mueva, o que Aquiles dé un primer paso. Dos mil años después está claro, por Zenón, que no se puede pensar al tiempo y al espacio de la manera tradicional, porque lo tradicional en estas materias es que el asunto así visto no tiene solución.

Importa retener de Zenón de Elea lo siguiente: unió de manera hasta ahora inseparable al tiempo y al espacio y a estos con el movimiento. Cuando se oscila, inadvertidamente o no, entre matemáticas y realidad física, como en el caso del movimiento en la forma presentada por Zenón, surgen paradojas.

En el tablero matemático del cálculo diferencial se dice que Aquiles alcanza a la Tortuga, la flecha da en el blanco; en el estadio también. Pero no por las mismas razones. El concepto de límite permitiría mostrar que no es posible que Aquiles inicie siquiera un movimiento. Al menos no en el tablero.

1.8 SER Y ESPACIO. MELISO.

Meliso de Samos, de la escuela de Parménides, agregó algo fundamental a la Esfera quieta y única y sin tiempo postulada por su maestro: es infinita en sentido espacial. La esfera perdió el sentido metafórico. No parece haber registro de que Meliso se haya ocupado primero de las paradojas de Zenón, antes de dar ese paso arriesgado que deja a la realidad concebida por Parménides un poco desequilibrada: intemporal y al mismo tiempo espacial, o extensa sin límite. Este desequilibrio no desconcierta, al menos no a todos, está en la corriente que piensa al tiempo como algo derivado, si acaso, o como algo ilusorio o inexistente. Pero en una esfera de volumen infinito el tiempo encuentra más fácilmente su escondrijo, tanto como el movimiento y el cambio, que también parecen estar al acecho. En algunas interpretaciones, para Parménides su ser redondo vive en un eterno presente, y eso lo modifica Meliso, se dice a veces, con la idea de una eternidad entendida como tiempo ilimitado desde el pasado, e ilimitado hacia el futuro. Teoría muy dudosa, extrañamente intentada en este entorno.

Incluir lo espacial objetivo es una condición necesaria si se pretende abandonar el solipsismo. Meliso dio ese paso arriesgado y polémico, sin usar esa palabra que con Berkeley adquirió seriedad.

Pero un pensamiento no puede ser estático, tampoco puede estar por fuera de lo real: este problema es el principal obstáculo que la tesis de Parménides debe superar.

1.9 NO TANTO ESPACIO. LEUCIPO.

Leucipo de Mileto, personaje ficticio si ha de creérsele a Epicuro, tiene el honor histórico de haber hablado de átomos, y de vacío al que asignó dos funciones: algo así como el ámbito de lo real, esto de manera implícita, y como condición necesaria para el movimiento de los átomos y los agregados de átomos, eternos y siempre en movimiento.

Otro concepto de eternidad que resulta inútil si se piensa que movimiento es ya cambio. Pero, ¿lo es? Y se puede preguntar ¿un vacío que es espacio? ¿O no?

La idea de átomo o unidad indivisible es una alternativa para los problemas que presenta una realidad que no es divisible.

Puede hoy verse así: hay demasiados problemas si se entiende a lo físico como una continuidad semejante a la continuidad de la infinitud de puntos de la recta lineal, el plano o el volumen, eso se resuelve con el átomo y la separación entre ellos denominada vacío. Quizás en el surgimiento de la idea de átomo esté una percepción de la enorme tensión que hay entre geometría y realidad física. Una especulación por ahora anacrónica, propuesta no como tesis histórica sino como idea que requiere análisis.

Y hasta aquí algunos de estos precursores, los originales, los fundadores, al menos para Occidente.

1.10 IMAGEN MÓVIL DE LA ETERNIDAD. PLATÓN.

Hace unos 2450 años, Platón. El texto *Timeo* es una larga historia o mito creacionista, de origen egipcio; aquí la parte bien conocida que presenta al tiempo como imagen móvil de la eternidad:

> *"Cuando el padre creador vio lo creado, en movimiento y viviente, la imagen creada de los dioses eternos, se alegró, y quiso que todo esto fuera lo más parecido posible al original; y como el original es eterno, así buscó que lo creado lo fuera, hasta lo posible al menos. Pues bien, la naturaleza del ser ideal es por siempre duradera, pero lograr esto de manera definitiva y completa para algo creado resulta imposible. Por eso se decidió por una imagen móvil de la eternidad, y cuando estableció el orden en los cielos, hizo eterna esta imagen, pero en movimiento según el número, en tanto que la eternidad misma descansa en su unidad; y el nombre para esta imagen es tiempo. Porque no había ni días ni noches ni meses ni años antes de la creación de los cielos, y cuando el creador los construyó, eso mismo hizo con ellos...Tanto el tiempo como los cielos empezaron a existir en el mismo momento con el fin de que, creados ellos juntos, si alguna vez ha de desaparecer uno, desaparezca también el otro".*

El mundo es, naturalmente para Platón, defectuoso, tesis que es marca de fábrica; inventa otro mundo al lado, eterno, aquí solo descrito como aquel en donde no hay ni antes, ni después, ni es, ni será; es el verdadero, superior, merece ser copiado, imitado hasta donde se pueda. Por qué merezca ser copiado, o por qué haga falta copiarlo, es algo que queda en el misterio.

Y por estos lados terrenales la imitación consiste en una imagen, pero una que marcha según el número, eso cuyo nombre es tiempo: la imagen móvil de la eternidad. No está claro si el número ha de contar imágenes, movimientos, o distancias; de pronto ritmos, si se piensa en el giro de los planetas. Y las cosas perecederas, es decir el mundo material, surgen cuando el tiempo imita a la eternidad y gira según el número, así se lee en el texto original. Mala imagen, mala imitación. ¿Gira el tiempo, qué podría significar eso? Platón se cuida de advertir que nada de lo anterior está del todo bien explicado, que por el momento no es oportuno insistir para buscar exactitud.

Y así fue, la cosa quedó pendiente. E inexacta. Y la explicación básica que falta es: ¿cómo imita el tiempo a la eternidad? ¿Qué es la eternidad? ¿Cómo puede algo móvil ser una semblanza, por lejana que sea, de algo que, se supone, no es móvil? ¿Cómo puede una diferencia absoluta resultar entendida como imagen?

Los temas en *Timeo* incluyen también la distinción entre lo que siempre es y lo que está en el mundo del devenir. Claro, se trata de Platón: lo que siempre es, las Ideas o Formas; lo que siempre deviene, el mundo creado, derivado, secundario, insatisfactorio, sensible: algo que es, pero no mucho; o para decirlo en los términos formales de Platón, algo de menor realidad.

Como un simple detalle se puede admitir que sí, el mundo ha sido creado según Platón enseña, y ha sido creado por un artesano. Y lo que logró el artesano es lo que a la vista está, y no es suficiente ni gran cosa, esto en términos de la devaluación de la realidad, el verdadero platonismo, en donde no hay artistas o no debe haberlos, si acaso artesanos. No se sabe por qué Platón no consideró del caso justificar la existencia de ese creador, ni explicar por qué el torpe intento de copia ya definida imposible.

Tenía Platón una buena puesta en escena para, al menos en su contexto, explicar el tiempo desde el cambio: el paso de menor a mayor realidad ocurre en el tiempo. Inclusive esa idea puede reemplazar con unas cuantas ventajas a esa otra del repentino llegar a ser. No es su explicación. En el argumento introduce perfecciones, habilidades, inteligencias, cosas que lejanamente anticipan los paralogismos medievales y del oscurantismo. En todo caso, no es posible copiar exactamente el modelo o Idea o Forma, y por eso, se supone que está claro, el aterrizaje forzoso en el mundo del devenir. Se puede hacer la pregunta: ¿está justificado llamar habilidad a eso? ¿Qué clase de sabiduría es esa que decide hacer, y hace, una mala copia, innecesaria, que por anticipado se sabe que será defectuosa?

Tiene otro grave problema este mundo superior e ideal de Platón: nadie sabe cómo es. Salvo que se le puede atribuir responsabilidad por los malos resultados, pero en eso el silencio de Platón es total, casi complicidad. Se tiene acceso a la copia defectuosa en este lado, y del otro están las matemáticas como ejemplo o como metáfora, y a otras pocas cosas más, luego denominadas universales, con lo cual perdieron parte del encanto.

Y de esta manera de decirlo resulta evidente un argumento que nunca se ha expuesto contra Platón: no ha explicado cómo es posible que desde este mundo de menor realidad se tenga acceso al otro. De este no hay salida. La idea platónica de reminiscencia no resuelve el problema, una reminiscencia es también un recuerdo incompleto, una desmejora, una imagen, pero aquí, no allá. Y si no es eso, entonces el mundo de las Formas está unido a este, y queda en este y no en otro.

Sigue Platón. Planetas y otros objetos astronómicos tienen carácter divino y funcionan como relojes; y es de estos movimientos de donde el tiempo resulta ser, precisamente, una imagen de la eternidad. Aquí la cosa se disloca bastante, pues el universo ha sido creado, según la tesis, a partir de unas instrucciones imposibles o de un modelo ideal no realizable; pero ¿y la eternidad, cuál es su ámbito, si lo tiene, su origen o su significado? Lo que siempre es, ¿es en el tiempo, o por fuera de él? ¿Cómo puede una imagen móvil funcionar en un universo estático? Lo que gira según el número, los astros o las sombras por ejemplo, ¿qué clase de tiempo requieren para su giro o para obtener su número? ¿Giran en el tiempo, o lo generan? ¿Cuál es el argumento para decir que eso es una imagen, o una de la eternidad? Y el sol, la luna y las otras cinco aparentes estrellas llamadas planetas, es decir errantes o vagabundos, fueron creadas con el fin de distinguir y preservar los números del tiempo, todo resulta de una decisión divina. No parece muy promisoria la elección, si de relojes se trata.

Hay que reconocerle a Platón lo siguiente:

> "...una vez que cada uno de los [planetas] que eran necesarios para ayudar a crear el tiempo estuvo en la revolución que le correspondía...",

es decir, de una vez Platón ata el tiempo al reloj, así sea planetario. Lo que se echa de menos es una forma de sincronización, y Platón en su estilo lo dice oscuramente: de una vez cada uno está en la revolución que le corresponde. En esto de la sincronización de sus vagabundos errantes identificó un problema serio y pasó por encima. Como es usual, Platón toca o retoca los temas fundamentales, y agrega a veces algunos intentos de solución.

De sus dos mundos está claro el origen órfico y la caracterización en términos de Parménides y de Heráclito, y eso de reunirlos en uno solo, dividido sin embargo, ese eclecticismo no resuelve nada, salvo el valiente paso de intentar conciliarlos. Sobraba eso de mayor y menor realidad, que agravó el problema.

2. TIEMPO Y LÓGICA

2.1 NÚMERO DEL MOVIMIENTO. ARISTÓTELES.

Aristóteles pensó el tiempo, con interés científico y filosófico en una época en la cual no había distinción entre esas palabras. Su esfuerzo es original y algunos aspectos pueden considerarse lejanamente vigentes, de una manera curiosa: con valor filosófico histórico que conserva una desvanecida semblanza, residual y lejana, con ciertas ideas científicas contemporáneas.

El Libro IV de la *Física*, hace unos 2400 años, presenta en la Parte I la discusión sobre el concepto de lugar o sitio. Desde ahí llegará al concepto de tiempo, y al análisis de la relación que tiene con el movimiento, más que con la periodicidad, una distinción que conviene retener o recuperar, porque en materia de relojes ha sido olvidada. Ya en el tercer renglón Aristóteles recuerda al lector que el sentido más inmediato de movimiento es cambio de sitio, como en la palabra locomoción, dice. Pregunta: si, dado que lo que existe ha de existir en algún lugar, entonces, ¿dónde queda el lugar para el lugar? De esta manera de preguntar es el maestro no superado e insuperable, su estilo se convirtió en manía que ha durado dos mil y más años, tristemente alterado para alimentar la hoguera. Tiene Aristóteles otras varias preguntas adicionales que también han perdido toda vigencia, por ejemplo: ¿de qué podría ser causa el lugar?

Es importante la distinción entre movimiento y periodicidad. Del movimiento, aunque requerido, no resulta un número, no ese que muestran los relojes en sus tableros: los relojes cuentan periodicidad, no importa si de veras es periódica o no. Eso, y la inseparable relación entre velocidad, distancia y tiempo, la manera de definir, de medir, es un asunto centralísimo que habrá de verse de distintas formas a lo largo de la historia de la ciencia y la filosofía occidentales. Incluso se ha llegado a decir que la expresión fundamental de lo real es el movimiento.

En el caso del lugar para el lugar queda la sensación de que le preocupa a Aristóteles no encontrar inmediatamente una respuesta; se extiende en comentar las diferencias entre espacio, lugar, forma, materia. Encuentra todo diferente, y explica que la averiguación por el significado de lugar está relacionada con una sobre movimiento, algo ya sugerido, insiste, por la expresión locomoción.

Hoy se sabe que ese no era camino promisorio, basta mirar un plano cartesiano para saber que es posible concebir el concepto de lugar, definido por coordenadas, sin necesidad de relación con movimiento. Y el plano cartesiano tradicional es algo muy rígido, no es necesario, por ejemplo, que esté definido a partir de líneas que se cruzan perpendicularmente, ni hay que limitarlo a dos líneas, ni tienen que ser rectas, ni los segmentos de sus ejes tienen que ser iguales, ni proporcionales. Sobre cada uno de esos aspectos la decisión es arbitraria. Y entonces la medida de la distancia, tanto como las formas y áreas, cambia.

El plano cartesiano, en cualquiera de sus formas y variaciones, define un espacio, el de trabajo, sobre el cual se diseñan los objetos que han de ocuparlo. La distinción geométrica entre lugares empieza a adquirir formalismo válido con las distintas clases, ampliaciones y generalizaciones del plano cartesiano. Hay otros discernimientos de esta clase, es decir para lugares, que funcionan muy bien sin planos cartesianos, un ejemplo el que hacen los seres vivos desde la cotidianeidad de sus vidas. Incluso en el reino vegetal. No es del caso insistir en anacronismos, el plano cartesiano es muy posterior. Pero no hay que olvidar que todo en el diseño de ese plano es arbitrario, nada necesario ni impuesto por la realidad.

Hay un aspecto en el que esas investigaciones de Aristóteles son válidas en el sentido de objetivas: no es en el plano cartesiano, ni en la geometría de Euclides ni en otra sino en una superficie tal como el suelo pisado y caminado por los peripatéticos, desde donde lo real de veras insinúa sus preguntas. Son las respuestas las que evolucionan, generalmente, frente a la firmeza y permanencia de las preguntas.

Luego de múltiples distinciones y divisiones el lector llega exhausto a esta perla: lugar en potencia, lugar en acto. Aún así, o por eso mismo, Aristóteles no logra definirlo, y quizás deba reconocérsele en esto un alto grado de consistencia. La ciencia física llegó por fin a una definición de lugar cuando admitió que eso es arbitrario. La idea es de Copérnico y se conoce como Principio Copernicano, esencial en la concepción moderna de las teorías sobre lo físico: ningún lugar en el universo tiene privilegio o especialidad alguna. A partir de ahí se puede identificar un lugar, u otro, en un sistema de medición o en una geometría que lo defina, y eso es todo, lo demás ha de ser igual, que es una forma de quitar privilegios a cualquier lugar, ya casi ni lugar es. No es fácil captar que tan extraordinariamente novedosa y valiente fue la idea de Copérnico, tanto como no siempre se capta el cinismo eclesiástico que afirma que de acuerdo con eso bien puede considerarse al planeta tierra en el centro.

No puede Aristóteles dejar de mencionar que hay un lugar propio, o natural, para cada cosa, esto le parece razonable, tanto como que ahí se quede, quieta. Tuvo muchos problemas con el movimiento, piensa que la flecha tiene que ser permanentemente empujada, no conoció la inercia. Y sigue una discusión alrededor de la posibilidad del vacío, que en general niega. Es un texto engorroso que ya poco o nada puede decir; la tortuosa marcha del análisis se explica porque, como es común en Aristóteles, se trata de definir primero la esencia del concepto lugar, luego verlo desde la potencia y desde el acto, eso comodines que no apoyan nada, y se comprende que entonces la discusión marche largo rato analizando si el contorno de una figura es su lugar, la relación que eso pueda tener con espacio, en fin. Los temas son serios, las geometrías que han aparecido los tratan de manera compleja. Y así pasa al siguiente punto, el tiempo. Lo que Aristóteles dice suena sensato, si se desconecta de toda esta oscura discusión sobre lugar y movimiento: pero esa desconexión alteraría mucho el asunto.

¿Existe el tiempo? Habría que resolver, dice Aristóteles, qué clase de existencia tiene algo compuesto de partes que no existen: pasado y futuro. Y luego discutir si el presente existe. En todo caso el presente, el ahora, no es una parte, algo que pueda separarse del pasado o del futuro, pues no está en ellos. Sea lo que fuere la respuesta sobre el lugar del presente, y por eso la discusión previa sobre lugar, también queda la pregunta: ¿es el presente siempre el mismo, o cambia constante y permanentemente? Aristóteles no es aquí un interrogador maniático, parece bastante sensato esta vez. Contesta todo negativamente. La pregunta es seria y difícil: ¿qué es lo que no cambia, si no cambia, y qué es lo que sí, en este caso, cuando se trata del presente?

Descarta Aristóteles algunas opciones de tipo general y pasa a considerar lo que estima es la opinión usual: el tiempo es movimiento y es una especie o clase de cambio. No es lo primero, dice, porque el cambio afecta a la cosa que cambia, mientras que el tiempo está presente en todas partes y cosas; o porque el cambio puede tener distintos ritmos, lento o rápido. Pero esto es una especie de círculo vicioso, dice, el tiempo tiene que estar definido no por sí mismo sino medido como una cierta cantidad o una cierta clase de cantidad. Al menos para Aristóteles así es; pero no es convincente. Y sin embargo, famosamente, dos mil quinientos años después la física se limita a decir que el tiempo es lo que los relojes miden. Hay que explorar entonces, cuando llegue la hora, qué es lo que los relojes miden y que la física ha dado en denominar tiempo.

Concluye entonces: tiempo no es movimiento, e incluye cambio dentro de la idea de movimiento. No explica por qué el tiempo no puede definirse por sí mismo: casi como si la medición desde fuera funcionara por sí sola, asunto que reaparecerá de la manera más inesperada en la teoría física contemporánea. Aristóteles apuntó a algo intrigante: si existe, tiempo es distinto de cambio, de movimiento, y se mide desde afuera.

Estas ideas son complejas, y parecen más bien contradictorias: el tiempo se mide desde afuera, con un aparato autorreferente que se mueve internamente, produce ritmos, y los cuenta; y sin embargo el tiempo no es ni cambio ni movimiento, ni el reloj puede ser medido desde afuera, si acaso puede ser comparado con otro.

Pero tampoco hay tiempo sin movimiento, Aristóteles se devuelve; para esto presenta un argumento de tipo psicológico y concluye, o repite: el tiempo no es movimiento, pero tampoco es independiente del movimiento. Se percibe al tiempo por medio del movimiento, incluso si es un movimiento o actividad mental. Como el movimiento es algo continuo, así tiene que serlo el tiempo. No dice nada sobre duración, es decir algo así como tiempo sin movimiento, como una cierta extensión de algo: del tiempo o en el tiempo.

Se capta al tiempo, dice Aristóteles, marcado con antes y con después, cosas consideradas diferentes y que se unen, o separan, por medio de un ahora. Eso que está unido por el ahora, eso del pasado y del futuro a los que antes había declarado inexistentes tanto como el presente, eso es el tiempo; dice que por el momento así lo asume para continuar con el análisis.

Es una constante en la historia de la idea del tiempo: los mejores analistas siempre llegan a un tope, se disculpan, reclaman aceptación para lo que han logrado proponer, y continúan casi siempre con otra cosa.

Ahora lo más difícil:

> *"Entonces, cuando percibimos el 'ahora' como algo independiente, y no como un antes o un después en un movimiento, tampoco como una identidad, sino precisamente en relación con un 'antes' o un 'después', no se piensa que ha transcurrido tiempo alguno, porque tampoco ha ocurrido un movimiento. Y de otra parte, cuando percibimos el 'antes' y el 'después', es en este caso en el que decimos que hay tiempo, decimos que eso es tiempo. Porque el tiempo es justo esto: el número del movimiento respecto del 'antes' y del 'después'. Entonces, tiempo no es movimiento, sino solamente movimiento en cuanto admita enumeración... el tiempo es una clase de número... pero el tiempo es lo que es contado, no aquello con lo cual contamos... el 'ahora' mide al tiempo, en la medida en que involucra tanto el 'antes' como el 'después'".*

Aristóteles se separa de su idea inicial sobre número del movimiento, y aquí dice que el tiempo es lo que es contado y no aquello con lo cual es contado. Necesita un aparato que provea el número, y ahora entonces no queda claro si es número de movimiento o de tiempo, sea eso lo que pueda ser.

El ahora con número asignado, más existente que nunca, está entre dos inexistentes, sin que se sepa cómo es que puede estarlo, cómo es que puede ser contado, ni cómo es que está limitado por dos inexistentes; el tiempo es número del movimiento, pero no es número, que es aquello que se usa para hacer la cuenta; tampoco es movimiento. Es lo que es contado en cuanto lo que no puede ser contado sea contado, siempre y cuando en la cuenta se inmiscuyan el antes y el después.

Salta a la imaginación una plaza mediterránea con un reloj de sol y los números y la sombra caminante: un poco de sensatez.

Sigue más de lo mismo, distinción entre moción y locomoción, entre movimiento y lo que es movido, en fin; insiste en que el tiempo es continuo, como para aclarar que la numeración no lo torna en discontinuo. Y como siempre con Aristóteles, esto es un golpe de genio, aparece de repente, resulta dicho claramente, con evidencia propia, irrefutable: esto de la numeración es una metáfora, no hay que pensar por ello que el tiempo sea discontinuo. O sea, pero se entiende milenios después: entre número y número el tiempo se escurre, como entre gota y gota de la clepsidra.

Y añade una nueva perla, intrigante: en la medida en que el ahora es un límite, una frontera, no es tiempo, sino un atributo del tiempo; en la medida en que numera, es un número. Y por este concepto se puede declarar que no ha perdido el tiempo Aristóteles, ni su lector: eso de que el ahora, el presente, no forma parte del tiempo porque es límite, frontera que no tiene duración, se diría hoy, es desconcertante por lo original y por lo sólido, tanto como también desconcierta porque el ahora es la evidencia sicológica más fuerte en cuanto a la posible existencia o realidad del tiempo. Aristóteles apunta a algo serio, al concepto de instante, más que problemático. En cuanto al ahora numerado, es decir la cuenta de ritmos que ocurren no en el pasado ni en el futuro sino en el presente, en términos generales esa es la opción adoptada por la física por lo menos desde Galileo.

Adopción un poco apresurada, no es posible si no se abandona el concepto de instante.

Por eso es que lo que no se entiende hoy, pero no tiene ya importancia, es cómo puede numerarse el ahora. Los diez minutos que han pasado son de lo que ya no es ahora, si es que son de algo. El ahora así entendido, en el lenguaje común, expresado por medio de un número provisto por un reloj, es una medida de tiempo transcurrido. Eso es lo que se pretende al menos. Medio día es más o menos: son las doce horas después de la media noche que ocurrió hace doce horas. Es imposible salir de esta forma circular.

Concluye e insiste: está claro que el tiempo es el número del movimiento con respecto al antes y al después, y es continuo, porque es un atributo de algo que es también continuo. Esto no es una síntesis sino una amalgama forzada. Reaparecerá dos mil quinientos años después, enquistada y modificada, aún más forzada y mucho más tímida, casi escondida, en las matemáticas complejas de la teoría general de la relatividad; pero es posible localizarla.

No todos están obligados a las formas del escolasticismo, se puede simplemente decir: eso del movimiento con respecto al antes y al después es también una metáfora, pero una que no avanza en ninguna dirección, no explica ni agrega nada, cambia apenas el escenario, sin beneficio o propósito discernible. No aclara qué es lo que se mueve ni cómo lo hace.

Y ahora le parece a Aristóteles evidente que el tiempo no es descrito como rápido o como lento, sino como mucho o poco, largo o corto. Presenta una analogía para justificar la afirmación, explica: tampoco se dice de los números que sean rápidos o lentos. Si no se ha oído eso antes, se diría que ni a Aristóteles se le ocurriría. Pero se le ocurrió, y la idea es: el tiempo marcha a ritmo parejo. Lo dice, aunque no tenga argumento.

Continúa:

> *"…no solo medimos el movimiento por el tiempo; sino también al tiempo por el movimiento, porque uno define al otro. El tiempo marca al movimiento, porque es su número, y el movimiento al tiempo…".*

La primera frase parece que fue escrita para Euler, y en efecto él también la escribió, en contexto matemático preciso, como ejemplo de un reloj ideal, hasta donde los límites lo permiten. Se verá luego en qué consisten ese reloj y esos límites. Y dice Aristóteles que ser o estar en el tiempo no es lo mismo que coexistir con el tiempo, uno al lado del otro o uno incluido en el otro. Aquí el ejemplo o analogía como argumento: tanto como moverse o estar en un lugar no significa consistir en movimiento o en lugar. Claro, esto no es más que un juego de palabras, sobre todo si no se ha logrado definir si el lugar existe o es un concepto apenas, ni si es definido como absoluto o relativo, independiente o derivado de lo que ocupa lugar.

Dice Aristóteles que lo que es o está en el tiempo es o está en el mismo sentido en que el número está entre los números, y que por eso un tiempo que describe como más grande que todo lo que está en el tiempo, puede pensarse o encontrarse; sería inútil tratar de entender qué quiere decir con eso, quizás eludió el problema del concepto de eternidad. Sigue: entonces todo será afectado por el tiempo, que a todo lo corroe y lanza al olvido, porque el tiempo es el número del cambio, y el cambio elimina lo que es. Y así queda expresado el abandono de aquella idea que sugería pensar el tiempo por fuera del cambio. Y ahora el tiempo es número del cambio, no del movimiento.

Y concluye, o al menos para Aristóteles es una conclusión: las cosas que siempre son, y de ellas no presenta ejemplo, no están en el tiempo, el tiempo no las contiene, no pueden ser medidas con tiempo o por el tiempo, lo cual se prueba, dice, con el hecho de que ninguna es afectada por el tiempo. Menuda prueba. Y eso de que no son afectadas por el tiempo, ¿quién lo ha demostrado, cómo? Y esas cosas no afectadas por el tiempo, ¿están en él o en un medio en el cual el tiempo sí afecta a otras cosas? Para eso no hay en Aristóteles respuestas, y muy extrañamente, tampoco preguntas.

Ahora este enredo:

> *"Dado que el tiempo es medida del movimiento, entonces también es la medida de la quietud, aunque indirectamente. Porque si bien no se sigue de que por estar en el tiempo algo es movido, es claro que lo que está en movimiento necesariamente se mueve. Dado que el tiempo no es movimiento pero sí es el ´número del movimiento´: y lo que está quieto puede estar en el número del movimiento. No se puede decir de todo lo que no se mueve que está quieto, sino solo de lo que pueda ser movido, aunque no esté siendo movido, como ya he dicho".*

Es necesario reconocer que aquí el argumento ha perdido por completo el carril. Si el tiempo es el número del movimiento, lo que no tiene movimiento no puede, en este contexto, tener número, y la quietud queda entonces por fuera del tiempo. Esto último es contradictorio: la duración tiene que ser temporal, o deja de durar. O la quietud es eternidad, siempre amenazada por el movimiento. En el sistema que Aristóteles intenta construir no quedó espacio para la duración sin cambio. Eso del indirectamente para la quietud revela, quizás, que Aristóteles cedió para alejar del escrito una conclusión susceptible de llevar todo al traste: la duración sin cambio no puede ser medida.

Y entonces otra sorpresa: lo que sea pasado, o futuro, depende de la dirección, primera mención sobre esto, hoy llamado flecha, del tiempo que lo contiene, es la expresión que usa Aristóteles: y si la cosa está contenida en ambos, tiene entonces esos dos modos de existencia. Y si no está contenida en ninguno de los dos, nunca ha sido ni será. En general en esta parte se sigue tratando de las Ideas, Formas, sin mencionarlas, y eso es lo que explica la extraña frase sobre cosas que están tanto en el pasado como en el futuro, en un desliz utilizado para eludir la palabra eternidad. Aristóteles prefiere el ejemplo de la diagonal del cuadrado, que es inconmensurable, es decir no medible con o por medio de uno de los lados. Esto está por fuera del tiempo, pero la palabra eternidad no aparece aquí. Y es un silencio sensato, no es necesario enfrentar a esa altura este otro problema: ¿es la eternidad algo propio de la

Idea, la Forma, en fin, o no tiene sentido hablar de eternidad para eso, y mejor reservarlo para lo existente en el sentido tradicional, lo que existe eternamente, si es que de eso hay?

Finalmente, en esta parte escribe Aristóteles sobre la relación entre el tiempo y el alma, que quizás aquí deba entenderse como conciencia individual. Lo que dice es que sin algo o alguien que numere no habría tiempo; pero no es concluyente, habla en condicional, dice que así también,

> *"sería el caso si existiera el movimiento sin que exista el alma; habría entonces un antes y un después del movimiento, y el tiempo sería estos en tanto que numerable".*

Extraña insistencia en eso de que el tiempo es número de algo aunque no sea numerado. Se verá, al final de este escrito, que no puede ser numerado.

Aristóteles planteó algunas otras preguntas, a manera de objeción. Ese tiempo ¿empezó con la creación, o estaba ahí antes? ¿Qué debe entenderse por un antes de la creación? Tal vez para Aristóteles la idea de un comienzo para el tiempo era ininteligible, y eso explicaría su esfuerzo en hablar de tiempo numerable pero en ciertos casos no numerado.

Tiene Aristóteles una discusión mucho menos interesante, desde el punto de vista de lo que él denomina categorías. Presumiblemente una categoría no se comprende a partir de otra, y entonces tendría así una especificidad detrás de la cual no habría nada. En todo esto no hay sino oscuridad. Tiempo es una de las categorías, de la extraña lista de conceptos que presenta, por ejemplo sustancia, posición, cantidad, y así sigue. Luego parece que el tiempo, junto con otros integrantes, ya no forma parte del grupo.

Muchas ideas presenta Aristóteles, de una manera extrañamente ordenada, o desordenada. Su pensamiento sobre el tiempo es original, y en estilo y alcance el primero en la historia de la filosofía Occidental; contiene elementos sobre los cuales resulta indispensable formar una opinión. Además de original, el escrito es muy complejo, y difícil de seguir. No logra finalmente explicar una idea concisa de tiempo, de lo temporal, posiblemente sea justo decir que es mucho pedirle, y que es necesario reconocer que ya es un inmenso adelanto plantear los temas fundamentales en un solo escrito. Muchas de las ideas que siguen en este repaso sumario pueden rastrearse hasta esta parte de la Física.

2.2 UNA INTUICIÓN. ESTRATÓN DE LAMPSACO.

Estratón de Lampsaco, décadas después, considera que tanto el movimiento como el tiempo se entienden mejor como continuos, por lo cual, estrictamente hablando, no son medibles según el número, que siempre es discreto, dice. No aclaró si es posible alguna otra forma de medición. También, al parecer, estimó que el tiempo puede ser pensado con independencia del movimiento. Sería una verdadera anticipación a la modernidad: si el tiempo es continuo, quizás no sea medible, y si no es medible de nada vale relacionarlo con el movimiento, quizás eso sólo sirva para fines prácticos.

Es una profunda intuición eso de insistir en la continuidad; pero se requeriría de un gran avance en el desarrollo de las matemáticas, del cálculo diferencial, de los infinitos, de los conceptos de continuo matemático y de densidad, para caer en cuenta del extraño giro que toma el asunto, para captar el efecto de ese concepto sobre la posibilidad de medida, una vez que aparece completo y desarrollado el concepto matemático de dimensión.

Se puede repetir: Estratón de Lampsaco sí tuvo, efectivamente, una profunda intuición, o mejor, dos, de las cuales quizás en ese entonces no era posible extraer todas las consecuencias.

Con Riemann empieza a aclararse el asunto, y por allá alrededor de 1850 nace una nueva geometría que a su vez hizo posible la teoría de la relatividad general. Pero el conjuro que despoja de su extraña magia a la equívoca complicidad entre matemáticas y realidad no había sido pronunciado en la época de Estratón. Riemann lo intuyó, desde un punto de vista estrictamente matemático, y dejó abierta y tajantemente planteada su intuición, al final de su conferencia extraordinaria, fundadora, tema que corresponde a las partes finales de este escrito.

2.3 SIN TIEMPO PARA VANIDADES. EPICURO.

Gracias al oscurantismo y sus censuras y velos el nombre de Epicuro, de hace unos 2360 años, se usa a veces en sentido peyorativo. Propuso un materialismo sin compromisos, nada de mundos ideales o mundos perfectos o imperfectos, mundos de formas sublimes, otros mundos. Adiós a almas humanas o de otras que sobreviven a la muerte del cuerpo, nada de castigos que esperan desde otras vidas, todo eso creencias que originan miedo, angustia, opresión desde los propagadores de esas ideas, y desde el interior mismo de quien las acepta, en fin. Para Epicuro la realidad está formada a partir de partículas elementales, indiferenciadas, del mínimo tamaño posible, indivisibles, y entre ellas el vacío, que las separa y por eso al mismo tiempo permite el movimiento. Vacío es, según las interpretaciones, o bien una especie de receptáculo general y de extensión indefinida, o un complemento del átomo o de la materia o partícula mínima. La idea de vacío había sido atacada por Aristóteles, que se refirió a conceptos más o menos similares y menos desarrollados que provenían de Demócrito. O de Leucipo.

Lo interesante por ahora es que estas ideas del átomo llevaron a pensar que tal vez era necesaria la existencia de un tamaño mínimo, como propuso Aristóteles, en forma de crítica a la teoría, no para adoptarla. Ese tamaño mínimo conduce al concepto compañero de espacio mínimo, a movimiento que no es posible conceptualizar si es entre dos puntos separados de esa manera, puesto que no se sabe qué sería esa separación. Estos aspectos no son analizados por Epicuro, y sigue presente la idea, o por lo menos una base para ella, de que el espacio y el tiempo podrían no ser continuos. Esa teoría de átomos tal como fue concebida también implica que el universo no tiene fin, algo así como una desinteresada y distraída ley de conservación de la energía, una eternidad hacia el futuro; y como también afirma que nada puede originarse en la nada, puede suponerse que admitiría que el universo ha sido también eterno hacia el pasado. Universo infinito, número infinito de átomos, y también infinito el vacío. Bastaba con considerar que nada puede consistir en un límite o un borde para el universo, porque contener así al universo resultaba para los griegos, en general, arbitrario o contradictorio. Hoy se pueden concebir infinitos y también fronteras, y no necesariamente se oponen, pero eso es a partir de geometrías no euclidianas. Para el espacio convencional plano de tres dimensiones la idea de frontera sigue siendo incomprensible.

Era necesario suponer choque entre esas unidades, algunos al menos y de vez en cuando, para explicar la actividad, la variedad en las cosas, en fin. Lucrecio agregó en *De Rerum Natura* que en su viaje esos átomos de tanto en tanto cambian ligera y a veces incluso bruscamente de dirección, lo que hace posible el choque. Una adición a la teoría, para resolver una objeción, y sin fundamento científico ni filosófico alguno. Pero en cierto modo una adición necesaria.

No se sabe que Epicuro haya pensado el tiempo; su filosofía es para un modo de vivir amable, dentro de una sólida ética de alcance personal, nada de reglas para imponer a los demás, vida en medio del más alto valor para el ser humano, la amistad; con prudencia y alejamiento de muchas otras cosas, entre ellas lo público y lo político, hasta donde sea posible. Si se une a esta idea y a este propósito el rechazo de eso de las almas de vida eterna, y con la eternidad del universo entendido como una totalidad, y con argumentos sobre lo necio que es temer a la muerte, temer una vida posterior a la muerte, o tener una esperanza en ese tipo de existencia, se llega a una concepción de la vida dentro de lo temporal para afirmarla y vivirla, y a un desaparecer en lo eterno cuyo nombre quizás sea la nada, nombre o metáfora nada más.

Ese desaparecer es tan completo que es ajeno al que desaparece, debe mirarse con frialdad y con indiferencia, sin temor, con comprensión intelectual sin emociones que ya no son aplicables. Se puede decir que lo demás no interesa a Epicuro, que eso del tiempo y el espacio discretos en lugar de continuos es algo que su teoría podría incluir, pero algo sin importancia para las metas que propone para una vida al menos amable, en el sentido más propiamente epicúreo del término. Y no se ocupó ni preocupó de negar la existencia de dioses, quizás entendió con razón que hablar de eso era entrometerse en política y en los asuntos públicos tanto como en los ajenos y a veces indebidamente hechos públicos. Se limitó a decir que para el hombre la naturaleza de los dioses es algo por lo menos oscuro, y que en todo caso los dioses, de existir, no se molestarían con asuntos humanos, ocupación que interferiría con la placidez olímpica que habría que suponer.

2.4 DE NUEVO LO MISMO. ZENÓN DE CITIO.

Zenón de Citio, hace unos 2350 años, es conocido como el primer estoico; se dice que su ocupación fue combatir las ideas de Epicuro, descripción que no lo hace muy estoico. Pero no hay tal oposición. Tiene una visión del mundo en donde la causalidad es fuerza dominante, o absoluta, y propone la virtud como meta que puede alcanzarse a partir del estudio de la lógica y de la física. Y esta idea es extraordinaria, claro. ¿Qué otra virtud, si alguna, es posible concebir en un mundo causal, determinístico?

En el saber hay una virtud, quizás la única que exista, si es que también existe el saber y a alguno le toca en suerte inevitable y gratuita.

El fuego es el principio de todo y el universo se rige por sí mismo, llámese a eso dios o de otra manera. La idea de que no se trata de un dios desinteresado, tampoco interesado, sino de un dios que es todo, pero que no es más que todo, ni en otro lugar, ni personificación de nada, ni personificable, tiene su más claro antecedente en este estoicismo clásico. Para los estoicos el universo es cíclico y la recurrencia es eterna, la idea no es original, es más antigua, babilónica.

No necesitan conceptualizar sobre esa eternidad, parece para ellos claro lo que eso significa, es como una figura para contrastar con las fútiles molestias de lo temporal entendido como lo cotidiano. Este eterno retorno cuya idea original Nietzsche retórica y muy emocionadamente se atribuyó tiene implicaciones sobre la idea de tiempo, que ni Nietzsche ni los estoicos resolvieron: la repetición, cuando ocurra, ¿será en el mismo tiempo en que ocurrió el asunto la primera o una anterior vez, o será otra de modo que las repeticiones en realidad están organizadas linealmente en el tiempo, una luego de la otra, en lugar de ser lo mismo? Y así se tendría otro reloj, numerador de repeticiones eternas, o de eternas repeticiones, la distinción no está clara. Mejor decir que el ciclo no termina, o que es cerrado, o incontable, por algo habría que optar.

Los estoicos al parecer definieron al tiempo como el ámbito, o la dimensión, del movimiento. De esta idea puede surgir la sugerencia de pensar el tiempo como más básico, primordial. Pero la idea sin desarrollo poco aclara; es ligeramente diferente de la de Aristóteles, y quizás mejor, ese ámbito o dimensión no es un número, no es una medida, el tiempo estoico no necesitaría de números o no sería medible, sería como la posibilidad del movimiento o del cambio o de la repetición, pero no está atado a una cuenta, a una seguidilla de números, como el giro diario del planeta o el año solar o el reloj pueden estarlo si se miran desde un punto de vista adecuado para eso.

Pero si el movimiento es la verdadera y única actividad de la realidad, a partir de la cual resulta lo demás, una visión más que plausible, entonces el tiempo es el crisol de la realidad, su contenedor más básico. El espacio resultaría derivado, a partir del movimiento, y este último necesitado del tiempo, sin el cual no hay movimiento.

Parece que a ninguno de los pensadores del retorno se le ocurrió esta enigmática idea: no es necesario el retorno, es una pérdida de tiempo, las cosas ya están ahí, eternas, eso de que aparecen y desaparecen sobra. Quedaría por explicar por qué parece que el tiempo transcurre, y sobre todo, ¿a quién le parece? ¿Cómo es posible que solo parezca?

El romano Marco Aurelio, clásico exponente del estoicismo, se preguntaba desde su trono de emperador si no es mejor despojarse de tanto pensamiento superfluo, aceptar el reto y pensar la enormidad del vasto universo, desde el punto de vista de su eternidad que no termina, o si se prefiere, desde su interminable eternidad. Al sensato Marco Aurelio ya le parecía eso del eterno retorno una carga pesada, pero no esa intolerable en emoción y en angustia y en reto, como la describe Nietzsche, sino una condena al aburrimiento o al inútil rechazo: que tampoco exigen un eterno retorno para manifestarse.

Poincaré tiene un teorema que justificaría la idea del eterno retorno, es decir, simplemente mostraría que no es imposible matemáticamente. Eso no demuestra que sea posible físicamente. Pero en el caso que presenta, conocido como Recurrencia de Poincaré, el tiempo requerido supera con creces, con muchísimos órdenes de magnitud, lo que la física admite o propone como edad del universo. Una espera tan lamentablemente larga que la idea de Nietzsche, esa de amar y desear y soportar el retorno, si la cosa ha de mirarse científicamente, carece de sentido; el teorema es posterior a Nietzsche. Esperar el retorno sería razonable en un ámbito sin tiempo, en donde la espera no es espera y no se sabe qué pueda ser eso; de otra manera no es más que un vano intento de escape, un fallido intento en contra del presente.

No obstante, conviene recordar que hay unas ciertas ecuaciones que reflejan la situación conocida como Equilibrio de De Sitter, propuestas por el astrónomo y matemático Willem de Sitter poco después de formulada la relatividad general, a partir de las cuales algunos libros de divulgación científica no dejan de citar a Nietzsche y su *Gaya Ciencia*. No faltan otras. R. Penrose propuso en 2010 algo que se puede traducir como cosmología cíclica conforme, que habla de ciclos infinitos de repetición del origen y destrucción del universo, todo dentro de los formalismos de la relatividad general. Y hay otra teoría, conocida como Universo Ecpirótico, palabra originada en el griego, conflagración, según la cual también el universo es cíclico, y el fuego su metáfora, y en medio de él y por él nace tanto como se destruye de tiempo en tiempo; los proponentes son J. Khoury, N. Turok y otros. Estas teorías no llegan a postular las repeticiones idénticas, pero en tanto que infinitas quien encuentre alivio en eso puede contar con ellas, si estos teóricos tienen razón. Pero no hay que olvidar que también se repetirían otros escenarios menos amables o menos deseados.

No han faltado ni faltarán las tesis filosóficas, tanto como las físicas, en ese deseo de una imprecisa eternidad que, quien sabe por qué, prefiere la repetición a la duración.

Y sin embargo el asunto, desde el punto de vista de la cosmología, está menos que claro. Otras perspectivas hablan de una parálisis final del universo, muerte por el fin de los procesos termodinámicos, no más espacio para desorden, para ese curioso orden final regularizado, quieto y frío que la física entiende por pura y extraña convención, como desorden. Y hay otras muertes teóricas, algunas relacionadas con la desaparición de la partícula o campo de fuerza de Higgs, que hablan de la posibilidad de un colapso que se propagaría a la velocidad de la luz, desbaratando la estructura intrínseca de la materia de tal manera que nada de lo existente subsistiría, nada de lo conocido, nada de lo imaginable.

El argumento es curioso, la existencia continuada de esa partícula que la realidad requiere, también está sujeta a ciertas incertidumbres que la teoría conoce bien. Por ahora, al menos por estos lados del tiempo, la partícula se ha negado a desaparecer. El asunto es simpático: si la mecánica cuántica admite que partículas aparezcan y desaparezcan, probabilísticamente, en el frenético mundo de lo virtual cuántico, se diría lo mismo, en ciertos escenarios, para el bosón de Higgs, del cual depende la estructura gravitacional de la materia, es decir, todo. Desaparecido así ese bosón, lo demás que de él depende se esfumaría. Eso se dice por ahí, al menos: y sin embargo la desaparición del universo es una probabilidad que se ha negado a ocurrir, y si ha ocurrido antes, no es verificable, no duró y no tiene sentido hablar de antes, porque lo que tiene antes tiene después.

Y frente a esta hipótesis se puede hacer la misma pero inversa pregunta retórica que ya hizo Nietzsche: ¿no es la mera posibilidad, así sea simplemente teórica, de que al final exista un final que finalmente sea el verdadero final, el mejor argumento para apreciar una corta vida personal cuyo final es todo menos que teórico?

2.5 IN MEMORIAM. PIRRÓN.

Sextus Empiricus, de hace unos 1800 años, autor de *Outlines of Pyrrhonism*, debería ser estudiado por todos, valga la pena o no. Un excelente catálogo de ideas de Pirrón tanto a favor como en contra de la realidad o existencia del tiempo, del cambio, de la permanencia. Y de todo lo demás.

El método de Pirrón es el mejor ejercicio intelectual que puede hacerse para estudiar filosofía. Y muy apropiado, o inapropiado, que las ideas de Pirrón no hayan sido expuestas por él mismo.

La historia del pensamiento no procede como la describe Hegel. Una negación absoluta, incontrovertible, es una negación; una que se transforma en su contrario, una que se refuta a sí misma o que ella misma invita a la refutación, eso parece más un juego en el que las fichas son unas negaciones apenas aparentes, débiles, fácilmente transformables si se tiene una imaginación fértil. Hegel se sitúa en la cima de un irrazonablemente alto andamio oriental fabricado con bambú, Pirrón prefiere apartar la mirada. Pirrón sabe negar sin afirmar. Ejercicios de pirronismo: probar que el tiempo existe, y probar también que no existe, y probar que se ha probado y que no se ha probado.

2.6 PARÁSITO DE LA ETERNIDAD. PLOTINO. PORFIRIO.

Para el mejor discípulo de Platón la imagen móvil de la eternidad, el tiempo, es un inespecificado parásito.

Enseñó Plotino hace unos 1700 años que del intemporal uno, general y extrañamente escrito con inicial mayúscula no obstante que mencionarlo es ya inadmisible, no sirve ningún calificativo, todos lo desmejoran, el uno no puede ser más que uno, ni menos que uno, pero tampoco solamente uno, ni todo porque no será uno, ni temporal ni intemporal y así con cualquier calificación. Tan importante en relación con Platón que para Plotino se acuñó un término: neoplatónico. A uno de sus alumnos, Porfirio, se le debe la publicación de esas ideas. Pudo haber sido Porfirio, o pudo haber sido el maestro, quien calificó al tiempo como parásito, un término que marca con claridad el rechazo de la idea de imagen móvil de la eternidad.

El tiempo, parásito de la eternidad. Por lo menos una figura o metáfora nueva. Pero nada significa. Contradictoria. Ininteligible. La realidad emana del uno, y esta emanación ocurre por fuera del tiempo y es eterna. Lo primero o lo más inmediato que emana es el mundo platónico de las Ideas o Formas, Nous o Intelecto en la terminología que usa Plotino. La eternidad es lo propio del Intelecto, que vive o existe sin cambios, actualmente infinito, estático, erguido y concentrado en lo uno, ahora sí puede tener nombre propio, Narciso. Pero no es el nombre que le asigna Plotino. Existe en un descanso o ausencia de cambio que explica la identidad consigo mismo, desde siempre o infinita. El lector encuentra que para Plotino lo eterno y lo temporal coexisten sin problema, tanto como que hay un intelecto superior, así sea uno paralizado. Quien sabe qué podría ser eso. Pero si ha de ser eterno tendría que estar paralizado, puede suponerse. Del Intelecto surge el alma.

Parece que a Plotino se le escapa que esos surgimientos son cambios, y no de los pequeños. Estas almas que se inventa o plagia el platonismo y que adopta el cristianismo y que repite Plotino son peculiares: el alma se aburre o se cansa de la eternidad, se aburre en lo eterno, o siente curiosidad por otra cosa que Plotino no describe ni explica, como tampoco cómo es que esa idea o ese evento o esa entidad le ocurre al Intelecto para que de allí salga o emane algo como alma o parte de ella. En fin, aburrido y cansado el Intelecto, o aburrida y cansada el alma, esta última no soporta lo eterno y entonces es ella la que da origen al tiempo, y con él al universo percibible por los sentidos.

Y la réplica a Plotino es aquí también, sencilla, no es comprensible el aburrimiento en la eternidad, porque el aburrimiento es tedio, sin tiempo para perder no hay tedio, el tedio exige duración; pero de esto parece que nada dice. Con razón este mundo de abajo es inferior, imperfecto, de menos realidad. Porque es fruto del aburrimiento eterno.

Sigue: el Intelecto habita en lo eterno, el alma en lo temporal; de lo eterno salió o emanó lo temporal, o emanó o salió el alma y de esta lo temporal. Tampoco se entiende, en general, como es posible que de lo intemporal salga algo sin que ese salir implique temporalidad en el origen. Llama la atención ese aburrimiento patológico que hace que algo salga de la eternidad solo para añorar el regreso.

De donde resulta más extraña aún la metáfora del tiempo como parásito. Parásito que resuelve el problema del aburrimiento que causa el estar inmerso en la eternidad, aunque por supuesto esa idea de aburrimiento no temporal es del todo incomprensible, aún como metáfora.

No es que Plotino hable de aburrimiento, sino que se nota con claridad que le faltó hablar. Fue sin embargo muy preciso en insistir: lo eterno no tiene duración, no existe por un tiempo indeterminadamente largo, ni por un tiempo infinitamente largo, no se le aplica el siempre de la etimología original en griego que une el siempre con el es, lo eterno está por completo y de la manera más definitiva por fuera de cualquier categoría, concepto o elemento propio de lo temporal. Ni forma ni manera de aburrirse, entonces. Es un adelanto lógico y razonable. Quizás esa separación le bastó a Plotino para considerar que no había problema en pensar compatibles lo temporal y lo

eterno. Uno no contradice al otro, porque han sido definidos, por lo menos lo eterno, en una forma que automáticamente elude el problema. Quizás lo eterno contiene en sí tanto lo pasado como lo futuro, y para completar la trilogía hay que incluir al presente.

El sistema de Plotino no aclara absolutamente nada de las oscuridades corrientes alrededor de lo temporal o de lo eterno, y el nuevo término o calificativo para el tiempo es irrelevante.

3. CARPE DIEM.

3.1 EL TIEMPO ES EN LA MEDIDA EN QUE TIENDE A NO SERLO. AURELIUS AUGUSTINUS DE HIPONA.

En medio de muy piadosas, o mejor, quizás irónicas interpelaciones al señor dios cristiano, al fin tediosas y repetidas, el penetrante Agustín, es original y pionero en este asunto que venía empantanado desde cuando Aristóteles intentó explicarlo.

Aurelius Augustinus de Hipona, unos doscientos años después de Plotino; es decir, hace unos mil seiscientos. El Capítulo I del Libro XI de *Confesiones* empieza con una pregunta inquietante por lo válida y precisa: ¿Es posible que el señor dios, que existe en la eternidad, por eso mismo ignore lo que en ese momento Agustín le pregunta? Explica inmediatamente la justificación para el interrogante: porque estos asuntos ocurren en lo temporal. Está implícito que encuentra en eso una cierta contradicción o ininteligibilidad. E inmediatamente añade otra pregunta, que funciona más bien como explicación: ¿cómo se perciben desde la eternidad, pero en forma temporal, los eventos que ocurren en el tiempo? Y las respuestas, si es que las hay, son negativas y provienen del mismo interrogador: las preguntas no son ignoradas, la percepción no es temporal; Agustín también interroga a su señor sobre la razón por la cual le ha hecho preguntas. Y claro, él mismo contesta, e inmediatamente: las hace no para ilustrar al interrogado, sino para promover en sí mismo y en los lectores el amor hacia ese señor.

Más adelante, sin embargo, Agustín reclamará su derecho a hacer preguntas, incluso el de hacerlas directas.

Extraña constante esta que aparece en los mejores pensadores: lo temporal no es propio de los dioses.

Está claro que no quedó convencido por Plotino, quien en este asunto no dijo gran cosa y en otros no habló, y las preguntas iniciales dejan ver la dificultad. La capacidad retórica de este Aurelio Agustín es inmensa, y el tono y claridad de la escritura tienen elogio bien merecido, y la ocasional y válida crítica a la insistente actitud de monaguillo. Del inglés, de una traducción del latín publicada en 1955, de A.C. Outler, en Texas un profesor de teología, estos extractos:

> "¿Es posible, Señor, que, si estás en la eternidad, ignores lo que te estoy diciendo? ¿O ves, temporalmente, los eventos en el momento temporal en el que ocurren? Y si no es así, ¿entonces por qué estoy yo planteándote, Señor, esta clase de cosas? Está más que claro que no es para que las conozcas por medio de mí; más bien, por medio de ellas yo estimulo mi amor y el de mis lectores hacia ti".

Y la cosa sigue con textos bíblicos, como eso de que el señor ya sabe lo que el creyente necesita, y lo sabe desde mucho antes del rezo: Agustín se deja dominar por la ironía, la disfruta, este punto preciso sobre el rezo Nietzsche lo hizo suyo. La síntesis de Agustín incluye preguntas que por la costumbre se suelen dejar pasar: ¿cómo es posible que la eternidad sea compatible con el transcurrir? Hasta aquí tuvo una vida digna, si acaso, eso de imagen móvil de la eternidad, tampoco sirve de nada el término usado por Plotino o Porfirio, mejor avanzar con una pregunta certera: ¿cómo es posible la libertad si todo es eterno?

De una vez hay que señalar que Agustín dejó de lado unas ciertas anotaciones sobre el tiempo, que aparecen en las escrituras cristianas y en las hebreas. Por ejemplo, del Eclesiastés: nada nuevo bajo el sol, lo que fue será; y cosas de este estilo muy pertinentes para quien trate de pensar el tiempo. Es un silencio extraño, ruidoso, dada la notoria atención con la que él sigue esos textos, y la forma en que los aprovecha para interrogar.

Agustín sabe muchas cosas en cuanto al tiempo, especialmente si no se las preguntan, él mismo lo dice. Menciona las gotas del tiempo que se van escurriendo en medio de los deberes hacia el señor, extraña asociación, ¿será lo que ya se fue, reminiscencia de pasados y mejores tiempos suyos, esos díscolos para cuyo disfrute pidió a su señor, famosamente, un poco más, otra oportunidad? ¿O será el tiempo dedicado al señor el que resulta perdido, puede algún lector preguntar? Ruega piadosamente que se le ayude a entender las cosas, cómo han sido desde el momento mismo de la creación y como serán hasta el final de los tiempos, aquí Agustín habla de una ciudad santa, futura, y a veces se traduce que esa durará eternamente; otras, que lo hará por siempre. Algunas débiles traducciones dicen simplemente perdurable, y otras cuelan el famoso y cacofónico sempiterno. En cuanto al universo, creado sin duda, no puede ser objeto de una eternidad que incluya un pasado sin comienzo. Antes de creación no había tiempo, explicará Agustín. Esta idea aparece modernamente, sin universo no es posible lo temporal, se dirá, y en general se puede estar de acuerdo. Hay que tener presente que un aspecto en ese argumento no funciona: si lo temporal exige universo, eso no implica origen para el universo, solo que son inseparables.

Sigue la letanía, no sin humor. Quiere Agustín que el señor le deje saber cómo ocurrió eso de la creación; primero fueron creados el cielo y la tierra, se supone; protesta que no le puede preguntar a Moisés ya muerto. Y si lo tuviera al frente como para preguntarle, Moisés hablaría en hebreo, y de eso nada sabe Agustín, él mismo explica; y si Moisés le hablara en latín, eso sería una traducción y ya no la palabra de dios. Agrega una larga frase para decir que si le dicen la verdad, él, Agustín, se enteraría de que le han dicho la verdad, es decir sabría que se trata de la versión de Moisés, no de una directa. Falta de confianza en Moisés. Pero el caso es que Moisés no está ahí, y el lector podría agregar: y Agustín acaba de mencionar que no sabe hebreo, y que en eso de las traducciones tiene que guiarse por su propio criterio. Esta es otra profunda ironía, escondida en el piadoso estilo: ¿en qué idioma habla el señor? ¿cómo de veras se explica eso de una creación? Termina este divertido, profundo y corto Capítulo III con esta excusa o más bien reto bien fundado y arrogante: ya que el señor le ha dado a Agustín la facultad de hablar, pide entonces que le dé también la de entender. Aquí lo que Agustín quiere entender es el tiempo, lo temporal frente a lo eterno, la eternidad frente a lo temporal; y su discurso puede leerse como un rezo, pero mejor se lee como un reclamo escrito en clave, casi esotérico. Y como un enorme avance en el análisis de la idea del tiempo.

Y sí que continúa entonces, Capítulo IV, hablando, puesto que acaba de agradecer que tiene tanto la facultad, lo dice, y el derecho, lo insinúa, de hacerlo. Todo lo que es visible demuestra que ha sido creado, porque cambia constantemente. Ese parece ser el punto: Agustín no encuentra explicación para el cambio, y entonces en lugar de negarlo lo atribuye al creador, y el cambio es una constante creación. Tener algo que antes no se tenía, en eso consiste el cambio. Agustín no parece considerar ni menciona la perdida como un aspecto de lo cambiante. Y esto es todo; con esto concluye que lo visible clama al cielo el hecho de haber sido creado, y además se supone que tener algo que antes no se tenía es, o era, un defecto, una imperfección, una creación, algo que aterriza en el tiempo, algo casi deleznable. No entiende el lector por qué razón eso no es más bien de maravillarse, además de que del hecho de que algo se modifique, crezca, agregue cualidades, no se sigue que por definición, como no salió por sí mismo de la nada, nadie lo afirmaría, entonces ha sido creado por un artesano hospedado en otro universo. Tiene que agregar Agustín que le parece evidente, lo dice sin más, que todas esas cosas creadas no son ni buenas ni bellas, ni siquiera son verdaderamente reales, comparadas con el señor que es, de todo lo que existe, lo más bello, bueno, real. Es una extraña desvalorización de lo real, pero no al estilo de Platón. Una aguda inteligencia no puede dejar de lado cierta insatisfacción. Un mal artesano, eso lo deja de lado Agustín, o no se le ocurre siquiera, o decirlo estaba fuera de los límites.

Nada en este texto de Agustín puede considerarse casual o poco elaborado. El cambio definido como creación constante, y silencio sobre pérdida o dejar de ser representa una toma de posición sobre la naturaleza de la realidad y el papel de lo temporal. No se entretiene Agustín con los retos que dejó Parménides en materia de cambio, ni los que planteó Heráclito, nada de eso menciona por lo menos en esta parte sobre lo temporal: está claro, todo es obra de un único creador. Y la solución es correcta, entendida de manera esotérica: no se puede negar el cambio, es inútil intentarlo, entonces lo mejor es decir que la realidad está caracterizada por el cambio. Una especie de constante creación, para los entendidos sobre el creador, la posibilidad de cambio es ya la realidad misma, única que es productiva, activa, creadora si es la palabra que se quiere usar. Quizás sea admisible pensar que en el fondo pudo haber sido factible interpretarlo así, al menos como ejercicio y si alguien se interesa en averiguar por el Agustín pensante detrás de tanta piadosa exclamación.

Creado, entonces, el universo. Traído, nada desde la nada, de repente algo concreto aquí. Supóngase. Ahora pregunta: ¿pero, cómo? Y dado que antes de la creación del universo no había lugar o espacio tanto como no había un material utilizable como base, eso sería ya un universo, lo era para los antiguos, la creación salió de la palabra del señor. O no: no por nada alega en su caso Agustín que no entendería lo que Moisés le hablara. Eso era como un anticipo de otra gran crítica a las escrituras cristianas, casi diríamos que Agustín fue el creador de ese género literario, si se admite esa calificación, la de literario. Pasa entonces Agustín a explicar el asunto de a quién habló su señor.

Muchos han oído eso hasta el cansancio, no obstante que no está en el *Génesis*, es invento de otro personaje de la tradición o el mito, Juan: en el principio era el Verbo, y el Verbo era con Dios, y el Verbo era Dios. De ahí al Logos, al Nous, esa es la fuente pensada por los griegos y por sus predecesores, sin necesidad de personificaciones. Juan no se atiene a la verdad, ni a la verdad del *Génesis*: nada se dice en ese libro sobre el cómo de la creación del cielo y de la tierra, salvo que se menciona el enorme desorden ya existente; entonces dios dijo: hágase la luz, etcétera. Un verbo, una palabra, un imperativo, en fin.

Este desajuste en el mito es también el problema del punto de unión entre lo temporal y lo eterno. Agustín tenía que eludir el problema de una voz que no es creadora sino apenas la de un buen o mal organizador frente al caos.

Usa la versión de creación a partir de palabras. Pregunta a su señor: ¿Pero, cómo hablaste? No pudo haber sido con una voz cuyas palabras vienen y van en orden, oídas y captadas; esta clase de voces ya provienen de algo creado, así obedezca a una voluntad eterna ordenante. Si el universo fue hecho a partir de una orden verbal, entonces ya había quien la oyera, también creado antes. Pero, otra vez, ¿cómo? Sigue adelante: sea lo que sea, esa palabra habla y es hablada eternamente. Pero todo eso tuvo que ser dicho y ocurrido simultánea y eternamente: dos cosas que parece indicar Agustín que no van juntas, lo hace notar al ponerlas juntas en tensión evidente. Esto del hablar no es gratuito, más adelante Agustín usará el caso de las sílabas, del metro en la poesía, como un ejemplo desde el cual se percibe una cierta extensión del tiempo. No llega hasta comparar eso con un reloj, de arena, de sol, clepsidra, todo eso ya se usaba, Agustín no los menciona. Dice con cuidado que algo requiere explicación, que la palabra de la creación ya estaba en el tiempo, sin tiempo no hay palabra.

Un poco más adelante dice que lo eterno permanece, mientras que en los tiempos se dan los movimientos, pasados y futuros, de las cosas: en la eternidad nada ocurre, todo está como si se dijera, presente; mientras que el tiempo no puede existir todo él en el presente, sino que todo es empujado por el futuro, hacia el pasado. Merece estudio esta curiosa expresión de Agustín, que otorga una cierta realidad al futuro, al menos es algo que empuja, algo desde donde provendría, donde estaría localizada, la fuente del tiempo, o de las cosas temporales. Plagiado en esto varias veces. Pero también: la eternidad dicta los tiempos futuros y pretéritos, así lo dice Agustín, sin que sea ella misma pasado ni futuro, explica.

Protesta por la dificultad propia del asunto, en eso no es el primero, se une a la larga tradición sin mencionarla. De este intento de conciliación de la coexistencia entre lo temporal y lo eterno no quedó en Agustín más que esta frase, la de dictar los tiempos futuros y pasados.

Y pasa a responder un asunto teológico antiguo, sobre la ocupación o actividad del creador antes de la creación, problema muy complejo para los teólogos, puesto que si el creador creó, no pudo ser sino porque algo faltaba; pero resulta que nada en vano hace el creador, y menos algo podría hacerle falta, asunto que dentro de la teología no tiene explicación distinta de la que propone Agustín, y por fuera de la teología es lo que algunos físicos se preguntan cuando hablan de la posibilidad, o no, de un antes previo al llamado origen expansivo del universo. La solución de Agustín es la misma que la de los físicos teóricos de hoy, o por lo menos algunos de ellos: el tiempo mismo es creado, antes de eso no había tiempo, entonces ni antes ni después ni transcurso. Sin tiempo tampoco un entonces, y así, presumiblemente, Agustín resuelve el problema del obrar antes del tiempo. Los mismos problemas, esta vez arrojados debajo de la divina alfombra. Es decir, sin tiempo no hay que preguntarse ni sobre actividad del creador ni menos entonces por razones para esa actividad. Es evidente la objeción de quien no esté atado a las escrituras cristianas: este rodeo no resuelve nada, el problema es insoluble, o hubo creación o no la hubo, y una vez que algo se sitúa en el tiempo, produce en lo eterno una localización de la cual no se tenía noticia.

En el capítulo que sigue Agustín declara:

"No hubo tiempo alguno en el que nada hicieras, puesto que el tiempo mismo es obra Tuya".

Lamentable esta contradicción patente, en un escrito que venía hilado de manera bastante razonable. Y la contradicción es: el tiempo no ha sido hecho desde la eternidad, eso es un obrar y toda acción es temporal; por eso no se entiende como lo eterno se desliga de su rigidez absoluta. Unos renglones más adelante, insiste en la conclusión:

"Tu hoy es la eternidad…no hubo tiempo en el que no había tiempo".

Esto puede ser un vistazo penetrante, pero deja vigente el problema de la coexistencia del tiempo y la eternidad, una vez que el dios mismo resuelve crear el tiempo y correr el riesgo de otra clase de tedio. Este problema, modernamente, es una faceta de algo que tiene nombre propio: universo en bloque.

El Capítulo XIV contiene la famosa declaración sobre la pregunta respecto del tiempo. En traducción libre:

"No hubo entonces un tiempo en el que Tú nada hiciste, porque Tú hiciste al tiempo mismo. Y no hay tiempo alguno que pueda ser contigo eterno también, pues Tú eres permanente, y si el tiempo también lo fuera, no sería tiempo. ¿Qué es entonces el tiempo? ¿Quién podrá explicarlo, fácilmente y con brevedad? ¿Quién podrá comprenderlo así sea con el pensamiento, o contestar con palabras precisas? Y aún así, ¿acaso informalmente no nos referimos al tiempo como algo muy familiar y conocido? Cuando hablamos del tiempo seguro entendemos de qué se trata, y si es otro el que habla le entendemos también. ¿Qué es, entonces, el tiempo? Si nadie me pregunta, yo sé qué es. Pero si quiero explicarlo a quien me lo pregunta, ya no sé. Y sin embargo digo sin dudarlo que tengo claro que si nada se desvaneciera en el pasado, no habría tiempo pasado, y si nada por ocurrir estuviere pendiente, no habría tiempo futuro; y si nada existiera, tampoco el tiempo presente. Pero entonces hay que preguntarse: ¿cómo puede ser que se dan estos dos tiempos, pasado y futuro, aún si es claro que el pasado no existe ya y el futuro no existe todavía? Pero si el presente fuera siempre presente y no se desvaneciera en el pasado, entonces no sería tiempo sino eternidad. Entonces el tiempo presente, si es que es tiempo, existe únicamente porque ha de quedar en el pasado, ¿cómo podría decirse de esto que realmente es,

dado que la causa por la cual es consiste precisamente en que deje de ser? Así entonces, solo podemos decir con acierto que el tiempo es tiempo en la medida en que tiende precisamente, a no serlo".

Cayó Agustín en su propia trampa, respondió, parece que sí sabe algo, y muy bien pensado; es imposible no reconocer que eso de que si el presente no se desvaneciera en el pasado, que sin nada pendiente no habría futuro, eso tampoco responde nada: y eso es lo que Agustín supo mostrar.

Esta idea de que el tiempo es tiempo en la medida en que tiende a no serlo, clara, breve y definitivamente captada por Agustín, es el centro de la oscuridad del problema, y ha sido la mejor descripción del misterio de lo temporal.

Varias cosas fundamentales y bien expresadas: una cierta incompatibilidad entre tiempo y eternidad, queda sin saberse cómo es que el tiempo surge del no tiempo a menos que, y sorprende, lo que se diga es que precisamente esa es la esencia del tiempo: y en esto señala un camino promisorio, uno que él parece rechazar. Otra: no es tan claro eso de que el pasado y el futuro no existan, si ya se acepta que existen como comprimidos, o si se quiere expandidos en el eterno presente de la eternidad inmóvil. Otra: sin existencia cambiante no hay, según Agustín, tiempo: ni el presente sería presente, nada habría para dar la impresión de que se disuelve en el pasado, ni nada llegaría, desde el futuro, a ser; en realidad, sin presente ya quedan descartados el pasado y el futuro. Es del todo correcto, pese a que en la actualidad es la negación del presente lo que da solidez a las teorías sobre pasado y futuro. Otra: salvo porque se dice que la eternidad no transcurre, aquí el movimiento no forma parte inseparable del argumento sobre tiempo, ni el movimiento en el espacio, ni el del tiempo, llamado transcurrir. El llegar a ser y el desvanecerse no están planteados sumariamente como el devenir que ocurre a una cosa ni como, estrictamente, una relación con movimiento espacial, o si se prefiere la metáfora o el rezo de Agustín, eso es actividad constante del creador, siempre ocupado en crear, parece que nunca en destruir, eso es el cambio que Agustín admite. Y la última: la eternidad sigue pegada al concepto de un ser supremo, implícitamente es una de sus perfecciones. Desde el aristotelismo se diría que la quietud es una perfección. O una imperfección, no se trata sino de palabras.

Hay un silencio importante y expresivo: la realidad está en constante creación, el cambio es creación, Agustín no habla de dejar de ser ni de destrucción.

Luego discute si se puede decir que un tiempo pasado fue largo, si un futuro será largo, en fin, cosas que disuelve en que de alguna manera han debido ser, o habrán de ser, un presente, del cual dice que es evidente que no se puede afirmar que sea largo o corto. Sabe que por pequeñas que sean las partes en que se divida la unidad de tiempo, esta tendrá una duración; pero tiene claro que la unidad denominada instante es indivisible, es decir, no tiene una parte que sea pasado y otra que sea futuro. El presente no tiene ningún espacio o ámbito en el cual durar, no se detiene, no puede ser largo en ninguna medida: tan pronto se asigna una medida al presente, el concepto se torna contradictorio. Si le asigna una extensión, queda dividido por el presente entre pasado y futuro. Una objeción, anticipada desde siglos, a ese presente psicológico que parece durar, denominado especioso, de W. James y de otros antes y después.

El presente no existe, y sin presente lo único real, si acaso, sería la eternidad o lo eterno. Cuyo concepto tampoco es que sea claro. O incluso el futuro ganan acceso a lo real en sustitución del presente, que sin embargo tiene evidencia inmediata para la cual no hay explicación.

En toda esta discusión Agustín tiene claro que el pasado no existe, usa la frase para concluir algunos de sus argumentos, lo da por hecho, es casi como una definición. Y lo mismo del futuro, aunque no aparece dicho tan repetidamente, es como si fuera más claro, o mejor dicho, un poco apenas menos oscuro, que el futuro espera ser y entonces ningún residuo de ser puede tener aún. Y ya se sabe que del presente tiene grandes dudas, puesto que el instante en que consistiría no tiene medida ni se detiene en forma alguna entre o durante la conversión del futuro en pasado.

Y dice que mientras pasa, el tiempo puede medirse; aquí Agustín pareciera que se dejó engañar por la clepsidra, pero más adelante explicará un poco.

Sigue: pero hay una cierta existencia de las cosas pasadas y de las futuras, se habla de ellas. No porque estén ahí sino porque son vistas con el alma, se diría hoy que con el intelecto, con la percepción consciente. Así que, es la idea de Agustín, tampoco es tan claro a esta altura de su texto eso de que pasado y futuro no existen, y que el presente no dura, es decir tampoco existe. De alguna manera están ya en la eternidad, es lo que antes ha dicho. Se requiere un argumento para hablar en contra del pasado o del futuro como existentes, sobre todo ante la evidencia sicológica respecto del pasado fatalmente ido y el futuro de la esperanza, junto con la fuerza que se admita para la idea de eternidad. Y el futuro tiene otra evidencia sicológica que Agustín no hace notar, esa esperanza que siglos después fue, famosamente, definida como el temor de que lo que se desea no ocurra.

Con el universo apareció el tiempo, ya lo ha declarado Agustín. Pero una vez que ha resuelto el asunto teológico, no abandona el problema sino más bien lo enfrenta de veras. Continúa: si hay cosas pasadas, o futuras, en alguna parte habrán de estar, y allí donde estén, no podrán estar sino en un presente, porque para que estén en alguna parte solo pueden hacerlo estando, es decir en el presente, un presente que está en un ahí o un allá: que es un aquí. Dice con claridad: cuando sea, o lo que sea, existe en presente.

Es una idea profunda, original, que tiene graves problemas si se piensa que la eternidad es la fuente proveedora de contenido; o que el presente dura un instante.

Es también puro sentido común, según el cual esto es irrefutable: el presente existe. Salvo que en general no existe para quienes han tratado de pensarlo, y las refutaciones son casi lugar común. ¿Pero, acaso los que han pensado el presente lo piensan desde el futuro, o lo pensaron desde un pasado que no es el presente desde el cual tampoco se puede pensar porque no existe? En este tipo de divagaciones la filosofía ha perdido si no el tiempo, el camino.

Agustín anticipa un cierto modo de razonar causal y científico, no hay que olvidar que esto que parece actual fue escrito hace más de mil años; al analizar cómo es que se puede hablar del futuro, e incluso acertar en lo que se habla como hablan los que su religión denomina profetas: el que habla, o el que predice, no sale jamás del presente; pero puede tener la capacidad de entender bien las cosas presentes, tanto como para concluir, también en presente, algo que si el adivinador, profeta o científico acierta, tendrá también su presente; pero no hay nada esperando ni nada para esperar. La frase aquí es más que sintética, más que clara: se trata del presente de las cosas futuras; pregunta si así es como el señor ha permitido que los profetas hablen con acierto. Como en el ejemplo de la batalla de mañana, examinado por Aristóteles, pero sin mencionarlo.

Más sencillo y menos teológico sería decir: se denomina profeta a aquel de quien se dice que acertó en las adivinanzas; los demás pasaron al olvido o imponen con fuego sus mentiras, o el debate del jurado aún sigue, y el verdugo espera ansioso. Y científico al que tiene un algoritmo, y no un rito abiertamente mágico, para hablar de futuro, o de pasado, a partir de algo definido o sobreentendido como presente.

Empieza Agustín a presentar conclusiones, más o menos. No existe tiempo pasado, tampoco futuro, ni se puede decir que existan tres tiempos, si se añade el presente. Si acaso se puede hablar de un presente de las cosas pasadas, presente de las cosas presentes y presente de las cosas futuras. Es decir, eso sin duda existe en el intelecto, esas ideas, y no se puede decir que existan en otra parte. El presente de las cosas futuras no implica ninguna cosa actual, ni ninguna cosa futura, es el presente con la idea presente de una posibilidad pendiente, el presente de una adivinación, de una hipótesis científica, una esperanza, en fin. Y el pasado es el presente de una especulación en materia histórica.

La historia ocurre en el presente. En el dudoso presente.

Sobre medición del tiempo también algo sabe Agustín, aunque sea por el hecho de que puede medirse, es lo que suele decirse., explica. Pero ¿qué es lo medido? Si el tiempo pasa, ¿de dónde, por dónde y hacia dónde?

Más precisamente, ¿dónde está disponible para la medición? No puede ser en el futuro que no existe aún, ni en el pasado que ya no existe, ni en el presente que no tiene espacio o duración. Y en esto, otra vez, Agustín es en cierto modo premonitorio, no declaró abiertamente que sus clepsidras y sombras nada miden, pero en cierto modo puede decirse que ahí está la idea.

En el Capítulo XXIII pasa al movimiento y su relación con el tiempo; no es el sol el que define el tiempo, de ser así es el movimiento, el de cualquier cuerpo, no sería nada distinto a otro medidor; y así se tiene que un movimiento puede durar más que otro, como dura la pronunciación de una sílaba o de un verso largo, más que lo que dura la del corto; y entonces dos movimientos distintos medirían, en condiciones apropiadas, la misma duración. Y esto es de nuevo una anticipación brillante. Euler.

Invierte el asunto:

> *"...no trato de investigar a qué llamamos día, sino qué es el tiempo con el cual, si medimos el recorrido del sol, podríamos encontrar que, por ejemplo, hoy lo ha hecho en la mitad del tiempo usual."*

Es la pregunta seminal, por siglos desconocida y por los que siguieron olvidada, ¿qué mide a los relojes?; y en argumento retórico dice que el tiempo no es el movimiento del sol, puesto que ya se sabe que el sol una vez se detuvo para que un guerrero tuviera tiempo de terminar la matanza vengativamente ordenada desde las alturas, es lo que dice con claridad el texto religioso, y parece que Agustín no quiere dejar pasar la oportunidad de aprovecharlo, vaya uno a saber por qué, si no es ironía.

Es quizás la idea más profunda en este texto de Agustín.

El tiempo es entonces, dice Agustín como si hubiera olvidado lo que acaba de decir sobre el presente inexistente, una cierta distensión, una cierta extensión. Pero, pregunta, ¿lo es, o se trata de mera imaginación? Dice que es medible tanto la duración de un movimiento como la de una quietud, y de ello concluye desde un más o menos nuevo punto de vista, que el movimiento no es el tiempo. No es que se le escapó aquí a Agustín que el medidor siempre está en movimiento, así sea para medir la duración de una quietud: con un reloj de arena, manecilla, sol, clepsidra, química y electricidad cerebral, vela que a medida que se consume elimina las marcas, tabaco, reloj de sol en cualquiera de sus formas.

Por el contrario, parece que fue el primero en comprender que los relojes necesitan de su medidor. Mucho después Galileo usó su ritmo cardíaco para comparar dos movimientos: y surge inmediatamente una idea, la comparación funcionó, pero ni el pulso cardíaco ni la frecuencia del péndulo le indicaron cuánto tiempo transcurrió, ni Galileo se hizo esa pregunta. Esa sería la idea de Agustín aquí. Original, olvidada, recordada, sutil y al mismo tiempo maciza y reveladora.

Y entonces de nuevo la ironía. Se queja Agustín de haber ocupado o dejado pasar mucho tiempo en su investigación, y sin embargo nada sabe todavía, ni siquiera sabe lo que ignora, dice; como si se burlara, con razón, de Sócrates. Espera que su señor le ilumine.

Insiste: no podría saber cuánto ha tardado un movimiento si no ha medido el tiempo durante el cual se mueve. Recapitula un poco, muy brevemente, unas líneas, cita, y concluye: acaso el tiempo es una extensión, pero del alma misma, no de otra cosa. Es decir, en palabras de hoy, una ilusión. O en palabras de Newton, una especie de órgano de los sentidos de alguna divinidad. Si acaso. Aquí hay que entender alma como mente dado que en latín se trata de una sola palabra, una que originalmente no tiene significado esotérico. Extensión de la mente debe ser entendido como ilusión, porque si se trata de una extensión real, objetiva, se está de nuevo en el punto de partida de la investigación, hay que hacer las mismas preguntas ya hechas, y esa realidad y objetividad vuelven a quedar en la misma dudosa situación.

Entendió claramente Agustín que el número del movimiento no es figura apta para el tiempo, entre ciclos solares la cosa transcurre, si transcurren las cosas o los ciclos, sin medida, y el argumento de Aristóteles no sirve.

Siguen unas ideas muy poco convincentes, si el análisis se deja atrapar por la costumbre y el prejuicio; por ejemplo, dice que no se podría hacer una medición sino desde que algo empieza hasta que termina, pero cuando termina entonces ya no hay nada que medir. Muy poco convincentes si se supone, hoy por la costumbre, que el medidor es un reloj; la situación mejora si se está en la tesis que afirma que el tiempo es distinto del movimiento, si es que hay tal tesis, y puede medir al movimiento, y no a la inversa. La única solución que presenta es: la memoria permite hacer la comparación. El argumento no sirve hoy, la memoria es el resultado de un ritmo fisiológico, químico, cerebral, eléctrico, lo que sea, pero de este orden, al fin y al cabo un reloj, errático por cierto.

Pero el argumento no está perdido, Agustín lo usa para insistir en que es el alma la que mide. Es decir, la tesis de la ilusión, en palabras de hoy. Condición previa e innata para la experiencia, en palabras de Kant. El reloj podrá ser preciso, o podrá ser el más errático, pero ninguno puede abandonar al presente; o, el presente lo libera de la tarea imposible que se supone lleva a cabo. También Husserl y Bergson dijeron que el alma, es decir la experiencia del que experimenta su propia existencia, es lo único que de veras mide sin números y lo demás son aparatos de laboratorio, o equívocos.

En eso de la medición el problema de fondo es la idea de instante; visto así, Agustín tiene razón de manera inmediata, no se puede medir una duración.

De paso: la atención presente traslada el futuro hacia el pasado, disminuyendo el futuro y acrecentando el pasado, hasta que consumido el futuro, todo será pretérito. No es obvio, ni Agustín explica enseguida, pero al fin aclara: asunto de la memoria. Dice bellamente: un futuro largo es una larga expectación del futuro, un pasado largo es una larga memoria del pasado.

Y se puede agregar: en esas especulaciones el presente, el personal, el que interesa, se esfuma.

Hacia el final de este Libro XI Agustín insiste en algunas cosas, a manera de conclusión; la más importante en este contexto es la idea de que para el creador, es decir, vistas las cosas desde la eternidad, no hay tiempo, ni antes ni después. El tiempo es algo creado. El creador está fuera del tiempo de la manera más absoluta posible, y su eternidad es no solo absoluta sino exclusiva, no hay otras eternidades para nada ni para nadie. El creador creó al universo y con él al tiempo.

El creador creó al tiempo, reafirma Agustín; y en el análisis del tiempo creado está del lado de los que lo niegan, o de los que fuertemente dudan, o de los que se niegan a aceptarlo a secas.

Extraña creación esa. No se preguntó Agustín por qué o para qué ese extraño truco del creador, que consiste en crear al tiempo como una ilusión que no puede sino parecer real.

El agudo Agustín cierra con el problema teológico del libre albedrío, cosa opuesta a la eternidad y a la sabiduría infinita. Aquí su solución, capítulo XXXI, cuatro breves párrafos de cierre de este Libro XI:

"... *un alma para quien sean conocidas todas las cosas pasadas y futuras... es admirablemente y estupenda hasta el horror, puesto que nada se le oculta de cuanto se ha realizado y ha de realizarse en los siglos... Porque no sucede en ti... algo de lo que sucede en el que recita u oye recitar un cántico conocido, que con la expectación de las palabras futuras y la memoria de las pasadas varía el efecto y se distiende el sentido. Pues así como conociste desde ´el principio el cielo y la tierra´ sin variación de conocimiento, así hiciste ´en el principio el cielo y la tierra´ sin distinción de tu acción*".

Siglos después Poincaré explicará, desde las matemáticas, que la eternidad no es posible ni siquiera para una deidad. O más exactamente, si la deidad sale de su refugio y se sumerge en el río o mar de lo temporal, la imposibilidad de completar un infinito actual le impedirá tener una percepción completa de lo temporal, quedará atrapado como todo lo temporal mientras dure el confinamiento, y por fuera de él ya no encontrará nada, o lo que encuentre tendrá que ser otra cosa.

Y no podría regresar a su refugio eterno.

Para volver al último texto citado, ¿será ignorancia lo que quiere significar aquí Agustín? ¿No es todo eso un galimatías? Quizá ambas cosas en el mejor de los casos, pero no se trata aquí de seguir a Agustín en lo teológico. Se despide con la fórmula: quien entienda, que alabe al señor, y quien no, también. Y parece explicar: porque el señor levanta a algunos caídos y al parecer a otros no. Usa, claro, otras expresiones, muy santas.

No todo es tan claro con este importante pensador, baste mencionar el casi invento, por este mismo Agustín, del llamado pecado original cristiano, o la controversia con Pelagio, ese teólogo más que sensato para los tiempos, llevado al ostracismo; en esto el papel jugado por Agustín es, si las fuentes son ciertas, y no hay mucha duda en eso, del todo reprochable.

Siglos después, Boecio intentará definir la eternidad y hacerla compatible con el libre albedrío.

Hay que reconocerle a este Aurelius Augustinus de Hipona: su tratamiento del tiempo fue el mejor, agudo, penetrante, dejó atrás a todos, y se anticipó a los demás, hasta el nacimiento de la física moderna, que tomó un camino lateral, un atajo, y lo convirtió en la ruta, el camino de los relojes. Pero la aguda observación sigue vigente: ¿qué es lo que mide a los relojes, hay algo que los mida?

De entre los pensadores que se ocuparon de lo temporal Agustín se destaca de lejos, y ocupa un merecido lugar en la historia de las ideas sobre el tiempo, no por cristiano sino por pensador; considero que los demás se embarcan en discusiones teológicas más que bizantinas en el más estricto sentido del término; en lugar de avanzar en análisis, el asunto retrocede y se enturbia en medio del dogma. Sólo aparecerá aquí un poco más adelante, y brevemente, Boecio, ocupado en escribir mientras espera al verdugo.

3.2 ETERNIDAD DE LO PERPETUO, DE LO TEMPORAL Y DEL QUINTO POSTULADO DE EUCLIDES. PROCLO. KHAYYA´M.

Desde la esquina neoplatónica Proclo, 412, se ocupa de la providencia, como suelen decir los monoteísmos, del destino, el libre albedrío y el mal. Nada original aquí, las lecciones de Séneca y de los estoicos son vertidas en defensa de una dudosa versión del libre albedrío como decisión autónoma del sujeto, decisión que consiste en seguir a la providencia: los designios de dios, designios que él conoce desde siempre, libertad que consiste en acatar al destino, es decir la fórmula estoica tomada de Cleanthes de Assos, desmejorada con la adición de una deidad.

El asunto de la posible reconciliación entre lo eterno y lo temporal sigue por supuesto sin resolverse, no hay nada nuevo en esto que más bien es de interés para la teología y las religiones: eternidad del castigo, generalmente. Su comentario sobre *Timeo* expresa, sin embargo:

"El tiempo es previo a todas las cosas que son en el tiempo".

La idea está más o menos en su predecesor Jámblico. Anticipo de Newton, casi textual, en el sentido de un tiempo absoluto, regular e independiente. Y de manera simétrica e incomprensible, la eternidad según Proclo también precede a lo eterno: *Elementos de Teología*, 53. Y lo perpetuo, concepto nuevo aquí, es de dos clases, perpetuidad de lo eterno, y de lo temporal. Lo eterno está concentrado en una totalidad simultánea, lo temporal se extiende en el tiempo, se diría, pero entonces no se dice nada.

Buen intento, al menos dejó escrita su perplejidad, en palabras más que en conceptos. Eso de totalidad simultánea reaparecerá, otra vez la tensión entre los infinitos conceptuales y las tareas de infinitos pasos. No es que haya sido planteado así, pero sí la solución, eso es lo que significa totalidad simultánea: infinito, expresado con la palabra totalidad, y actual en lo temporal comprimido, al calificarla como simultánea.

Peso pesado del platonismo este Proclo. Parece que fue el primero en estimar definitivo al quinto postulado de Euclides, el de la única paralela que pasa por un punto. Retó a los matemáticos por los siguientes 1600 años, hasta Bolyai, Lobachevsky y Gauss, creadores y precursores, con Riemann. Hasta estos creadores fue definitivo ese postulado, hoy se usa a conveniencia si se quiere aplicar la geometría euclidiana tradicional. Esa de la que en últimas nadie prescinde. El interés de Proclo aquí no es más que esta curiosidad histórica sobre el postulado de las paralelas, y quizás su idea de totalidad simultánea, que ha hecho carrera pero que no es comprensible, es otra manera de decir eternidad. O universo en bloque.

Un mirador para ojear la mística, arte y filosofía no occidentales fue abierto por Omar Khayy´am unos años después del primer milenio. La curiosidad aquí es que este inusual matemático y poeta se ocupó, es decir la sospecha lo atrapó, del postulado de las paralelas de Euclides; sus trabajos no pueden excluirse del conjunto de posibles antecedentes para el surgimiento de geometrías no euclidianas. También el persa Nasir Eddin al-Tusi unos doscientos años después. Muchos incrédulos, ningún camino claro por fuera de ese postulado hasta los tres antes mencionados.

Con las alternativas para lo euclidiano se puede empezar a abandonar el punto y el instante. Como anticipo se menciona que alrededor del año 1800 aparecieron varios trabajos fundacionales en geometría, en los que el concepto básico es la idea de línea, no la de punto.

Hay entonces antecedentes para la idea de que, para ciertos temas, es mejor y más productivo abandonar ese concepto abstracto que no puede tener realidad física, y mejor es trabajar en el concepto, en la definición formal y las limitaciones en el uso, si se quiere, pero sin trasladarlo a la realidad no matemática.

Es hora de que el tiempo se separe del punto geométrico y del instante.

4. RENACE LA CIENCIA, NACE EL RENACIMIENTO EN MEDIO DE LA BARBARIE QUE SE LE OPONE.

4.1 REALIDAD Y MATEMÁTICAS. JOHN PHILOPONUS.

John Philoponus, de hace unos mil quinientos años y de mucha influencia, no solo para Galileo, tiene un curioso argumento en contra de la idea de infinitos actuales, problema de interés en muchos campos. Dice más o menos: una tarea que consista en un número infinito de pasos no puede jamás completarse, no tendrá fin, no podrá actualizarse. Por este camino niega que el pasado pueda extenderse infinitamente hacia atrás; es decir, el tiempo, necesariamente, tuvo un comienzo, o el presente no sería posible.

Punto de conversación entre Zenón, Philoponus, Poincaré, Weyl, tantos otros.

Otra vez aparece la yuxtaposición de ideas o conceptos matemáticos a la realidad de los procesos físicos. No es de esperar que para la época de Philoponus eso estuviera claro, y por el contrario, el camino supuestamente iniciado por Zenón y ahora retomado habría de convertirse en el método imprescindible para la física, a partir de Galileo, y con plena justificación, hasta Gödel. O hasta Riemann, si no se olvidan sus trabajos.

Las ideas de Philoponus en relación con el pasado son otro ejemplo de los problemas y paradojas que de eso resultan. Y en esto del método, tanto como en el resultado, aunque por razones muy diferentes, Philoponus coincide con las mejores teorías físicas actuales, que señalan un origen para el tiempo y en consecuencia un límite hacia atrás al pasado, unos catorce mil millones de edad para el universo. Es lo que se dice.

Mejor seguir con la exposición convencional. En un análisis del concepto de eternidad para el tiempo y para el movimiento, el ya mencionado Philoponus, interesado en encontrar espacios para la teología se opone con el siguiente silogismo: si la existencia de algo requiere de la existencia previa de lo que lo causa, no existe nada sin que algo previo exista; un número infinito no existe de manera actual, no se alcanza mediante un conteo, ni puede incrementarse; luego, nada puede existir si su existencia requiere un regreso infinito de antecedentes. Entonces un universo temporalmente infinito, con una cadena causal hacia atrás sucesiva e infinita no puede existir. Esto está escrito en una obra del año 530, *Sobre la Eternidad del Mundo, En Contra de Aristóteles*. Como solían ser los títulos, el antecedente es la idea, y el final es el autor contra quien se escribe.

El asunto del infinito actual es un tema serio. Para Poincaré, matemático y filósofo de la ciencia, de muy alta talla, eso se demuestra por sí mismo, algo lógicamente necesario. Se decía de Poincaré que es el último para quien fue posible estar al día, y que lo estuvo, en todos los aspectos de la ciencia y la filosofía.

¿Por qué hablar de infinitos actuales en relación con el tema del tiempo? No solo para el caso del pasado infinito, sino porque en algunas versiones la idea de eternidad implica una especie de infinito temporal actual. Es decir, el concepto de eternidad tendría que sortear esos otros problemas lógicos y filosóficos que surgen de la noción de infinito actual. Si el tiempo es constitutivo de la realidad, si el tiempo fluye como se dice, la realidad está siempre, si se usa la idea tradicional, tanto en un proceso de creación como en otro de destrucción, y ni el uno ni el otro pueden considerarse infinitos en ningún sentido, sino solamente imparables. Esta fusión del tiempo rítmico con lo real, esta manera de aplicar, como si se dijera, el reloj entendido como tarea repetitiva, a los procesos físicos, esta es la idea de Philoponus, esa es su originalidad, la de Zenón, y es también el problema. No se trata de infinitas naranjas, se trata de que si no hay infinitos actuales, el universo no es infinito: al menos no lo es en un sentido matemático que describa pasos o etapas, en el que se pueda y deba contar o numerar, no es infinito en metros, no es infinito en tiempo medido en unidades temporales.

Philoponus llega al límite, y sus ideas sirven para dar el paso siguiente: el concepto de infinito para la totalidad de la realidad no funciona en sentido matemático, sino solamente en sentido filosófico: en tanto que la realidad es lo que existe, en ese sentido es infinita. Eso para conservar el uso de la palabra, si es lo que se quiere. La totalidad de la realidad tiene magnitud, expresada en la palabra totalidad, o realidad, es lo mismo; pero no tiene medida, el concepto no es aplicable.

Philoponus, más estudiado por los árabes que en Occidente, por la esperada y conocida razón: tercer concilio de Constantinopla, excomunión, anatema. Una buena seña de que era pensador sensato y agudo. Tiene su puesto en este escrito, además de lo del infinito actual, por su estudio sobre caída de objetos, en esto precursor.

Declaró en su comentario sobre la *Física*, que Aristóteles se equivocó al analizar la caída libre; decía Aristóteles que el objeto más pesado cae más rápido, hasta intentó una proporción inversa para describirlo; Philoponus señala que dos cuerpos, independientemente de su peso, caen casi simultáneamente, si se dejan de lado influencias externas. Incluso invitó a verificarlo experimentalmente. Diríase hoy que ese casi para la simultaneidad de la caída estaba dentro de los márgenes de error para la época.

Philoponus, tiene entre otras cosas el honor de haber sido citado repetidamente por Galileo; ideas originales que se relacionan con el movimiento, el tiempo, los infinitos. Puede ser acreditado con la concepción del principio de inercia, y no dejó de burlarse de Aristóteles, quien creía que el lanzador empuja al aire y este a la piedra mientras se mueve. Olvidó Aristóteles explicar por qué en esos lejanos tiempos el aire sí podía continuar su movimiento y su trabajo sin necesidad de otra ayuda.

El asunto de Philoponus, tanto como el de Zenón, sigue dividiendo al mundo teórico matemático tanto como al científico. Lo que propuso es serio. Baste notar que H. Weyl, físico y matemático más que distinguido, se preguntó en *Philosophy of Mathematics and Natural Science*, un título que ya debe decir algo, si era posible construir una máquina capaz de cumplir una secuencia infinita de pasos distintos, es decir separados, en un tiempo no infinito. El lector encuentra ya aquí una buena unión entre los problemas planteados por Zenón y la tesis en contra de los infinitos actuales, de Philoponus. Entre los variados ejemplos de tareas para una máquina de esas se encuentran: una que imprima todos los dígitos de una extensión decimal infinita, impresión que habría de quedar completa en una cinta que no es infinita. O una que reproduzca todos los números naturales.

Y para sorpresa de cualquiera, la respuesta de Weyl es bastante condicionada, pero positiva de cierta manera. En este sentido: si Aquiles, en la forma planteada por Zenón, alcanza a la tortuga, entonces también esa máquina es factible. También los matemáticos ponen condiciones. La extraña y sugestiva idea de Weyl se puede considerar en el contexto de un cierto idealismo y confianza definitiva en las matemáticas, junto con la fuerza de la evidencia de que es posible caminar.

Pero esas dos regiones están separadas y la condición que propone el siempre amable Weyl es casi un chiste, porque no ha resuelto si es el caso, o no, que Aquiles alcance a la tortuga.

Por el contrario, es evidente que Aquiles logra su cometido.

En este escrito se ha intentado explicar por qué Aquiles no alcanza a la Tortuga, si la competencia es imaginaria y en el tablero, y por qué si lo logra si es en el estadio; y no parece que una tal máquina como la ideada por Weyl sea posible, bajo ninguna clase de hipótesis que merezca el nombre.

El problema sigue siendo la mezcla, o la confusión, entre matemáticas y realidad. Y el nudo del argumento de Philoponus puede deshacerse así: lo real existe y no salió de la nada ni ha tenido origen, lo real no ha llegado a la existencia como resultado de un número de pasos creativos, y no tiene nada que ver con esa idea o caracterización de los infinitos actuales.

La realidad no ha llegado a la existencia, ni lo ha hecho por pasos, ni de una vez. En el caso de la realidad, esencia implica existencia. Spinoza.

4.2 EL TIEMPO PROPORCIONA, A AQUELLO QUE TOCA, APARIENCIA DE EXISTENCIA. BOECIO.

Más o menos contemporáneo de Philoponus, Anicius Manlius Severinus Boethius, Boecio, es importante no solo por su contribución a la traducción de textos de Aristóteles, sino por su Consolación de la Filosofía, un libro escrito en la cárcel, por un condenado a la espera de futura ejecución, entorno y prospecto más amenazante que una hipotética batalla naval.

Sus ideas interesan de pronto no por lo novedosas sino por lo bien expresadas. La lógica era de su gusto y ocupación. ¿Cómo puede ser el caso el libre albedrío si lo futuro ya existe como si se dijera condensado en lo eterno, todo conocido de antemano por el creador? El asunto ya había sido tratado por Aristóteles, y en cierto modo evitado por Agustín, pero la versión de Boecio muestra que lo de Aristóteles estaba incompleto. Analiza Aristóteles: que habrá una batalla naval mañana es cierto, o es falso. Nada que hacer. Las decisiones que se tomen al respecto irán en la dirección correcta, o en la incorrecta, mañana se sabrá. Pero si es cierto hoy que habrá batalla mañana, mañana habrá batalla. Aristóteles propone a cambio: como no se sabe hoy si el hecho, suponiendo que sea un hecho y no una mera proposición, es cierto o es falso, mañana se sabrá, esa verdad de mañana no determina retrospectivamente las decisiones, ni las verdades, de hoy.

Frente a eso, Boecio espera al verdugo, piensa y escribe. *Consolación de la Filosofía*, o *Consolación de Filosofía*.

Como no hay que olvidar que las decisiones de hoy podrían, pueden, o están, determinadas por las decisiones, por los hechos de ayer, de nada sirve todo eso de ignorancia como defensa del libre albedrío, y eso no debería admitirse en filosofía. Boecio contesta desde los mismos planteamientos de la pregunta, no se trata de trucos o de formalismos: si lo futuro existe como parte de la eternidad divina, no hay espacio para jueguitos de lógica o de albedrío. Duro pensamiento de un condenado. Todos lo estamos.

Pero no para Boecio, al menos no tan sencillo, parece devolverse ante las consecuencias no religiosamente ortodoxas. Afirma que el conocimiento, con lo que aquí se entendería como la verdad o falsedad de algún conocimiento, depende no del objeto conocido sino del conocedor. Espacio para un dios, y esta distinción arruinó la tesis, suponiendo que haya sido promisoria. El conocedor no es el sujeto que barrunta sobre el mañana. Es como decir, y está claro que es una interpretación bastante suelta, que el libre albedrío es la oscilación entre la verdad y el error, o la posibilidad de esa oscilación; una cosa puramente mental, distinta del curso de los eventos naturales, bajo el olvido de que lo mental también es un evento natural, olvido esencial si se quiere hacer teología.

El libre albedrío como ignorancia apenas, no son los términos de Boecio, pero es el concepto. Modernas defensas del libre albedrío están fundadas en este dudoso desequilibrio, con olvido de que la caída puede estar, está, ya determinada. A menos que no exista el pasado. Pero entonces tampoco existe determinación hacia el futuro, y el libre albedrío no sirve para nada: sin causas ya no hay albedrío, ni libre ni nada.

El libre albedrío no puede entenderse como causa incausada, el sujeto no puede pretender que sus decisiones no tienen causa y que aún así llamarlas libres tiene algún sentido. Y esto para no empezar con discusiones sobre obligaciones éticas relacionadas con efectos esperables para acciones llevadas a cabo, incausadas.

A partir de ese papel central del conocedor, que para Boecio no es nada distinto de dios, el problema ya menor de la ausencia de libre albedrío puede dejarse de lado, y pasa a definir la eternidad, muy famosamente: eternidad es la posesión completa, simultánea y perfecta, de una vida sin límites. Explica inmediatamente: lo que está en el tiempo viene desde el pasado hasta el presente y hacia el futuro, y nada de lo que está en este terreno puede abarcar o comprender de una vez, sin sucesión, la totalidad de una vida, su tiempo, digamos, puesto que el pasado se ha desvanecido y el futuro no se conoce, se vive el transitorio momento que siempre se desliza, y en él. Una vida sin límites es condición de lo eterno.

Las cosas vienen desde el pasado hacia el futuro, se supone, en cuanto la eternidad o lo eterno es la fuente del tiempo. En ese sentido la expresión parece razonable, luego de un esfuerzo por vencer la costumbre.

Para un demiurgo que todo lo conoce no quedan decisiones pendientes, el concepto de libre albedrío no aplica; para el ser humano, cuyo futuro le es desconocido, en esa ignorancia está radicada la libertad.

Lo que se suele llamar libertad de lo que se suele llamar albedrío.

En la definición se desliza otro problema bastante grave: la eternidad depende, en el concepto, de un sujeto que la viva sin límites. Y entonces el riesgo: la eternidad también una ilusión, la eternidad está en el tiempo del que la vive sin límites, y alguien la vive y ese vivir no puede pasar de simple metáfora, puesto que no se entiende vida sin tiempo, y entonces no se entiende qué sería vida sin límites, y eternidad sin esa gaseosa y dudosa vida tampoco se entendería en los términos puestos por Boecio.

Una eternidad no puede ser vivida, ni siquiera para los dioses es una opción.

Se podría pensar que Boecio intenta reconciliar la eternidad con el hecho de que evidentemente la realidad no es estática, con el hecho de que si la eternidad entendida como todo lo que es, lo que ha sido y lo que será no es de alguna manera inmediata accesible, de veras no existe sino como concepto, como formalismo. Claro está, una eternidad así solo es accesible para ese sujeto que por fuera de la realidad puede observarla toda, en el orden que le parezca, si es que se puede hablar de orden, sin alterarla. No otra explicación se ocurre para la inclusión de una vida en el concepto.

Boecio concluye con otra novedad: el tiempo puede que sea, incluso para Boecio, una imagen de la eternidad; pero es una imagen condenada al presente, único ámbito en el que una imagen puede existir; en el sentido tradicional de que el pasado ya no es, el futuro todavía no es, y, dice Boecio, el tiempo proporciona, a aquello que toca, apariencia de existencia. Curioso giro, ahora el tiempo parece real, el tiempo presente, aquello que es temporal es apenas de existencia aparente, y lo de lo que no es temporal ya no se sabe qué podría decir, en los contextos que plantea Boecio, eso queda para el de la vida sin límites.

El trabajo del verdugo no será más que una apariencia, y el verdugo también, quizás también el reo.

Pero es Boecio el autor de esa idea que impacta, bella aunque sea falsa, y mejor repetirla: el tiempo proporciona, a aquello que toca, apariencia de existencia. Quizás sea una oculta reacción a la idea de Agustín, el cambio como creación.

Como cuando Aristóteles decía que en el ahora no hay ni tiempo ni movimiento, ni existencia. El ahora, menos existente que el pasado, que el futuro. Para otros el presente es el único tiempo, o el que permite tener alguna idea al menos de lo que el tiempo pueda ser. Por ejemplo, para el neoplatónico Damascio, el presente es un rastro o traza de la eternidad. Pero eso no significa nada, confunde mucho más las cosas; o puede verse como poesía, en el mismo sentido con el que Platón juega con las palabras y de sus palabras se dice que son poéticas, aunque Porfirio vea en ellas parásitos.

Se cita a veces en otros contextos a M. Eckhart, 1260, como autor de la metáfora del ahora como el sabor del tiempo. Otra bella figura para recordar.

La eternidad como un eterno presente vívido y vivido es una idea que ha hecho carrera. En castellano la definición oficial es perpetuidad sin principio, sucesión ni fin, luego en la segunda acepción duración dilatada de siglos y edades, esto es más bien figura retórica, tanto como la tercera acepción; y la cuarta, es interesante, es la cita de Boecio, algo alterada y sin reconocerla. Dice: en la tradición católica, posesión simultánea y perfecta de una vida interminable, considerada atributo de Dios. Los redactores confundieron sin límites con interminable, grave error.

Boecio trasladó la eternidad al presente, al suprimirle el pasado y el futuro, que es lo único que puede significar que es sin límites; y el presente alberga apariencias y nada más. Como si Boecio esperara que él y todo lo demás exista o siga existiendo en la eternidad aunque no tenga apariencia de existencia en el presente: algo así como su oculto destino inalcanzable para el verdugo, a cuyo alcance no estará nada distinto de la mera apariencia de su víctima, que será víctima por más apariencia que el verdugo pueda ser.

La eternidad no es el pasado más el futuro condensados en un presente que ya no es presente sino que lo es todo, que ha dejado de ser nada; la eternidad es un presente sin pasado ni futuro, porque estos han sido agregados como actuales; es una quietud sin movimiento y sin transcurso, de la cual nada escapa ni ha escapado ni escapará: su ausencia de límites es al mismo tiempo congelación y quietud también eternas, y si el presente otorga a las cosas apariencia de existencia, ese otorgar y ese aparentar siguen siendo tan temporales, es decir tan problemáticos, como todo lo que se quería resolver. El concepto de eternidad contenida en una especie de presente es contradictorio. Desde que eso fue pensado ha permanecido a falta de mejores opciones, pero también inútil. Hora de abandonarlo.

Parece novedoso eso del tiempo como creador de la apariencia de existencia, pero si no se trata de un tropo, es un concepto intratable. Ninguna existencia puede ser mera apariencia, una simple apariencia es ya una cierta existencia.

4.3 MUERTE ETERNA.

Desde que el platonismo vio al cambio como una imperfección intentó esquivar la enorme sorpresa y el misterio que es y olvidó la necesidad de explicarlo, o incluso de negarlo si era del caso; recurrió entonces a adjetivos y al mundo superior de las formas o ideas como algo que existe sin más; la división de la realidad en dos mundos separados generó todas las inconsistencias propias del dualismo, un asunto que todavía doblega a Occidente. La solución más brusca en la historia de la filosofía, el dejar bajo la alfombra el asunto del llegar a ser y el dejar de ser, ese es el dualismo platónico. En su mundo de las formas no hay problema porque todo ya es como es y no cambia, y en su mundo de la caverna, este de por estos lados, nada es, o no lo suficiente, porque nada logra la perfección de la Forma, lo único que es en sentido lato. Por razones misteriosas esa licencia lógica le es permitida al divino Platón.

Una de esas inconsistencias es aquí una dificultad. ¿Qué es eso de eternidad, un concepto al que se aferran los teólogos, una preocupación de todo filósofo; esa eternidad por fuera del tiempo, algo impensable, una mera afirmación? ¿O algo real? ¿Qué puede ser eso de un presente que no transcurre? ¿O un presente por el que nada transcurre? ¿Qué puede ser eso de un pasado que no es pasado, y un futuro que no es futuro? ¿Es la eternidad un presente que se extiende hacia el pasado y hacia el futuro, indefinida o infinitamente, pero lo hace de manera no temporal, inmediata? Pero entonces ¿cómo puede ser presente algo que ya no es, cómo algo que ya no se puede sin embargo continuar con una existencia actual, en donde actual significa precisamente lo contrario de actual? ¿No será la palabra eternidad un mero artificio para justificar el control político de esta vida pasajera con la promesa de una que no lo será? ¿Es realmente pensable el concepto eternidad? ¿Qué exigencia lógica quiere imponerlo? ¿Quién puede aceptar hoy que esa parálisis sea una perfección y eso un argumento? ¿No basta considerar que lo que ocurre ha ocurrido y no podrá dejar de haber ocurrido? ¿Y que haber ocurrido no tiene que significar que lo ocurrido se conserva en una extraña o contradictoria actualidad, la del pasado? ¿Por qué ha de aceptar el pensamiento de que lo que ha ocurrido tiene que ser actualmente existente? Casi como decir que lo que ha ocurrido ya había ocurrido antes de ocurrir, y sigue ocurriendo después de dejar de ocurrir. ¿Y si lo posible no fuera sino lo que es inmediatamente necesario, es decir lo que existe? ¿Es admisible un concepto de tiempo sin sujeto? ¿Y por fuera de los relojes? ¿Basta un silogismo para negar la realidad del cambio? ¿Pierde algo la realidad, queda de eso disminuido el concepto si se descarta la palabra eternidad? ¿Son sensatas estas preguntas? ¿Es posible responderlas con seriedad? ¿De qué manera existe, si es el caso, lo posible futuro? ¿A quién se le ocurre que genera menos paradojas considerar que el cambio es una ilusión? ¿Acaso una ilusión no es ya un cambio? La lista de preguntas es más larga.

El miedo a la muerte sigue siendo la fuente de esa ilusión llamada eternidad. O una especie de ambición y compulsión de atesoramiento, de orden psicoanalítico, detrás de la esperanza no advertida según la cual con el acceso a la eternidad se recuperarían el pasado anterior al de la propia vida y el futuro posterior al de la muerte, y el intermedio también.

4.4 UN PRINCIPIO DE RELATIVIDAD, UNA MUERTE BRUTAL. BRUNO.

Giordano Bruno, para él la prisión, la tortura y la quema en la santa pira, vivo y consciente, en una fiesta pública de asistencia obligatoria para todos, organizada por los siempre salvajes inquisidores y los casi nunca pacíficos y siempre sibilinos teólogos; hoy su estatua en Campo di Fiori enfrenta abierta y directamente, en línea recta y a la distancia, a la edificación conocida como catedral de san Pedro, y al Vaticano, estado poderoso, minúsculo y extrañamente improbable, que debe su existencia al fascismo, a Mussolini; y desde allí, desde ese Vaticano, ninguna mirada que revele humanidad podrá enfrentar ese horrible pasado. ¿Qué hay que decir o pensar para merecer tal suerte, la de Bruno? Más o menos esto: el universo es infinito en extensión y en tiempo, animado y poblado de innumerables soles o estrellas, que son la misma cosa; es eterno; muestra actualizadas todas las posibilidades, y cada una de sus partes expresa, con el paso del tiempo, cada una de esas posibilidades: y eso es una manifestación de un principio por fuera del tiempo, absoluto, el único ser concebible como realmente existente, ese es el principio o fundamento, dios. Y los hombres no son ni intrínsecamente malos ni intrínsecamente imperfectos, y su mejor actividad es perfeccionar las capacidades intelectuales.

Y así empezó la tragedia para el monje caminante.

De ahí siguieron para él casi veinte años de prisión solitaria, tortura, y al fin fue usado públicamente como víctima y pretexto para otra exhibición de inhumanidad y estudiada barbarie. Cuando fue mostrado al público, antes de la pira, una tenaza metálica colgante atravesaba su lengua. Le fue negado el secreto golpe en la cabeza antes del incendio.

El universo es eterno, el paso del tiempo actualiza la expresión de sus posibilidades, sus partes son temporales, la totalidad no lo es. Bruno tuvo claro el problema de la incompatibilidad entre el paso del tiempo y la eternidad, y parece apenas mencionada y sin intento de solución o explicación, dijo que el tiempo ocurre parcialmente en el universo y deja de ocurrir si al universo se le considera como totalidad; el tiempo es la acción misma, si por acción se entiende actualización de lo posible. Fue casi pionero en que no habló del tiempo como mero ciclo celestial o lunar o de estaciones, en fin.

Bruno tenía claro su principio de relatividad, expuesto en *La Cena de las Cenizas* [Cena de le Ceneri], de 1584: un peso arrojado desde lo alto de un mástil, provisto que el barco no tenga otros movimientos distintos al de su curso lineal normal, cae siempre al pie del mástil, como cuando el barco está quieto; dijo también que no es así para el que apunta desde la orilla, pero sí lo es para quien al pie del mástil lanza algo hacia arriba. Y dijo que el universo es infinito e inmóvil, esto último como una simple consecuencia de que no tiene fin ni límites. Y las dos cosas están relacionadas, aunque por ahora parezca que son diferentes.

Quien piense qué clase de trayectoria sigue el peso en caída libre, se encontrará con algo intrigante, lo que Bruno describe, dos trayectorias para la misma caída. ¿Cómo puede ser eso? Y si una trayectoria es vertical y la otra es observada como una hipotenusa de un triángulo cuyos otros dos lados son el mástil y algo de la cubierta, ¿acaso se recorren esas dos distancias claramente distintas, en el mismo tiempo, y a distintas velocidades para distintos observadores? ¿Recorre simultáneamente, hay que retener esta casi inocente palabra, dos distancias el objeto que cae del barco en movimiento? No lo pregunta Bruno, nadie lo preguntaba, no al menos de esta manera. Las cosas empezaron así, y se fueron complicando.

Esas preguntas, que no son de Bruno así planteadas, son las mismas que examinadas de otra forma resolvió Einstein con sus teorías de relatividad, y en caso parecido al mencionado, la especial. Una buena preparación para enfrentar esas teorías es pensar ahora las preguntas expuestas.

La clave del asunto será dada siglos después, y está en la cualificación que dice que la trayectoria es observada. Resulta que todo depende de la observación y de las condiciones en que se haga.

Las teorías de relatividad de Einstein, una primera aproximación: en la especial, no es lo mismo observar que ser observado; en la general no es lo mismo estar aquí que allá.

En el caso del mástil esta explicación es aparentemente sencilla, pero en realidad incompleta: el grumete también se desplaza en el sentido del barco, como el peso que cae, y por ese desplazamiento común para todos es que no le es observable, ni el del barco, ni el del mástil, ni los que sean comunes. Será necesario esperar a la formulación de las leyes de relatividad especial y general para tener el concepto que enseña por qué estas explicaciones son incompletas.

Hay que pensar en relatividad, en todas las versiones, si se pretende estudiar con alguna seriedad el asunto del tiempo. Pero aquí se puede ver por ahora que si la bala que cae a lo largo del mástil es observable con dos velocidades, o con dos trayectorias, algo tiene que cambiar, porque al fin y al cabo el fenómeno es uno solo, la caída del proyectil.

5. EL LENGUAJE DEL UNIVERSO.

5.1 EPPUR SI MOUVE. GALILEO.

Galileo Galilei, perseguido y censurado también, privado de la libertad durante muchos años y hasta su muerte, sin el salvaje fin deparado a Bruno. Poco interesa el debate sobre el origen del dicho que se le atribuye, estaría bien si no se olvida que lo del heliocentrismo no es su trabajo más importante, no el más original.

En el sistema y la exposición debida a Galileo, los relojes tienen un papel fundamental, y con un poco de cuidado se cae en cuenta de algo evidente: el dato del tiempo es tomado, como si se dijera, desde afuera, para llevarlo al sistema aritmético o geométrico que propone y usa. Es tiempo de relojes, pero en esa época no se había caído en cuenta de lo que esa expresión y ese uso involucran. Relojes, o lo que de ellos se espera, y tiempo a secas, eran compañeros inseparables, así se tratara de efemérides, a falta de otros relojes aún no llegados. Galileo estudió cuidadosamente las opciones, hasta encontrar algo que a manera de reloj resultara usable como punto de partida.

Primero la referencia, muy conocida, a la relación entre matemáticas y realidad. Esto será un asunto central en el asunto del tiempo, tanto como lo es en el desarrollo de la física moderna, la geometría del espacio físico, la cronometría. De la forma en que se haya de entender esa relación surgirán limitaciones, barreras, horizontes en el camino del posible entendimiento de lo temporal. Galileo, *El Ensayador* [Il Saggiatore], 1623:

> *"La filosofía natural está escrita en ese libro grandioso, me refiero al Universo siempre ahí abierto a la mirada; pero no puede ser entendido a menos que uno primero aprenda a comprender su lenguaje y a interpretar los caracteres con los que está escrito. Está escrito en el lenguaje de las matemáticas, y sus caracteres son triángulos, círculos y otras figuras geométricas sin las cuales es humanamente imposible entender una sola palabra de él; sin ellas uno se encuentra perdido en un oscuro laberinto".*

Hay algo más que la posición teórica respecto de la relación entre matemáticas y realidad. Galileo abandona dogmas y propone ideas cuyos sacerdotes serán científicos, los laboratorios templos. Esa es su verdadera herejía y por esa no fue juzgado, no abiertamente. O el concepto resultó demasiado complejo para clérigos, quien sabe.

Todo movimiento natural, es decir denominado libre, es circular: *Diálogo sobre los dos sistemas...*, (1632), Día Uno.

Relatividad Galileana: para detectar o medir movimiento se requiere un punto de referencia. *Diálogo...*, Día Dos.

Es el punto de referencia el que instala a la geometría. O mejor, sin un punto de referencia no se puede pretender que la física del movimiento ha sido geometrizada, matematizada en términos de Galileo. De ahí surgen otros puntos, para marcar distancias, líneas para representar trayectorias, otros para marcar tiempo, se le asigna en el plano el número que el reloj le determina, y eso es todo. Ahí está lo que se necesita para calcular velocidades y aceleraciones. Galileo se aplicó con nueva energía y dedicación al experimento, en eso es casi un fundador, no tanto por el concepto sino por la tenacidad con la cual lo aplicó, y luego explicó con aritmética y geometría. En esta utilización el tiempo también queda geometrizado, sin que Galileo haya pensado qué tanto el tiempo admite tal tratamiento: estaba dominado por su idea de las matemáticas como expresión completa de la realidad.

O más exactamente, el experimento está ya diseñado desde la geometría, por lo cual no es de extrañar que en ocasiones la concordancia sea aparentemente completa y definitiva. Eso sigue ocurriendo en las ciencias físicas.

Hay que hacer una aclaración importante, una en la que no se cae en cuenta si no se han estudiado las teorías de relatividad de Einstein: eso del punto de referencia, Galileo tácitamente lo supone quieto, es una consecuencia de partir de la geometrización. Pero no tiene que ser así, no hay un argumento que permita afirmar que algo, de manera absoluta, está quieto.

Luego, en *Discursos Sobre las Dos Nuevas Ciencias*, (1638), caída libre; trayectoria parabólica de los proyectiles.

Del pasado se tienen muchos ejemplos de uso de las matemáticas aplicadas a asuntos naturales, como explicación; pero lo de Galileo es un reclamo mucho más amplio, ninguno de sus antecesores pretendió tanto. Puede verse el alcance antes limitado asignado implícitamente a lo matemático como descriptor de la realidad, con unos ejemplos tomados de la antigüedad:

A Pitágoras desde hace unos 2600 años se le atribuye, muy generosamente, el teorema que lleva su nombre, un asunto muy bien conocido por los babilonios, como tantas otras cosas, desde siglos antes; y de él es lo de las proporciones entre la onda o vibración y el largo de una cuerda tensa. Lo primero, algo de geometría inicialmente, antes de tornarse en ese misticismo numérico que todo lo arruina; lo otro podría ser tratado como una ley de la vibración de cuerdas tensas. No es lo que Galileo hace: Pitágoras buscó en los números un camino, y en él se extravió, cada vez más lejos de la realidad; está incluso la versión, o fantasía, de la muerte o asesinato de Hippasus de Metapontum, revelador del secreto del concepto de número irracional, cosa nada amable, daba al traste con el sistema.

Ya Arquímedes, hace unos 2300 años había inventado, es decir entendido, su balanza, un golpe de lucidez consistente en trasladar unas proporciones numéricas sencillas y bien conocidas, al mundo físico; balanza que Galileo perfecciona y usa como herramienta para calibrar clepsidras. Matemático extraordinario, su análisis, absolutamente elemental si se compara con otros de sus muchos visionarios trabajos, tiene la belleza, la elegancia y la importancia de unir el mundo material a una fórmula aritmética: en equilibrio el producto del peso por la distancia al punto de apoyo es el mismo en ambos lados de la balanza. También la conocida anécdota de la corona de oro. Pero no se pretendió otro alcance, no se pensó que palanca y fórmula fueran, en cierto sentido, lo mismo, tanto como las diferencias de peso son, y no son, el oro faltante.

Es innegable que hay una cierta belleza, o sorpresa, en la forma en que la oposición entre matemáticas y mundo físico parece esfumarse: Arquímedes hizo desaparecer de la palanca a la magia, Galileo privó de libertad a la caída libre, y luego Newton, después, amarró a los cuerpos celestes entre sí; se necesitaba su genio y algo de matemáticas, y a falta de otra cosa inventó el cálculo.

Eratóstenes, contemporáneo de Arquímedes; calculó la circunferencia de la tierra, la distancia de esta al sol, y muchas otras cosas. Su método puede ser considerado un poco como a la inversa de lo de Arquímedes: no usó las matemáticas para definir una relación abstracta, general, sino para encontrar un dato físico, es decir una distancia o una medida. Lo de Eratóstenes, extraordinario sin duda, no es en esta materia la formulación de una ley, palabra que es la que suele usarse. Un poco como los musulmanes, que desarrollaron la trigonometría para calcular distancias hasta la Meca, haciendo caso deliberadamente omiso del hecho conocido sobre la forma redonda de la tierra.

Y luego el oscurantismo, hasta el breve renacimiento.

En los años de Galileo ya se sabía, otra vez quizás, que cuerpos de distinto peso caen, libremente, al mismo tiempo en la misma distancia. Historiador, Benedetto Varchi, en 1544 menciona el asunto como una refutación a Aristóteles, experimental, expresa, y correcta. Giuseppe Moletti, predecesor de Galileo en la Universidad de Padua, ya lo sabía, en 1576, como también Jacopo Mazzoni en la Universidad de Pisa, en 1597. Y también Simon Stevin, en 1586, que dejaba caer bolas de plomo desde treinta metros de altura, de la torre de iglesia en Delf, cuyo párroco de seguro nunca sospechó qué estaba así ocurriendo con la herencia aristotélica. Ya los antiguos sabían de la aceleración de los cuerpos que caen, y su prueba era sencilla: el agua se separa en gotas, más distantes entre ellas mientras mayor la distancia caída. Galileo cita a Philoponus.

Nicole Oresme, desde el siglo 14, es decir unos doscientos años antes que Galileo, había encontrado una proporción para movimientos uniformemente acelerados en la que ya aparece el dato temporal elevado al cuadrado. No estaban estos genios bajo la férula de Aristóteles, o por suerte se salvaron de ella y de sus portadores: un tiempo elevado al cuadrado que, tanto como las papas, el maíz y los ajíes, están ausentes de la más importante fuente de mitos usada en Occidente. Esto, expresado en versión actual, es de Galileo, distancia recorrida en caída acelerada uniformemente, usualmente llamada caída libre: igual a la mitad del producto de la gravedad por el tiempo elevado al cuadrado.

O más sencillo, para el movimiento uniforme: distancia igual a velocidad multiplicada por tiempo. En ambos casos se produce una maravilla: Galileo dio al tiempo un papel preponderante para entender el movimiento, no como un factor superficialmente añadido, sino en la forma en que en una ecuación cada uno de los términos tiene tanta importancia como los otros. Puede que se necesite un reloj para llevar a la ecuación el dato del tiempo, pero entonces queda allí mezclado con lo demás. Introdujo al tiempo como parte esencial de la mecánica, es decir la ciencia del movimiento, y le quitó carácter externo y privilegiado, tan pronto logró tamizarlo. Por lo menos así parece. Lo que sí es claro es que ya no es el número del movimiento, perdió individualidad, pero para hacerle perderla Galileo tuvo que encontrarla primero en el ritmo de su corazón y en la clepsidra, en donde quizás sigan siendo número del movimiento, pero ¿de cuál movimiento, o cuales aspectos de esos diversos movimientos que se pueden identificar? Si se piensa un poco: en la fórmula para la distancia no hay nada que diga movimiento, no hay que confundir velocidad con movimiento, aunque todo movimiento requiera alguna velocidad. Velocidad no es movimiento, es un número para el movimiento, y su expresión depende de la forma o métrica para el cálculo de la distancia.

Movimiento y distancia son conceptos independientes, y sólo combinados por medio del tiempo encuentran alguna comunidad. Se suelen tratar como equivalentes y en el mismo nivel, en la fórmula para distancia entendida como velocidad multiplicada por tiempo, en donde velocidad también necesita un dato temporal.

Pero no es la distancia la que está relacionada con el tiempo, es el movimiento. En este sentido: dos puntos distintos en el plano cartesiano están distanciados, no se requiere ni tiempo ni movimiento para afirmarlo, ni para medir la distancia.

Lo mismo ocurre en la fórmula de la aceleración: no hay un enigmático movimiento, la distancia o la aceleración se pueden calcular sobre la mesa, en el escritorio, o incluso en un cálculo mental, no se requiere que nada se mueva. Para Galileo esta conclusión es obligada, la más natural de todas. No todos lo acompañarán en esa nueva revelación.

Esa atrás citada es la forma moderna de escribir la fórmula o ecuación sobre aceleración; para la forma original, Galileo partió de esta hipótesis: un cuerpo que cae libremente gana velocidad en la misma forma en que el tiempo transcurre; si empieza a caer, se mueve al doble de la velocidad después de dos segundos, comparada con aquella a la que se estaba moviendo después de un segundo, y así la progresión descrita en la ecuación. O dicho de otra manera un poco más textual: se imagina un movimiento como uniforme y continuamente acelerado si, durante iguales intervalos de tiempo se presentan iguales incrementos de velocidad. Son las dos formas en que Galileo lo dice, en el cuarto párrafo del capítulo titulado Movimiento Naturalmente Acelerado, de su *Discursos Sobre las Dos Nuevas Ciencias*.

Si lo que se quiere mostrar es la forma en que el movimiento y el tiempo están relacionados en la forma explicada por Galileo, basta el movimiento lineal uniforme. A iguales tiempos iguales distancias, distancia es velocidad multiplicada por tiempo. Pero ¿qué es velocidad? Distancia dividida en tiempo. Y tiempo sería distancia dividida en la velocidad. ¿Por dónde empezar? No importa el punto de partida, el recorrido conceptual siempre será en círculos. ¿Qué es aceleración? Cambio en la velocidad, ocurre también siempre que hay un cambio de dirección. La unidad o medida de la aceleración está dada en metros divididos por segundo al cuadrado. Pero, por la época, el problema no consistía tanto en entender si hay una relación física, real, entre reloj y tiempo, y lo de las distancias, o lo espacial, se daba más o menos por hecho; se trataba por entonces de encontrar algún reloj más o menos preciso y regular. Del reloj se extrae un número, y se usa junto con otros para calcular distancias y aceleraciones, pero el número tomado del reloj no es ni la distancia ni la aceleración: no es el número del movimiento. Sería acaso el número del movimiento del reloj, pero eso es otra cosa que no valía la pena hacer notar o que no fue notada.

Una vez que Galileo está aceptablemente satisfecho con sus relojes, diseña y pone a funcionar sus fórmulas. Y todo el mundo ha olvidado, es decir aceptado sin crítica, al reloj, ese molesto participante cuya función es suministrar números.

La física define al fin un rumbo, no habla de perfecciones sino de fórmulas, así sean perfectas, a lo cual denominará belleza si se necesita un último criterio en caso de teorías que compiten; por primera vez encuentra una senda que parece transitable, y llama tiempo al tiempo sin necesidad de más averiguaciones, y lo mide con un reloj, lo mide a partir de un ritmo, el que sea; y como de calcular se trata, el tiempo es, al menos en física, en dinámica, un número o un rango de números como casi todo en física, número de sí mismo y no de otra cosa.

Movimiento. Tiempo. Dice Galileo que usó el pulso de su corazón para medir el movimiento del péndulo:

> *"... en ocho pulsaciones [ese movimiento] gana 8 grados de velocidad; y ya había adquirido cuatro al final del cuarto latido; y al final del segundo, dos ..."*

Un buen reloj, y también había usado una clepsidra, y hasta una balanza diseñada por él, bastante precisa para la época, para pesar el agua que abandona la clepsidra, igual peso, igual tiempo. ¿La gravedad, usada indirectamente, como número del tiempo? ¿Y si cambia la gravedad? ¿Cómo funciona la clepsidra en la luna, o en el Everest? No era todavía tiempo para estas preguntas, aunque Agustín ya había señalado el problema general.

Claro, la lámpara colgante también habría servido, y todavía sirve, para calcular el ritmo del corazón.

Esos relojes, como todos y a todos, engañan: siguen siendo movimiento, de la misma manera en que no hay forma de saber si un segundo es igual a otro: se necesita otro reloj, ya lo sabía Agustín. El movimiento se enquista bajo la forma o concepto de ritmo. Así que por aquí Galileo resolvió el problema, aplazándolo: y para aplazarlo, inmiscuyó al tiempo en el corazón de sus fórmulas y a su corazón en ellas, dejó que su número fuera realmente un número, uno sin independencia, uno más entre otros, uno que multiplica, o divide, o suma o resta, o se eleva al cuadrado, un simple ciudadano en el país de las ecuaciones, sin importancia metafísica alguna, tamizado.

Y también, como otros y en una precisa formulación suya, tuvo claro que el movimiento no se puede determinar de manera absoluta. La velocidad del marinero se suma, o resta, a la del barco; un ejemplo sencillo y válido, como el que ya había presentado Bruno. O sea: el número del movimiento no es algo absoluto, el mismo marinero puede moverse más rápido o más lento que el barco, no obstante que es pasajero. La definición de tiempo como el número del movimiento pierde todo sentido posible: cualquier número sirve, porque en cierto sentido ya no es número de algo, sino simple número. En realidad, número del ritmo, eso es otra cosa. El marinero en su camarote se mueve a la misma velocidad que el barco y sin embargo no se mueve, es movido como el clavo que forma parte del barco, que fue el ejemplo de Aristóteles. Pero si no es acelerado puede ser considerado también como inmóvil. Es decir, la definición del movimiento, la de la quietud, exigen una convención arbitraria, el punto de referencia, de comparación, el punto definido como fijo. Si alguien en tierra, perpendicular a la línea del movimiento del barco, usara al peripatético capitán que se mueve al mismo ritmo, de proa a popa y de popa a proa, si lo usara como el segundero de un reloj, sus segundos no serían iguales que los de quien con el mismo sistema los usara a bordo. Pero esto es y no es relatividad de Galileo, y en este último y preciso caso los conceptos están vistos desde la perspectiva actual: para caer en cuenta faltaban siglos, faltaba otra relatividad.

Y por eso es que se puede decir que ya desde Galileo el tiempo es una cuarta dimensión. Cuarta dimensión como en Calle Ruiz de Alarcón, 23, Madrid, segundo piso, el 9 de septiembre de 1955. Y también en el sentido simple de una variable más, al lado de las otras tres espaciales. Esta no es la mal llamada cuarta dimensión relativista, ni el espacio tiempo, concepto que Poincaré empezó a forjar y que en su forma actual se debe a Minkowski, aunque popularmente se atribuye a Einstein.

También hay distancia sin movimiento, como en geometría o en el sistema cartesiano: diez metros si ya se sabe qué es un metro y si el diseño de los ejes y el ángulo de cruce son los adecuados. De aquí a allá: eso es una distancia, en general, el resultado final dependerá de una métrica en los casos en que es posible establecer una métrica. Y el móvil ¿cuánto se demoró en recorrerlos? Depende de la velocidad, no depende únicamente del tiempo, porque unos dependen de otros; porque en las fórmulas de Galileo el tiempo no tiene privilegio sobre la distancia. Un segundo se demoró, porque viaja a diez metros cada segundo. El tiempo aquí, un segundo, cualquier segundo, uno igual a otro, o distinto: no hay forma de saberlo, se necesita otro reloj, y otro y otro, la distancia entre dos palpitaciones del corazón, o lo que se espera mientras caen diez gotas de esta precisa clepsidra, el péndulo, lo que se quiera. ¿Se puede definir objetivamente, en el sistema de Galileo, una métrica para el tiempo? Un reloj está también preso de la distancia, porque no hay oscilación, no hay ritmo, si no está mediado por una distancia. Incluso la vela marcada revela la distancia entre las marcas. El tiempo medido entre tabacos es el tiempo medido entre la longitud de los tabacos. Y sin embargo resulta bastante forzado decir que cuando el móvil se considera quieto, en la forma en que Galileo enseña, entonces ya no hay tiempo en el lugar del móvil. Más que forzado, el entorno de las ideas de Galileo no permite este tipo de análisis.

Mismo tiempo con la clepsidra, si caen las gotas de agua, si no son contadas: se puede aceptar esto, con reservas, provisionalmente apenas, solo por ahora, hay que esperar a Newton para ver cómo el problema empieza a definirse. Y si el movimiento era acelerado la unidad de tiempo aparece elevada al cuadrado, no es el número de nada sino que ayuda a formar otro número. Así como una velocidad se expresa en metros por cada segundo, los segundos se pueden expresar en velocidad por metro, y parodiando a Aristóteles se diría que la distancia es el número del tiempo: pero está claro que una distancia a secas no tiene nada que ver con tiempo, lo que está separado, lo está, eso es una distancia, otra cosa es que se quiera medir, o que se quiera simplemente calcular, que es otra cosa, y otra muy distinta que se quiera recorrer. Tiempo que subrepticiamente incluye al movimiento, porque se toma de otro movimiento que siempre llega desde afuera, desde un aparato proveedor de números, aparato al que se ha dado en llamar reloj, en eso no hay problema, reloj del que se suele esperar que mida el tiempo, eso es una ilusión recalcitrante, pertinaz, para parodiar a Einstein, quien al menos en esa expresión parece olvidar que los relojes son físicamente objetivos y completa, absolutamente, imprescindibles tanto para la teoría como para la práctica de las ciencias físicas.

Todo lo anterior está implícito en la fascinación de Galileo por los relojes. Sería excesivo e inútil pretender negarle que comprendió que la lámpara entendida como péndulo también habría sido útil para determinar el ritmo de su corazón.

Para Galileo se trata algo así como de paralelismo llevado hasta identidad, entre el movimiento real y el cálculo de un movimiento mediante fórmulas mentales o escritas en un papel.

Su análisis y uso de los relojes debe poner fin a la idea de tiempo como número del movimiento, y este es un resultado sin importancia comparado con los otros que se le deben. Pero la unión entre matemáticas y realidad sigue siendo dudosa, en términos históricos, todavía a la altura de Galileo: Aquiles fracasa en el papel, y triunfa en el estadio. Se ha intentado muchas veces encontrar la razón por la cual triunfa en el estadio tratando al papel como a un estadio y al estadio como a un papel o tablero. No estaba claro todavía que hay cosas que no se dejan sacar de la arena dispuesta para Aquiles y la Tortuga, y que, correlativamente, el papel no admite. El tiempo es una de ellas: para que algo residual pueda llegar al papel se requiere una muy profunda mutilación.

En el mundo de las matemáticas no hay movimiento; pero sí hay números en casos específicos, y variables en los casos generales, que lo representan; herramienta para tamizar si no al movimiento, al menos a la idea de movimiento. No es lo mismo. Tampoco sirve para el tiempo, el que no es de relojes.

5.2 ETERNIDAD AL ALCANCE DE LA MANO. O DE LA MENTE. SPINOZA.

Definición 8 de la Parte Primera de la *Ética Demostrada Según el Orden Geométrico*, eternidad según Spinoza: existencia en cuanto tal, en tanto sea concebida de manera necesaria, a partir de la sola definición de la cosa eterna.

No es de esperar que a primera vista el lector de Spinoza encuentre que en la definición de eternidad no hay sujeto alguno que tenga alguna clase de relación con la cosa que por su sola definición se concibe existente de manera necesaria. Tampoco reloj, pasados o futuros, ni nada parecido. Y eso así eterno no lo es por el accidente que consiste en que alguna conciencia se tropiece con la definición, o la construya. Otra vez el astuto Spinoza se separa de lo convencional: de nadie ni de nada depende lo eterno, menos ha de depender lo eterno de un sujeto humano o no, pensante o no. La necesidad de lo real, y algo al menos es real, eso es eterno: de lo que es necesario hay que conocer la definición para saberlo, de eso se ocupa Spinoza. Lo que se pueda concebir como no existente, si esa concepción es posible, no es eterno, en efecto ha sido concebido como no existente. La existencia de lo que es eterno no es accidental. Es el primer paso para intentar entender a lo real por fuera de los estrechos límites marcados por palabras tales como cambio, dejar de ser, ser, nada, llegar a ser. Palabras inseguras, engañosas, que por siglos han sido usadas como si fueran sólidos andamios.

Explica Spinoza que aquí no tiene nada que ver la duración, tampoco el tiempo, ni siquiera si se concibe a la duración como algo que carece de principio y de fin. Esto no quiere decir que algún concepto de tiempo quede excluido en todos los contextos, sino que esa necesidad no tiene relación con lo temporal en ningún sentido, esa eternidad así definida no tiene nada que ver ni con tiempo ni con ausencia de tiempo, lo temporal no la excluye ni lo eterno así definido es incompatible con lo temporal.

Hay que llegar a la definición quinta de la Parte Segunda para saber qué es duración: la continuación indefinida en la existencia. Salta inmediatamente a la vista que la eternidad para Spinoza no tiene nada que ver con duración: lo eterno no lo es por virtud de una continuación indefinida en la existencia, lo es por la necesidad de la existencia. Tiene continuación indefinida aquello cuya existencia no se explica por la naturaleza de la cosa ni tampoco por la causa de su existencia, que nada dice sobre la posible pérdida de esa existencia; esa falta de explicación es la indefinición en cuanto a la permanencia en la existencia, o simple duración.

Y entonces la duración es temporal, incluso si en algún caso se concibe como carente de principio o, por el momento, de fin. Esa continuación indefinida en la existencia implica que hay que considerar a lo existente que dura como algo temporal, y no sería pensable una duración para lo que no existe. Y dejar de durar es dejar de existir, que es distinto de dejar de ser. Porque aquí ser es una palabra mal empleada, el ser no puede dejar de existir, el único ser es lo real y eterno, Chronos no devora, pese a poetas o filósofos, Agustín parece que lo supo. Y lo que deja de existir no es un ser sino una interpretación acerca o sobre lo real, a partir de una consideración como subconjunto, eso es lo que podría ocupar el lugar de un concepto que de lejos se asemeje a la idea, todavía inmanejable, de cambio. A manera de metáfora: ampliar o restringir el subconjunto no es destruirlo; considerar subconjuntos puede ser útil en cierto tipo de análisis puntual, como método, si no se olvida que lo que está en un subconjunto forma parte del conjunto, y el conjunto es lo real y ni siquiera puede pensarse como conjunto.

Absoluta originalidad de Spinoza como es usual con él: la eternidad no tiene nada que ver ni con presentes ni con pasados ni con futuros, lo que tiene que existir a secas y no se puede concebir como no existente, eso es eterno. La necesidad de una existencia así concebida no depende del tiempo, ni se opone al tiempo. No es que para Spinoza eso del paseo convencional por las etapas del tiempo implique de una vez una posición sobre la realidad del pasado o la del futuro. La importancia de su definición es que permite hablar de eternidad sin que el concepto excluya de una vez la idea de flujo o paso del tiempo, y permite hablar de duración sin que eso implique eternidad, y también, sin que implique una realidad congelada. Se podría hablar de eternidad y de paso del tiempo, porque en la eternidad tal como la define Spinoza el tiempo tiene cabida.

Vista la cosa con algo más de detalle, incluso el concepto de pasado, y el de futuro, tienen que cambiar, si se acepta definir eternidad como necesidad de la existencia. Porque entonces lo que existe lo hace en el presente, que es en donde la existencia mientras dure y en tanto que dure es existencia plena, para la cual el concepto de instante no tiene uso, y el de necesidad se aplica de manera general. Lo que dura, mientras dura y se trate solo de duración, lo debe a lo que explica su esencia pasajera, en tanto la siga explicando.

Lo que dura y por definición no puede sino existir, dura eternamente, pero aquí es mejor decir simplemente que es eterno. Por eso Spinoza, en forma que ha sido casi unánimemente criticada con desilusión por sus comentadores, habló de eternidad de una parte de la mente: pero si eternidad es la existencia de la cosa en tanto que se explica por la sola esencia propia de la cosa, no hay problema alguno en considerar que una parte de la mente, al menos, pueda ser eterna. Se puede decir qué parte es esa: la que siempre ha formado parte de la realidad, la mente no ha aparecido de la nada, no es un asunto personal, ni exclusivo, ni separado. Lo que de la mente simplemente dura es lo personal, definido como idea inadecuada, en el sentido técnico usado por Spinoza. La discusión es sin embargo de las más complejas, altamente filosófica, incluye otros aquí no mencionados elementos de juicio para el fundamento general de estas afirmaciones, y no es este el lugar para adelantarla.

Se suele tratar el concepto de duración sin despejar una ambigüedad básica: ¿dura el tiempo, o dura la cosa, en el tiempo, mientras no cambia? Si algo dura, no cambia. Si algo cambia, no dura. ¿Tiene duración el proceso de cambio? ¿Se mide la duración con un reloj? ¿Si dura quince minutos, qué es lo que dura? ¿Quince qué? Normalmente se ha hablado aquí de duración sin precisar nada sobre estas preguntas. Pero si se mide la duración con un reloj, en realidad se ha caído en una paradoja, o en una trampa: no se puede contar o marcar o numerar la duración con algo que no dura. Es como definir una distancia de un metro sin usar ninguna clase de patrón o medida o definición, que, como el ejemplo lo dice, tiene que estar dada, porque de eso se trata. Solamente con algo llamado metro se puede decir que otra cosa mide también un metro, medida que no es más que un metro, ese.

Spinoza definió eternidad duración, por fuera de los ritmos y de los relojes. Pudo definirlas sin necesidad de hablar de pasado, presente, futuro, y también sin necesidad de negar lo temporal. No necesitó ni de ritmos, ni de números. Cuando Spinoza, en la Ética escribe la famosa y muy criticada digresión física, no habla de eso. Tenía toda la razón en no hablar de eso, en el nivel de abstracción en el que habla no hace falta un reloj. No hay nada en su sistema que se oponga al uso de relojes, y es bien conocido el interés de Spinoza en el desarrollo de las ciencias físicas, notable en ese momento de su vida.

6. DE NEWTON A EINSTEIN; LA FILOSOFÍA (NATURALMENTE) EN PROBLEMAS.
6.1 HYPOTHESES NON FINGO. NEWTON.

De la palanca y de las torres de Elf y de Pisa se pasa, en ciencias naturales o físicas, a alturas conceptuales no imaginadas antes.

Philosophiae Naturalis Principia Mathematica, Newton, 1687.

Quizás la obra científica más importante en la historia de la humanidad. Principios Matemáticos de la Filosofía Natural, es decir, de las ciencias naturales. Ya el título dice bastante. Principios matemáticos de la ciencia. No se trata de acomodar la ciencia a las matemáticas, un poco como lo describió Galileo, la realidad habla en círculos, triángulos, en fin, sino en definir o descubrir el dato científico y determinar si es visible desde las matemáticas. No es que Newton tenga claro que la realidad no es matemática, tampoco que sí lo es, su método está ya descrito en el título; lo que tiene claro es que algunos aspectos pueden verse desde las matemáticas que resulten aplicables, y el título anuncia que los describirá. Se trata, para utilizar el mismo giro verbal, de acomodar las matemáticas a la ciencia. Para lo cual inventó el cálculo diferencial, lo necesitaba. Y si las matemáticas ya están disponibles, es la ciencia la que define qué parte usa. En términos modernos: matemáticas puras no son física pura. Otro sector piensa que sí. Este debate sigue planteado y sin acuerdo ni solución a la vista.

La principal objeción que encontró Newton a su propio trabajo, él mismo fue el primero en advertirlo y en señalarlo, no muy explícitamente, y el punto central es el tiempo: su fórmula para la gravedad supone acción a distancia, instantánea y por mecanismos respecto de los cuales no está interesado en especular, advirtió. Era una objeción válida, pero una que no podía avanzar: las fórmulas funcionaban. Y así lo reconoció, y lo justificó y reafirmó, en el Escolio General que añadió a la segunda edición, en el que dice:

"... *Hasta ahora no he podido deducir de los fenómenos la razón de ser de estas propiedades de la gravedad, y no elaboro hipótesis al respecto. Todo lo que no se deduce de los fenómenos debe denominarse hipótesis ... que no tienen lugar en la filosofía [ciencia] experimental ... las proposiciones son deducidas de los fenómenos y luego generalizadas mediante inducción...Es del todo suficiente con que la gravedad realmente exista y se comporte según las leyes que he descubierto y esto debe ser suficiente en cuanto a los movimientos de los cuerpos celestiales, o los mares".*

Punto central en toda la ciencia, e interesa en este paseo sobre la historia del tiempo. La observación u objeción sobre acción a distancia no mediada por el tiempo resultó correcta, si se deja de lado a la mecánica cuántica, en donde eso parece ser un fenómeno central denominado entrelazamiento, y no se trata del único ejemplo.

Las fórmulas de Newton resultaron al fin solamente una aproximación, un caso particular y restringido, no tan general como durante siglos se pretendió o se consideró. Desde el principio Newton adoptó la siguiente posición: funciona. No construye hipótesis por salir del paso, al menos en este asunto. Es la misma posición o actitud de la mayoría de los que trabajan en mecánica cuántica, llevada al extremo: funciona, no hay que pretender entender, el que considere que ha entendido es el que menos entiende.

Para Newton esa falta de entendimiento era por lo menos un problema que no se negó a reconocer; la ciencia moderna ya no pretende explicar, intenta describir, y a veces incluso pretende que descripción, que por cierto no es poca cosa, debe aceptarse como explicación, y si no entonces es mejor renunciar de una vez a explicaciones. Y se puede rastrear un último intento de fundación para esa tesis: en cuanto se pretenda que la realidad es matemática y describible enteramente por las matemáticas, nada hay que explicar, como nada hay que explicar en matemáticas, en cuyos terrenos se puede decir que entender es lo mismo que tener por explicado y descrito. Eso puede ser cierto para las matemáticas, pero respecto de los fenómenos físicos es una derrota aceptada, una renuncia.

Que las matemáticas funcionen, que las ecuaciones sirvan para predecir, no implica ni significa que el fenómeno ha sido comprendido. Significa que puede calcularse. Pero la exactitud de la predicción más el avance de la técnica han logrado que se confunda predicción con entendimiento o con funcionalidad. El físico E. Wigner escribió un artículo muy conocido cuyo título se puede traducir como *La Irrazonable Eficacia de las Matemáticas en las Ciencias Naturales*, 1960. Einstein también había hecho algunos comentarios, en el otro sentido; siempre insistió en que una teoría matemática tiene que ir acompañada de algo, un sentido, casi una realidad más allá de sí misma, para que tenga valor como explicación en el reino de la física, y en esto estuvo en completo acuerdo con Newton. En la misma línea pensó Poincaré.

Newton mostró que la fuerza de la gravedad en la tierra es la misma que explica el giro de los planetas, o las mareas, y encerró esa fuerza en una ecuación que puede enlazar al sol con la tierra, a la luna con la tierra, en fin: pero por parejas en principio. Otra cosa es enlazar con ecuaciones a sol, tierra y luna, en general tres objetos, es un problema complejísimo, no obstante que las reglas y los principios son los mismos. A Newton se le escapó la luna, y los estudiosos de sus *Principia* han señalado en el texto el lugar en el que lo reconoce, y la forma difusa y difícil en la que lo dijo. Pero el problema no era su fórmula para la atracción gravitatoria y finalmente el asunto fue solucionado, en la forma conceptual propuesta por Newton, desde la investigación astronómica.

Todo este preámbulo para llegar a la famosa cita, tomada de la primera parte del Escolio de la Definición VIII de aquellas con las que empiezan los *Principia*. Es quizás el texto más citado en filosofía de las ciencias.

La primera breve y astringente frase recordará a Aristóteles, una seca despedida:

> *"... No defino tiempo, espacio, lugar y movimiento, cosas bien conocidas por todos. Solamente observo que comúnmente se conciben esas cantidades solamente a partir de la relación que tienen con objetos sensibles. Y de eso surgen ciertas preconcepciones, y para removerlas es conveniente distinguir entre absoluto y relativo, verdadero y aparente, matemático y común. I. Un tiempo absoluto, verdadero, matemático, por sí mismo y desde su propia naturaleza fluye parejo sin*

relación a nada externo; y a eso se le puede decir también duración; un tiempo relativo, aparente, de sentido común, es una medida sensible, externa (no importa si precisa o dispareja), de la duración, que se mide por intermedio del movimiento, y que se usa comúnmente en vez del tiempo verdadero, por ejemplo una hora, un día, un mes, un año. II. Un espacio absoluto, de su propia naturaleza, sin consideración a cosas externas, permanece siempre idéntico e inmovible. Espacio relativo es una cierta dimensión movible o una medida de espacio absoluto, que los sentidos determinan por la posición respecto de cuerpos, y comúnmente es tenida por espacio inmovible, por ejemplo la dimensión de un espacio subterráneo, aéreo o celeste, determinado por la posición respecto de la tierra. Tanto espacio absoluto como relativo son la misma cosa en cuanto a su geometría o su magnitud, pero no siempre permanecen numéricamente los mismos. Porque la tierra, por ejemplo, se mueve, y el espacio que relativamente y respecto de la tierra es siempre el mismo, es en un tiempo una parte del espacio absoluto en el cual el aire se mueve, y en otro tiempo será otra parte de ese espacio, y entendido esto de una manera absoluta, será mutable a perpetuidad".

A ese tiempo absoluto y solitario dice Newton que se le puede decir también duración. Si interviene un reloj, un aparato para tamizar el movimiento, lo que el reloj muestra es un sustituto del tiempo verdadero, es el tiempo de la vida cotidiana y también el de los laboratorios, rítmico a falta de otro mejor.

También lugar y movimiento son absolutos o relativos, por ejemplo movimiento absoluto es la traslación entre lugares entendidos como absolutos. Lo que interesa destacar es que Newton dice unas líneas más adelante que en astronomía el tiempo absoluto se distingue del relativo por los ajustes que se hacen al tiempo común, dado que por ejemplo el día no sirve como reloj, porque la duración del día varía al paso de los meses; y especula, literalmente dice que tal vez no exista cosa tal como un movimiento regular por medio del cual el tiempo pueda ser medido con precisión; dice también textualmente que el verdadero y parejo progreso del tiempo absoluto no es susceptible de cambio alguno, mientras que los movimientos pueden ser acelerados o frenados, lentos o rápidos, o ninguno al fin. Agustín. Concluye: se necesita, en la práctica, un reloj, así sea un péndulo y luego fueron los eclipses de los satélites de Júpiter que usados por otros pioneros permitieron medir la velocidad de la luz.

A veces se dice que el tiempo absoluto de Newton ya no existe como parte de ninguna teoría; lo que se encuentra como explicación es que la física ha cedido enteramente ante los relojes; está claro sin embargo que Newton también lo hizo, a falta de opciones prácticas. Algo queda del tiempo absoluto de Newton, algo sobre su premonición sobre relojes que nunca serán suficientemente precisos, algo de un tiempo que al fin y al cabo es matemático y en ese sentido absoluto aunque no sea parejo, que se sigue calculando con las ecuaciones de la teoría de relatividad de Einstein, a partir de relojes que proporcionan el dato inicial.

Newton fue un pensador profundo de una manera no conocida antes, una que solamente en los últimos ciento cincuenta años se ha empezado a comprender. Eso de que tal vez no exista cosa tal como un movimiento regular para medir con precisión al tiempo, y esa extraña afirmación de que el tiempo no cambia pero que los movimientos pueden ser acelerados o frenados, son ese tipo de consideraciones, para tomar una nueva posición teórica al respecto, las que están en las dos primeras páginas del escrito hoy conocido como teoría especial de la relatividad, aunque veladas por el énfasis en la mención de problemas de electromagnetismo.

Por ahora lo que importa aquí es que Newton postula o asume un espacio absoluto, distinto del cuerpo que lo ocupa y de los cuerpos en general, no tiene nada que ver con lugar; y un tiempo absoluto, al que de paso llama duración, y que en realidad no es medible. El tiempo absoluto no se mide, es matemático en el sentido de regular. Y eso es todo lo que se necesita saber aquí: este tiempo matemático, o asumido como tal, es un factor en el cálculo, un factor en la ecuación, factor que resulta reemplazado por un número obtenido por medios indirectos, y aquí el astrónomo se ha contentado con usar las estrellas denominadas fijas como punto de referencia para los movimientos que habrán de servirle para la construcción de su reloj, estrellas que se asumen fijas y así no tienen el problema del grumete caminando en cubierta, de lado a lado, movimiento respecto de esos objetos astronómicos que supone fijos, construcción que ahora entiende como reloj, es decir como medida del tiempo, como el número que usará para insertar en reemplazo del símbolo de la variable en la ecuación. Y todo esto luego de advertir que ni definirá tiempo o espacio o lugar, tampoco movimiento, porque todo el mundo sabe qué es eso, por lo menos si a eso se le califica de vulgar, es decir usual o cotidiano.

Newton tenía que dejar de lado eso del tiempo como medida o número del movimiento, y pasó al movimiento como medida del tiempo. Se cuentan los días, largos o cortos, por el movimiento aparente del sol, y no el movimiento aparente del sol, por los días. El cambio de perspectiva permitió a Newton proseguir con sus investigaciones y calcular fuerzas a partir de masas y distancias, y movimientos a partir de fuerzas.

Ni tiempo ni espacio absolutos, aún de existir, servirían para determinar cambios en el movimiento, porque son conceptos, no datos medibles; por eso el tiempo sideral o efemérides entendido en substitución del absoluto, a falta de mejor instrumento; esto se logra mediante la investigación o la determinación de una causa, y la que Newton anuncia es: las fuerzas que afectan al objeto de forma que generan movimiento o cambio en el movimiento. Tiene un ejemplo que ha sido discutido por siglos, relacionado con la fuerza centrífuga en un recipiente lleno de agua, empieza a girar primero el recipiente y al final a causa de la fricción también el agua, serviría para identificar de manera absoluta un movimiento, por los efectos de la fuerza centrífuga. Asunto que interesó a E. Mach y a Einstein, y que suele estar en las discusiones previas a una exposición de las teorías de relatividad. Como si se dijera: Newton no intentó encontrar una medida o medidor para su tiempo absoluto matemático, pero sí consideraría válido, podría pensarse, que así como el bañista en la costa puede con bastante razonabilidad considerarse fijo respecto de la tierra, quizás también el espacio, o la gravedad en tanto que lo supone, sea algo más tangible que el tiempo.

No interesa aquí esa discusión: el punto de todo el escolio muestra que Newton logró establecer una teoría para determinar cómo se infieren o deducen o conocen fuerzas a partir de movimientos, y movimientos a partir de fuerzas. Y detrás de todo ello se usa como herramienta el tiempo común o usual del reloj, sea el que sea, tiempo que se intenta aproximar al absoluto o matemático lo mejor que se pueda. Pero detrás de la fuerza de gravedad siempre estuvo el tiempo, vulgar o no, porque una fuerza que no actúa no es fuerza, y ninguna acción hasta entonces conocida podía ser entendida como instantánea aunque las ecuaciones hoy llamadas clásicas la trataran, y la sigan tratando, así. Pese a que por ejemplo al final del escolio Newton dice que señalará cómo se investiga el movimiento verdadero, absoluto, por medio de sus causas, efectos, aparentes diferencias, y que es para eso que escribe, está claro que en ediciones posteriores reconoció que no tenía tesis para la causa de su ley de gravitación, ni para la acción instantánea a distancia, ley que sin embargo funcionaba, y que eso es lo que iba a contar como válido para él; y por tres siglos más, y aún hoy en la práctica.

Esto de la fuerza que cambia al movimiento es fundamental, es la primera ley de Newton, de cuya importancia basta decir que Newton la ha puesto en primer lugar: todo cuerpo se mantiene en su estado de quietud o de movimiento rectilíneo uniforme salvo en cuanto sea afectado por fuerzas que cambian ese estado. El asunto, por fin, no era nuevo, pero Newton lo cambió en que lo generalizó, le quitó detalles ¿cómo se aplica la fuerza? Eso no interesa aquí, y lo pasó de hipótesis de trabajo a ley, es decir, a asunto que no se discute.

Y ¿cómo funcionan esas tan generosamente llamadas leyes? De manera aproximada. Lo dice Newton repetidas veces, y puede verse en el capítulo denominado Reglas del Razonamiento Filosófico [científico], especialmente la cuarta y última, en la que además insiste en que lo que se encuentra o se induce a partir de los fenómenos ha de tenerse por cercano a lo verdadero o por verdadero a la espera de que otras deducciones aclaren la exactitud de la primera, o las excepciones que ha de tener. Con esta tesis reinventada o plagiada estuvieron de moda algunos libros y autores hace algunos decenios: cambio de paradigmas y cosas así, se dice. Y tiene claro Newton, como explica desde el prefacio a la primera edición, que hay una gran dificultad subyacente en eso de derivar fuerzas a partir de movimientos, y explicar movimientos a partir de fuerzas.

Con esto se tiene una conclusión, al menos una preliminar: para Newton tiempo y espacio existen de manera absoluta e independiente, así no estén al alcance inmediato de la ciencia, tiene que usar la medida, la relación, llegar a ellos de manera indirecta, bajo la forma de números, o más exactamente, cantidades de unidades de tiempo y de unidades de medida, y unas se definen por otras. Durante siglos se ha discutido si Newton tenía fundamentos razonables para introducir su tiempo y espacio absolutos. Esa puede seguir siendo una discusión académica válida, aunque hoy para hablar de movimiento ya no hay que hablar de quietud ni postular un espacio quieto que permita la actividad. Sin espacio puede que no sea posible ninguna actividad, pero con él tampoco, si falta el tiempo. Ese tiempo que no se usa en los Principia, junto con ese espacio que tampoco se usa, son casi pretextos para pasar al uso del tiempo y el espacio como se entienden en la vida cotidiana, que se supone que todo el mundo conoce y que Newton dice que no definirá, justo antes de proceder a controlarlos y a usarlos de una manera completamente novedosa.

Newton trató al tiempo con seriedad científica, y lo dejó en el centro de las ecuaciones con las que se fundó la mecánica clásica, ecuaciones que sobrevivieron cuatro siglos, y que seguirán sobreviviendo, al parecer, para todos los efectos prácticos. Y sin embargo, una variable para tiempo no aparece explícitamente en la ecuación de la ley de gravedad. ¿Porque no se necesita? ¿Porque está implícito? Está oculto en la noción de distancia y su relación con el movimiento.

La explicación es esta: si distancia es velocidad multiplicada por tiempo, la distancia a secas, considerada desde el plano cartesiano que se impone al mundo físico, no es más que…distancia. De la misma manera, el tiempo no es más que…tiempo. En cualquier ecuación el valor de un término que no sea una constante ya definida, se define o encuentra a partir de los otros valores, o se agrega a partir de mecanismos externos, o simplemente se impone de manera arbitraria. Aquí, como con Galileo, distancia es velocidad multiplicada por tiempo.

Ya se puede concluir que distancia no es velocidad multiplicada por tiempo.

Distancia es la separación entre dos puntos, y no tiene intrínsecamente ninguna clase de medida.

Distancia recorrida, eso sí es velocidad multiplicada por tiempo, pero velocidad tampoco es nada, salvo distancia dividida entre tiempo, en fin. Los tres conceptos, porque no son sino conceptos, están estrictamente entrelazados, y para que tengan realidad física desde las matemáticas hay que agregarles una unidad de tiempo y una unidad de distancia, de lo contrario se tendrán igualdades aritméticas generales a partir de signos que representan variables. Dicho sea de paso, es de esto precisamente de donde surgió el cálculo diferencial, invento que Newton necesitaba para poder seguir adelante.

Algo extraño ha ocurrido aquí ya, algo que hay que meditar mucho. Newton necesita al tiempo de manera muy fundamental, tanto que tiene que definirlo, explicar su naturaleza, y las dificultades prácticas. Y luego encuentra que la ley de gravedad actúa sin tiempo, a través de las distancias cualesquiera que sean y en una forma tal que el tiempo no aparece en la fórmula de la gravedad. Si se tiene presente esto, si se cae en cuenta de la necesidad que tenía Galileo de encontrar sus relojes, la de Newton para definir al tiempo y ese resultado que tuvo que aceptar, se comprenderá un poco más el problema y la paradoja esencial de todos los relojes.

Ante la separación entre tiempo matemático, y tiempo común o vulgar, o para decirlo de una vez, tiempo de los relojes o las efemérides, ante eso la física no tiene otro recurso, tiene que usar relojes, y Newton se tomó la molestia de señalar que no esperaba que un reloj que se ajustara al tiempo matemático fuera posible. Esta peculiaridad de los relojes será vista no como un problema tecnológico o de ingeniería o recursos prácticos, sino como algo fundamental, para la física y para la idea tiempo.

Ni el cálculo diferencial, ni efemérides, ni relojes perfectos ideales imaginados o supuestos resuelven el problema: pero son útiles para identificarlo.

Parte de la magia de Newton consiste en que funde al movimiento y al tiempo con el nuevo formalismo del cálculo diferencial. Esa unión ocurre en un papel, en una ecuación o fórmula, en una mente. El cálculo que Newton inventó le permitió simular al movimiento espacial entre distancias métricamente definidas. El vínculo con la realidad lo produce un reloj, lo produce también un instrumento de medida lineal, o su sustituto matemático. Pero es un vínculo con una realidad científica y muy exitosamente construida, en la cual ha sido necesario tratar al tiempo como algo distinto de lo que esencialmente es.

Einstein también lo intentó; en lugar de declarar que no creía posible encontrar un reloj perfecto, ideó uno que por definición es perfecto. Y el resultado sigue sorprendiendo: ningún reloj marcha al ritmo de otro.

6.2 EL ABOGADO DE DIOS. LEIBNIZ.

Leibniz, autor genial y tergiversador usual, con ideas a veces bastante extrañas, original en otras, abogado de un dios al que consideró amenazado y en riesgo frente al desarrollo de la filosofía y la ciencia; contribuyó al avance de estas y al de las matemáticas, y es figura central en algunas variantes filosóficas.

En lo demás fue más bien algo así como un plagiador inverso: planteó argumentos para refutar ideas y textos que no citó ni reconoció. El mejor ejemplo surge con la *Ética* ya mencionada, libro perturbador que Leibniz solía llevar, muy anotado, en su bolsillo; libro diabólico que explicaría entre otras cosas varias que se dejan de lado, el origen de las estrambóticas, inútiles, incomprensibles Mónadas que Leibniz inventó.

Para enmarcar un poco la discusión entre Newton vía Clark, y Leibniz, conviene usar una cierta analogía no muy lejana de las palabras precisas de Newton. Tiempo absoluto es el que existe sin relojes, tiempo común es el que se impone al absoluto, y lo reemplaza, mediante el truco del reloj. Desaparecido el reloj no se encontraría argumento de índole física para hablar del otro tiempo o para identificarlo, y a la inversa, sin tiempo absoluto no se explica ni el reloj ni las peculiaridades de su ritmo. Esa es una forma de ver el debate en cuanto a lo temporal. En cuanto al espacio, los argumentos son casi exclusivamente teológicos.

La versión de la discusión es la correspondencia entre Leibniz y Samuel Clarke, un sacerdote anglicano que se ocupó de filosofía y que escribió a Leibniz en defensa de su contemporáneo y amigo Newton. Se asume corrientemente que algunas de esas cartas de Clarke fueron conocidas previamente por Newton.

Primero lo teológico: un espacio y un tiempo absolutos se oponen a la inmensidad del concepto y a la inmensidad de lo único verdadera y esencialmente absoluto y real, es decir dios. Newton tenía una respuesta, con su idea de que el espacio y el tiempo son como una especie de propiedad o elemento o mecanismo sensible del dios creador. No se tomó la molestia de pedir que alguien lo escribiera a Leibniz como respuesta. El argumento aparece en la parte final de *Optice*, de 1706.

No hay vacío en la naturaleza, eso sería una imperfección de la creación. Esto es contra la idea de espacio absoluto. Si no fuera suficiente, hay otro principio: dios no se abstiene de prodigar perfecciones, aprovecha el vacío para llenarlo de materia, dice Leibniz sin molestarse con los problemas insolubles que la teología negativa intenta solucionar. Más sencillo decir, con Parménides, que el vacío es una forma de la nada, y entonces es impensable, aún para dios, salvo como formalismo lógico.

Aquí otro argumento, ese sí de veras absurdo, a partir de un principio más o menos razonable, que sería aceptable al nivel de buen refrán o guía práctica, el llamado principio de razón suficiente, esa idea más o menos sensata que ya había presentado Agustín y de la que Leibniz muy en su estilo se apropia, y transforma quizás inadvertidamente, en una restricción para el creador. El principio enseñaría que tiene que haber, y la hay, una razón por la cual dios creó el mundo tal como lo creó, puesto que el creador jamás actúa por capricho. Nietzsche contestó que él lo habría hecho mucho mejor, respuesta que no es original, ya lo había dicho Alfonso el Sabio siglos antes.

El problema más grave que Leibniz ve para su dios frente a un espacio absoluto es: ¿qué orientación darle al universo? Como no hay razón ni privilegio para una sobre otra, como no se puede enfrentar a dios ante ese capricho, entonces no hay espacio absoluto. Y en el caso del tiempo, lo mismo: le habría tocado a dios escoger el momento en el tiempo, y no hay criterio que sirva, salvo un inmenso e intolerable aburrimiento, pero de eso no dice nada Leibniz. Sigue con otro de sus famosos principios, el de la identidad de los indiscernibles: si hay dos cosas indistinguibles entre sí, en realidad se trata de una, quizás con dos nombres, pero una sola. Y entonces este otro argumento: en un espacio absoluto un mundo orientado en un sentido no se podría distinguir de un mundo orientado en otro, ni siquiera dios podría reconocerlos.

El argumento es contradictorio. Si no hay espacio absoluto, entonces ese dios no tiene que escoger entre posibles orientaciones para el universo, antes de crearlo, puesto que sin espacio tampoco hay orientaciones, y con la creación surgiría el espacio y la orientación, sin necesidad de selección previa. Ese dios de Leibniz es como el asno de Buridán. Y tampoco el argumento serviría a Leibniz: no hay ninguna referencia para definir cuál es la orientación de un universo único, ni con espacio previo, ni sin él. Así, el creador ni siquiera tendría la posibilidad de escoger una orientación, y esto teológicamente resulta más dañino que la necesidad de definir entre opciones. Lo mismo con el origen del tiempo.

Si no hay tiempo no es concebible un origen para el tiempo, pero tampoco se entiende que subsista una realidad intemporal una vez que el tiempo aparece. Menos se entiende que lo eterno desaparezca una vez que el tiempo llega. Pero para Leibniz no hay problema, sirve el principio de razón suficiente: dios no hace nada sin razón o en ausencia de razones; pero no puede darse ninguna razón para una creación del mundo que hubiera ocurrido antes, o después, de cuando ocurrió; de donde se concluye, dice Leibniz, que o bien dios no creó nada, o creó al universo antes de cualquier tiempo atribuible, o lo que es lo mismo, el universo es eterno. Pues bien: mejor haber leído a Agustín, o no haberlo eludido. Agustín, mucho mejor teólogo, no trata de imponer una lógica a dios, sino de deducirla de lo que dios hace.

El argumento de Leibniz falla de la manera más radical: ni desde la eternidad, ni desde el tiempo, puede haber surgido una razón, o una oportunidad, para la creación del universo, una que antes no faltara. Y si es eterno, nada ha sido creado, con dios o sin dios; y si fue creado junto con el tiempo, es un juego de palabras decir que es eterno. Y lo que sería peor en el esquema de Leibniz: si es eterno, no hay razón alguna que explique esa existencia.

En eso de la razón suficiente: si hubo una razón, problema para el creador, puesto que debe atenderla; y si no la hubo, peor.

Eso desde los argumentos en contra del espacio y el tiempo considerados como absolutos. Leibniz ilumina al lector, eso que sería la verdadera y definitiva razón, se demora en aparecer, está en la tercera carta: espacio y tiempo no son más que cosas relativas, espacio es un orden para la coexistencia, tiempo es un orden para la sucesión. Muy celebrado y comentado. No aclara ni sirve para nada. No vale la pena la excursión por los indiscernibles, ni por la razón suficiente, si ya se sabe que tiempo y espacio no tienen esa objetividad tan problemática para los creadores de universos. Salvo, claro está, que espacio y tiempo no tengan existencia física, real. Esa es la solución, y Leibniz propone finalmente que espacio y tiempo son ideales, entes de razón los califica, pero parece inútil tratar de hacer un resumen de esto o intentar explicarlo, porque la explicación depende en últimas de las mónadas, unas entidades quiméricas y arbitrarias propuestas por Leibniz, en contra de sus dos principios, el de razón suficiente y el de identidad de los indiscernibles.

Que el espacio sea orden para la coexistencia no significa que sin coexistencia no hay espacio; que el tiempo sea el orden de la sucesión no implica que sin sucesión no hay tiempo; la coexistencia no define el espacio y el tiempo no define la sucesión, ni a la inversa en cada uno de estos pares. La sucesión exige espacio, así sea para que lo sucedido lo abandone, quizás hacia la nada y lo que llega para suceder lo ocupe, quizás incluso deba provenir de la nada, porque de lo contrario se sigue tratando de coexistencia espacial; la coexistencia exige tiempo, el concepto mismo lo implica, pero no implica que de ella surja. Con estos argumentos no hay oposición válida a la idea de tiempo o espacio absolutos, que era lo que Leibniz se proponía.

Queda para averiguar cuál sería la razón, para Leibniz o para el creador, por la cual el creador resolvió crear un tiempo y un espacio imaginarios, y también la razón por la cual el tiempo y el espacio imaginarios así entendidos y creados tienen una estructura tal que no se distinguirían de un tiempo y un espacio reales y objetivos, y además faltaría saber por qué resultan imaginados siempre poblados de difíciles paradojas.

Para eso Leibniz no propone ninguna razón, y tampoco explica por qué un tiempo imaginario y uno que sería igual al imaginado han de tenerse por distintos, y su otro principio se queda, también, sin aplicación aquí: el de la identidad de los indiscernibles.

6.3 EULER PROPONE, HASTA DONDE SE PUEDE, UN RELOJ PARA METAFÍSICOS.

L. Euler se opuso abiertamente a estas ideas de Leibniz, y la refutación es breve y clara. La publica en *Réflexions Sur l'espace et le temps*, un artículo de 1748 en Mémoires de l'académie des sciences de Berlín, Volumen 4, pp. 324-333, en el internet bajo The Euler Archive, University of The Pacific. No se molesta mucho en discusiones, presenta su argumento y casi que advierte que no intervendrá otra vez.

El final del artículo, cuya idea general es sostener que tiempo y espacio son reales, dice:

"xx. Es lo mismo para el caso de la igualdad de tiempos porque si el tiempo, como dicen los metafísicos, no es más que el orden de la sucesión, ¿cómo puede uno hacer comprensible el concepto de igualdad de tiempos? Sostengo que todo lo que existe en la tierra está sujeto a cambios continuamente, y que es la sucesión de estos cambios la que causa el tiempo. Siguiendo esta línea de explicación, dos períodos de tiempo tienen que ser iguales cuando el mismo número de sucesiones ocurre para ambos. Pero si se considera un cuerpo que viaja a través de medidas iguales de espacio en tiempos iguales, entonces ¿en qué cambios, o en qué cuerpo ha de basarse uno para juzgar la igualdad de esos dos tiempos? Y si se considera que todos los cuerpos son objeto de cambios con frecuencia igual, en ese caso se llega al mismo problema, es decir, el de la selección de algún cuerpo para medir la igualdad de tiempo en relación con los cambios que le ocurren. Estoy seguro de que si se pondera un poco esta explicación, se encontrarán en ella muchas deficiencias y fácilmente será abandonada.

xxi. No se trata de nuestra percepción sobre la igualdad de tiempos, asunto que sin duda depende del estado mental. Se trata de la igualdad de tiempos, durante los cuales un cuerpo en movimiento uniforme se desplaza espacios iguales. Como no es posible explicar esta igualdad mediante el orden de la sucesión, tanto como la igualdad de espacios no se puede explicar por medio del concepto de coexistencia de cosas, puesto que el asunto concierne esencialmente al principio o concepto de movimiento, no se puede decir que el cuerpo, en tanto que se mueve, se ajusta a algo que existe solamente en la imaginación. Se está entonces obligado a admitir, así como se ha hecho para el espacio, que el tiempo es algo que existe más allá de la mente, o que es tan real como lo es el espacio. Me he dirigido aquí a los metafísicos que aún reconocen algo de realidad en el asunto de cuerpos en movimiento. En cuanto a aquellos que niegan completamente esta realidad y solamente admiten el grado de fenómeno aparente, porque consideran que el movimiento y sus leyes son una quimera, no pretendo que estas consideraciones tengan el más mínimo efecto en ellos".

No se puede decir que el cuerpo, en tanto que se mueve, se ajusta a algo que es solamente imaginario, dice Euler. Pero ese no es su argumento, sino una posición de tipo filosófico. Su idea es que eso del orden de la sucesión y el de la coexistencia no son argumentos válidos para descartar la realidad objetiva de tiempo y espacio.

Pero surgido el tiempo del cambio, o de la sucesión de cambios, el problema de la medida aparece inmediatamente, y no tiene Euler otra alternativa que matematizarla bajo la idea de iguales tiempos en iguales recorridos, para el movimiento uniforme, lo que exige una referencia arbitraria. Y sin embargo, eso solo funciona en el tablero, en donde es fácil dividir en segmentos iguales el total de la distancia, y la suposición de velocidades iguales no se requiere, porque basta la velocidad relativa. Con el mecanismo de escape de un reloj se intenta algo equivalente a la igualdad de los segmentos.

Euler se enfrenta a la dificultad y marca el camino, al reconocerla. Su argumento no deja de ser ambivalente desde el punto de vista filosófico, puesto que al dar prioridad a las regularidades físicas sobre la opinión metafísica parece dejar de lado el hecho de que la mayoría de las veces el establecimiento de una regularidad física depende de una realidad o un prejuicio metafísico, y más exactamente en términos modernos, nace de la selección de axiomas.

Sin mencionar el nombre ni ninguna otra referencia, Euler señala los principios bajo los cuales se entiende un reloj de laboratorio, y resulta que son iguales a los que de manera pragmática encontró Galileo.

6.4 LA FILOSOFÍA DECLARA ÉXITO A SU DERROTA.

En la historia y el análisis de las ideas sobre el tiempo, Kant tiene un lugar especial, negó la existencia real, objetiva en el sentido físico, del tiempo; y afirmó que una estructura de lo temporal, la que todo el mundo supone, con sus problemas, oscuridades y hasta contradicciones que no resolvió, es innata en el ser humano. Extraña forma de realidad, o de irrealidad. Para el espacio usó una idea semejante.

Síntesis de la filosofía de Kant: las ilusiones son reales, la realidad es ilusión.

Para Kant ni tiempo ni espacio son objetivos, tampoco reales, ni sustancia, ni accidente, no se definen entre localizaciones. Artificiales, rígidos e inmodificables, mentales sin contrapartida física, apriorísticos, verdaderos al mismo tiempo que falsos, en el sistema de Kant esas son las formas de decir: humano. Argumenta que tiempo y espacio no son causa ni efecto de nada, nada en las cosas proviene de ellos, nada de las cosas heredan. Tampoco asuntos de dios, pues este no puede ser considerado desde ningún punto de vista espacial ni temporal, afirma Kant. Lo cual no deja de ser cierto. Tampoco son cosas accidentales, que pueden ocurrir o no ocurrir, eso implica que podrían dejar de ocurrir, algo inaceptable y por suerte nunca visto. Kant se aferra a la dura evidencia a favor de la realidad de tiempo y espacio, la niega como objetiva, la declara irremediablemente subjetiva aunque extrañamente igual para todos los sujetos presos de ella, completamente inevitable, con las mismas rigideces que antes se tenían, es decir, todo lo demás sigue igual. Realidad subjetiva pero férrea, inmodificable, implantada en lo humano de manera igual para todos, no se sabe por qué mecanismo mágico o natural, la misma de modo tal que en la práctica se puede seguir tratando lo temporal y lo espacial como su fueran igualmente externos y objetivos. No es que lo diga así Kant, pero eso es lo que significa e implica su tesis.

La filosofía, con Kant, declara triunfo a la derrota, sin reconocerla; se encierra en lo humano, como en una trinchera, afirma que por fuera del encierro todo es incognoscible, quizás dentro de él también, desde lo humano todo es parcial, aparente, aunque no sea del todo caprichoso o errático, pero solo porque es rígido.

Exista o no exista el tiempo, o mejor dicho, definida esa clase de existencia, Kant se pregunta ¿de dónde o cómo se origina la representación humana del espacio y la del tiempo? Y luego, ¿en qué consiste, qué contiene la idea de espacio, qué la de tiempo?

Primero el espacio. Dice Kant que es imposible concebir la ausencia de espacio; pero es posible concebir un espacio vacío, un espacio sin objetos, al menos para Kant parece posible. De eso no se deduce que el espacio sea algo meramente imaginado, ni siquiera si lo imaginado resulta inevitablemente imaginado. Pero para Kant sí se deduce: de esta consideración dice que es inevitable entender al espacio como la condición de la posibilidad de que existan apariencias, es decir cosas. Tema fundamental desde el punto de vista de otra discusión, según Kant es posible conocer apariencias, y como tales son conocidas, y nada más que apariencias. El problema más grave de esta tesis, ya señalado por Nietzsche, es: si nada más se conoce, ¿con qué derecho se le denomina apariencia?

La objeción presentada por Nietzsche es definitiva. Pero se puede intentar seguir el esquema de Kant, porque forma parte importante de la historia de las ideas sobre el tiempo. Claro que las cosas tienen que ser apariencias, si ya se aceptó que el espacio no es real. Incluso aunque el tiempo sea real: porque sin espacio, las cosas jamás podrían ser algo más que ideas. Pero no es así como lo dice Kant. Continúa y afirma que el espacio es, como el tiempo, una intuición pura, así la denomina, es decir no está ahí para la percepción o para formar conceptos, está antes y los hace posibles.

Kant repasa muchos problemas alrededor de la idea de espacio, uno el ya visto sobre la imposibilidad de pensarlo como inexistente, otro la imposibilidad de pensar múltiples espacios, es decir de veras múltiples, no varias secciones espaciales arbitrarias. Pero aquí hay un problema insoluble: puede que exista una limitación humana según la cual el entendimiento tiene de antemano y antes de cualquier experiencia una idea, en el sentido de estructura, fija en el sentido de prefijada, de lo que sea el espacio. Eso no define existencia objetiva o inexistencia del espacio. Y lo mismo se puede decir del tiempo. Espacio como la forma del sentido exterior: eso es toda la justificación inicial, una identificación de principio. Pero con ello Kant construyó todo su edificio de las formas puras de todas las intuiciones, en donde intuición es la captación de un objeto ¿externo? por medio de los sentidos ¿inicialmente? Estas preguntas no tienen respuesta segura en el sistema de Kant.

Kant está interesado en refutar al idealismo, y el asunto mereció una nota en el prólogo a la segunda edición, 1787, de la *Crítica de la Razón Pura*, pie de página, nota 6 u 8, según la edición. Dice, al explicar una modificación que hizo para la segunda edición, ante el cargo de que su *Crítica* no era más que otra forma de idealismo, solipsismo generalizado, humano, sería una mejor caracterización:

"Ciertamente [este asunto] es una adición, pero solo en el método de la demostración, y consiste en una nueva refutación del idealismo psicológico, y en una demostración estricta, la única posible según creo, de la realidad objetiva de la intuición externa. Por más inocente que consideremos al idealismo (y no lo es tanto) en relación con las metas esenciales de la metafísica, es de todos modos un escándalo para la filosofía y para la razón humana que solo por un acto de fe se admita la existencia de cosas fuera de nosotros (de las cuales, sin embargo, derivamos para el sentido interno todo el material para los conocimientos), y si alguien lo duda el escándalo es que no se le pueda objetar con un argumento satisfactorio. Como en la primera publicación [primera edición de la Crítica] hay alguna oscuridad de expresión en la demostración, de la línea tercera a la sexta, propongo la siguiente modificación:

'Pero este permanente no puede ser una intuición para mí, porque todos los fundamentos que puedo encontrar en mí mismo para demostrar mi existencia son representaciones, y como tales requieren ellas mismas un sustrato permanente, distinto de ellas, que así determine mi existencia en relación con esos cambios, esto es, mi existencia en el tiempo en el que ellas cambian'.

Probablemente se alegará, en contra de esta prueba, que yo solo tengo conciencia de lo que hay en mí, esto es, de la representación que tengo de cosas exteriores, y que esto significa que sigue por decidir si hay, o no hay, fuera de mí, cosas exteriores que correspondan a la representación. Pero tengo conciencia, por medio de una experiencia interna, de mi existencia en el tiempo (y por consiguiente de la determinabilidad de ella en él), y esto es más que una simple conciencia sobre o de la representación. Esto es, de hecho, idéntico a la conciencia empírica de mi existencia en el tiempo, que no puede ser determinada sino en relación con algo que, si bien de alguna forma se conecta conmigo, es externo y entonces es experiencia en lugar de ser ficción, sensación en lugar de imaginación, sensación que relaciona inseparablemente lo externo con mi sentido interno. Porque el sentido externo es en sí mismo la relación de la intuición con algo real, externo, y su realidad, a diferencia de lo imaginado, se basa en que está inseparablemente enlazado con la experiencia interna misma, es la condición de la posibilidad de esta. Si con la conciencia intelectual de mi existencia, expresada en "yo soy" y que acompaña todos mis juicios y toda la operación de mi entendimiento, si con ella pudiera yo conectar una intuición de mi existencia por medio de una intuición intelectual, la conclusión sobre la necesidad de algo externo no sería una conclusión necesaria. La conciencia o intuición intelectual antecede o precede; pero la intuición interna, única en donde mi existencia puede ser determinada, es ella misma sensible y está unida a la condición del tiempo. Entonces esta determinación de mi existencia, y en consecuencia la experiencia interna misma, tienen que depender de algo que no está en mí, algo que entonces solo puede serme externo, frente a lo cual me relaciono. Y así, la realidad del sentido externo está necesariamente conectada con la del interno, esto para que sea posible la experiencia en general. Es decir, tan ciertamente soy consciente de que hay cosas externas, sensoriales, como lo estoy de que yo existo determinado en el tiempo."

Buen intento. O esforzado al menos. O más bien, del todo lamentable. Admite Kant alguna oscuridad en no más de tres líneas en un párrafo de una obra cuya lectura toma semanas en el mejor de los casos. Presumiblemente no admite ninguna oscuridad para esta nota añadida. Pero no es una exageración afirmar que no es claro si aquí el espacio, o el tiempo, son internos o externos, o si algo se requiere externo para la ilusión interna. Y queda en la más completa oscuridad la relación, si existe, entre lo externo declarado incognoscible y la ilusión que se dice o especula que lo incognoscible causa. Kant no logra justificar su empleo del concepto de exterioridad.

La nota sigue en el mismo estilo complejo: sin una capacidad para lo interno no es posible captar lo externo, sin lo externo la capacidad para lo interno no captaría nada; así pretende que ha refutado el idealismo, ahora sería una conclusión necesaria eso de que hay algo externo, conclusión a la cual se llega postulando que hay algo interno que, en definitiva, no es real: tiempo y espacio, meros mecanismos, ilusiones, condiciones previas, dígaseles como se les diga. Así como es captado lo externo, en otros renglones declarado incognoscible, cada uno se capta a sí mismo, y por eso temporalmente, en el tiempo. Lo dice Kant, como si bastara apenas, si acaso, afirmarlo.

O sea: ni el tiempo ni el espacio son reales, pero en tanto que humanos se viven y captan como si lo fueran y eso es suficiente para todas las necesidades y para todas las preguntas. Ese juego de condiciones según las cuales sin lo interno no se capta lo externo y porque se capta lo externo existe aunque no exista, o existe pero solo parcial, internamente, pero es suficiente para que el sujeto se capte a sí mismo, y en lo demás es desconocido e incognoscible, eso no se entiende.

Más que refutar al idealismo estricto en su forma de solipsismo, cosa que evidentemente no se logra aquí aún suponiendo con bastante ligereza que sea posible refutarlo sin la premisa de un espacio real y objetivo, el buen Kant más bien perdió el control en este dificilísimo asunto, ante esa crítica en cierto modo válida. Supóngase que Kant tiene razón. Entonces ha logrado lo siguiente: los problemas que tiene el entendimiento del tiempo, tanto como los que tiene el entendimiento del espacio, ahora son una invención humana, un mecanismo de la mente. Un mecanismo que sirve para caer en cuenta de que de veras se está al frente de algo, pero al frente de algo que no se puede conocer. Una invención la más extraña de todas: no es invención, depende, para que se note, de algo externo con lo cual relacionarse pero ante lo cual la relación no es posible. Los mismos problemas, idénticos, y ahora con nueva compañía. Ya no es un dios creador el que produce semejante desafío al entendimiento, sino la humanidad misma, que crea para sí en su estructura fisiológica esa forma de razonar y esas ilusiones, que no por ilusiones han quedado explicadas, ilusiones frente a algo que de todas maneras es externo, pero que por definición no puede saberse qué es. Cosa en todo caso para agradecerle al buen dios, que se liberó del asunto implantándolo en la mente humana de la mejor manera que pudo, y sin solucionar nada.

En edición anterior decía Kant, tal como siguió editando después de la redacción del Escolio, que se supone no es más que una clarificación, Sección Uno. Del Espacio, conclusiones:

> " a) *El espacio no representa ninguna propiedad de los objetos en cuanto cosas en sentido estricto, ni los representa en sus relaciones con otros; en otras palabras, el espacio no representa para nosotros ninguna determinación de los objetos tal que esté añadida a los objetos mismos y que haya de permanecer incluso si todas las condiciones subjetivas de la intuición son abstraídas...b) el espacio no es nada distinto que la forma de los fenómenos del mundo externo, esto es, la condición subjetiva de la sensibilidad, única y solamente bajo la cual la intuición externa es posible...Es entonces desde el punto de vista exclusivamente humano que podemos hablar de espacio, de cosas extensas..."*

En la misma línea de pensamiento se habla del tiempo, unos acápites más adelante:

> *"b) El tiempo no es más que la forma del sentido interno, esto es, de las intuiciones del yo y del estado interno; el tiempo no puede ser una determinación de ningún fenómeno externo; por el contrario, determina la relación de las representaciones en nuestro estado interno... c) El tiempo es la condición formal a priori de cualquiera y todas las clases de fenómenos. El espacio, en tanto forma pura de la intuición externa, está referido solamente a los fenómenos externos. Por otra parte... el tiempo es la condición a priori de cualquiera y todos los fenómenos, la condición inmediata para los fenómenos tanto internos como externos... d) Lo que hemos establecido enseña entonces la realidad empírica del tiempo; esto es su validez objetiva en referencia a los objetos que hayan de estar presentes ante los sentidos. Y como la intuición es siempre sensible, ningún objeto puede ser presentado a la experiencia sin que esté sujeto a las condiciones del tiempo. Y por otra parte, hemos negado al tiempo toda pretensión de realidad absoluta, esto es, negamos que por fuera de la intuición sensible se pueda atribuir al tiempo alguna clase de realidad inherente en las cosas, sea como condición o sea como propiedad".*

Está claro, si es que lo está, que eso es lo que dice Kant en la parte titulada Estética Trascendental, de esta *Crítica*, acápite 7. El interesado encuentra en la muy abundante y académica literatura multitud de explicaciones y aclaraciones. Para los efectos de esta revisión sobre lo que ha sido dicho sobre el tiempo, interesa también un párrafo de la conclusión, o mejor Elucidación, ese es su título, acápite 8, primer párrafo, que inmediatamente presenta Kant:

> *"En contra de esta teoría que admite una realidad empírica para el tiempo, pero que le niega una realidad absoluta y trascendental, he oído de personas sensatas una objeción unánimemente elevada, por lo que concluyo que se le presenta a cualquier lector para quien estas consideraciones sean nuevas. Es como sigue: 'el cambio es real' (esto lo demuestra el cambio continuo en nuestras representaciones, aún si se niega la existencia de todo fenómeno externo y de todo cambio externo que se diga le acompaña); y cómo no es posible el cambio sin el tiempo, entonces el tiempo tiene que ser algo real'. No es difícil contestar a eso. Concedo todo el argumento. El tiempo, sin duda, es algo real, en el sentido de que es la forma real de la intuición externa. En consecuencia tiene una realidad subjetiva referida a la experiencia interna, esa es la que tiene.*

Sin duda tengo la representación del tiempo y de mi inclusión en él. El tiempo, entonces, no debe ser considerado como un objeto sino como un modo de representarme a mí mismo como objeto. Pero si pudiera tener una intuición de mí mismo o si otro ser me intuyera sin esta condición de la sensibilidad, entonces esas claras determinaciones que nos representamos como cambios nos las representaríamos como un conocimiento en el cual la representación del tiempo, y en consecuencia la del cambio, no aparecerían. La realidad empírica del tiempo se mantiene como una condición de cualquier experiencia. Pero realidad absoluta, de acuerdo con lo dicho antes, eso no se le puede atribuir al tiempo. El tiempo no es más que la forma de la intuición interna. Si dejamos de lado esa condición de nuestra sensibilidad, la concepción del tiempo también desaparece; el tiempo no es inherente a los objetos, está solamente en el sujeto (o la mente) que intuye los objetos".

Cae de su peso que el movimiento es también ilusión, eso no preocupó a Kant, ya está explicado en el asunto de la ilusión del cambio. Y de esta manera Kant consideró haber refutado el escepticismo y el solipsismo. Y eso que Kant fue un buen estudioso de Newton, quizás su paradigma frente al reto filosófico presentado por Hume; se suele decir que ese reto explica la larga y enorme tarea que Kant se impuso a sí mismo.

Si el tiempo y el espacio son condiciones, formas de lo que Kant denomina intuición externa, es decir formas previas que se aplican al contacto con la realidad, Kant, en lugar de explicarlos, ha hecho necesario que una pregunta más se agregue: ¿cómo es posible que el conocimiento pueda proceder a partir de una condición necesaria para enfrentar una realidad empírica que por definición es falsa en el sentido de que no es posible conocerla? No basta con llamar a eso humano, no basta con suponer a una paloma imaginando que sin la resistencia del viento volaría mejor, más cómoda, la figura es de Kant, o él la usa también.

El problema que señaló Agustín sigue el mismo: ¿cómo es posible la sensación, aquí denominada intuición interna del tiempo, sin que exista tiempo? ¿Cómo puede negarse la realidad del tiempo mientras se afirma la realidad de lo temporal, así se le llame sensible, condición previa, innato, empírico o lo que sea? ¿Es posible siquiera la ilusión del tiempo sin que exista tiempo? ¿Es posible imaginar que dos objetos, dos medidas de energía si se quiere, ocupen el mismo lugar? ¿O ninguno? ¿En qué queda la realidad de los objetos externos si se niega la existencia del espacio? Lo de Kant es idealismo a medias, resultado de que por lo menos medio escepticismo sobrevivió a su crítica. Pero no se puede sostener, consistentemente, un idealismo a medias, que es lo mismo que escepticismo a medias.

Se puede proponer para el sistema de Kant esta descripción oximorónica: solipsismo comunitario.

Parece claro esto: aún si tiempo y espacio son mecanismos puramente mentales que el organismo humano requiere tener instalados y en funcionamiento como condición para la posibilidad de alguna conciencia de la realidad interna y externa, eso no define qué clase de realidad es esa, no define su objetividad, bien puede ser el caso que Kant tenga razón en calificar esas condiciones previas como indispensables y de carácter mental solamente, en cuanto de la mente se trate, sin necesidad de negarles realidad externa, paso que Kant no podía dar, porque lo que ha sido definido como fuera de las posibilidades del entendimiento no debería ni mencionarse.

Es curioso, la tesis de Kant sobre el tiempo y el espacio como condiciones previas necesarias para la experiencia, en realidad implica que el cuerpo que experimenta la experiencia quizás no existe, si no hay espacio no es concebible esa existencia.

Pero esa discusión no tiene mucho sentido en el esquema que presenta Kant; es decir, no vale la pena intentar saber si el tiempo y el espacio tienen existencia objetiva externa por fuera de la mente humana, porque todo eso es simplemente incognoscible. Esa generalidad de la cual ni siquiera se puede decir con firmeza que es externa tiene el nombre que Kant le dio, noúmeno.

El tiempo y el espacio como condiciones previas para cualquier clase de experiencia humana; condiciones arbitrarias, no objetivas; el conocimiento es posible a partir de un engaño que es suficiente, y necesario, para llegar a la conclusión definitiva de que nada ha sido conocido, solo apariencias. Es una extraña certeza. Eso no es una derrota al escepticismo, el resultado es peor.

Y hay una especulación que sirve para mostrar, quizás, el verdadero origen de esa negación que Kant no se permitía para lo demás. En este mismo capítulo que se está comentando, numeral 9, Comentarios Generales sobre la Estética Trascendental. Una vez más en filosofía y aparece el fantasma del dios cristiano, o cualquier otro, que ha servido para arruinar el pensamiento de tanto ilustre filósofo. Es el último comentario, numerado IV, son dos largos párrafos, aparece aquí completo el primero:

> *"En la teología natural, en la que el asunto pensado -Dios- que jamás podría ser un asunto u objeto para nuestra intuición, y que él mismo tampoco puede ser objeto de una intuición sensorial suya, nosotros muy cuidadosamente evitamos atribuirle una intuición de sí mismo bajo las condiciones de espacio y tiempo (su conocimiento de sí mismo no puede ser más que intuición, y no pensamiento que siempre incluye alguna limitación). ¿Con qué derecho podríamos hacer del tiempo y del espacio cosas propias de los objetos en sí mismos, y aún más cómo podríamos pensar que continúan existiendo como condiciones a priori de la existencia de las cosas, aún si las cosas mismas dejan de existir, son aniquiladas? Porque si se tiene al espacio y al tiempo como condiciones generales de cualquier clase de existencia, entonces lo tienen que ser también de la existencia de un Ser Supremo. Pero si no los hacemos formas objetivas de todas las cosas, no hay otro camino que entenderlas como formas subjetivas de nuestros modos de intuición, el externo y el interno; que son sensibles porque no son primitivos, es decir, no son algo que como tal nos proporcione de una vez la existencia del objeto intuido (una forma de intuición que, hasta donde podemos juzgar, pertenece solamente al Creador) sino algo que es derivado de la existencia del objeto que es posible solamente bajo la condición de que la facultad de representación que el sujeto tiene, sea afectada por el objeto".*

¿Cuál objeto?

Se supone que será apariencia apenas, hay mucho camino por recorrer si se pretende el derecho de denominar objeto a una apariencia, una supuesta apariencia. El edificio cae con la crítica hecha por Nietzsche.

En el Prefacio a la segunda edición de la *Crítica* escribió Kant, optimista:

> *"Nos proponemos aquí hacer exactamente lo que hizo Copérnico en su intento de explicar los movimientos celestes".*

De ahí se habla mucho de la revolución copernicana en filosofía, debida a Kant, como él mismo reclamó o describió. No fue exitosa: trasladó los problemas conceptuales que existen para el entendimiento del tiempo y del espacio a la mente humana, en donde continúan con las mismas características y dificultades, además de la necesidad de explicar ese traslado. Más esta otra: ¿qué clase de pudorosa realidad o creación es esa que requiere la instalación de un Velo de Maya?

En esto puede decirse, con algo de iconoclasia: el cielo estrellado de Kant, tantas y tan famosamente citado, obedece las leyes de Newton en una especie de juego, falsedad o fantasmagoría creada por el buen dios y explicada por Leibniz, todo para distracción y engaño del ser humano, al que sólo le queda como refugio la ley moral definida entre los muros de una habitación poblada de biblias.

La victoria de Kant, si así quiere verse, es del todo pírrica: para combatir el escepticismo encerró al ser humano en sí mismo, denominó apariencia, fenómeno, al conocimiento o a lo conocido, que es desconocido, e instaló a la humanidad al frente de algo del todo incognoscible. Pero si el noúmeno es por definición incognoscible, la mera hipótesis sobre su existencia es una victoria, absoluta, para el pirronismo. Pírrica, las victorias del pirronismo tienen que ser pírricas, pero victorias al fin y al cabo, si así quiere verse: Kant no derrotó la tesis escéptica, y en su intento de derrotarla dejó al idealismo incapacitado, con unas herramientas innatas, y por eso inmanejables, y, dada la incognoscibilidad del noúmeno, inútiles para la tarea que de ellas se espera.

Los argumentos contra la existencia objetiva, real, del tiempo desde el punto de vista de Kant se abandonan a esta altura: su tiempo y su espacio siguen presentando, como mínimo, los mismos problemas de siempre. Si el tiempo no es real, no ha explicado cómo es posible que se tenga esa percepción que describe, que resulta superflua, añadida, sobrante. Y de nuevo, no ha explicado cómo es posible tener idea de lo temporal sin que el tiempo transcurra, así sea mientras se piensa la idea.

Kant, uno de los mejores teólogos, jamás intentó ocultar el papel de dios en sus escritos, su moral es una versión de lo que se conoce en el cristianismo como *Sermón de la Montaña*, Quijote en contra del escepticismo, Quijote embarcado en sostener a la moral por encima del mundo sensible, este en donde el escepticismo muerde mejor y la tentación no es apariencia.

La poderosa impresión que causan el tiempo y el espacio tenían que ser defendidas sin quitar espacio, ni tiempo a dios. Pero tampoco imponiéndoselos.

Metió entonces al tiempo y al espacio en una bolsa pasajera y frágil denominada ser humano, no parece haberse preocupado por el tiempo del perro y del caballo, ni el del leño en la chimenea, ni por el tiempo de la edad de los árboles, o la edad personal, tiempos que no logró refutar porque prefirió declararlos inevitables al mismo tiempo que maestros de la más extraña de las ilusiones, una que es falsedad condenada a presentarse como verdad.

6.5 TIEMPO: EL CONCEPTO MISMO EN SU EXISTENCIA; O TAMBIÉN: LA NEGATIVIDAD TOTAL. HEGEL.

Si lo anterior ha parecido oscuro, era apenas una preparación, un sencillo juego de mesa.

Hegel es un filósofo para expertos en Hegel. Quizás muy sorpresivamente para él o para sus lectores, en sus escritos ocupó el lugar de dios, como comprendió y señaló Kojève hace ya decenios. Su endiablada escalera mecánica para el ser y para los conceptos y para todo, mejor conocida como dialéctica hegeliana, es para los que no son seguidores un andamio hecho con cañas, frágil, oscilante y desvencijado, un artilugio hecho con amarradijos no siempre de confiar. Para otros es la ciencia infusa misma.

Aquí se tratará de mostrar qué escribió Hegel en algunos de sus textos, sin intentar dilucidarlo, porque Hegel es un círculo cerrado, un mundo autocontenido; quedará una simple referencia sobre ciertos aspectos, casi como constancia. Junto con esta otra: esta crítica a las ideas de tiempo y espacio y otras pensadas por Hegel no tiene nada que ver con la doctrina económica de Marx.

La primera mención para espacio en el largo prólogo de la *Fenomenología del Espíritu*, 1807, o fenomenología de la mente. En la edición de Porrúa:

> *"La evidencia de este defectuoso conocimiento de que tanto se enorgullece la matemática y del que se jacta también en contra de la filosofía, se basa exclusivamente en la pobreza de su fin y en el carácter defectuoso de su materia, siendo por tanto de un tipo que la filosofía debe desdeñar. Su fin o concepto es la magnitud. Es precisamente la relación inesencial, aconceptual. Aquí el movimiento del saber opera en la superficie, no afecta a la cosa misma, no afecta a la esencia o al concepto y no es, por ello mismo, un concebir. La materia acerca de la cual ofrece la matemática un tesoro grato de verdades es el espacio y lo uno. El espacio es el ser allá en lo que el concepto inscribe sus diferencias como en un elemento vacío y muerto y en que dichas diferencias son, por tanto, igualmente inmóviles e inertes. Lo real no es algo espacial, a la manera como lo considera la matemática; ni la intuición sensible ni concreta ni la filosofía se ocupan de esa irrealidad propia de las cosas matemáticas".*

Curioso juicio que se extiende a Newton y a Galileo, entre muchos otros. Ni una sola mención al concepto de Galileo sobre el lenguaje en el que está escrito el libro del mundo. No se sabe qué piensa Hegel sobre la relación entre matemáticas y realidad, aquella un tesoro grato y al mismo tiempo irreal, o quien sabe qué.

Siguen unos renglones sobre lo mismo, dice que las matemáticas no avanzan más allá de igualdades; y entonces aparece el tiempo. Así:

"La matemática inmanente, la llamada matemática pura, no establece tampoco el tiempo como tiempo frente al espacio, como el segundo tema de su consideración. Es cierto que la matemática aplicada trata de él, como trata del movimiento y de otras cosas reales, pero toma de la experiencia los principios sintéticos, es decir, los principios de sus relaciones, determinadas por el concepto de estas, y se limita a aplicar sus fórmulas a esos supuestos. El hecho de que las llamadas demostraciones de estos principios, tales como el equilibrio de la palanca, la de la proporción entre espacio y tiempo en el movimiento de la caída... no es... más que una demostración de cuán necesitado de demostración se halla el conocimiento. En cuanto al tiempo, del que podría pensarse que debiera ser, frente al espacio, el tema de la otra parte de la matemática pura, no es otra que el concepto mismo en su existencia".

El análisis de las relaciones entre matemáticas y realidad se queda en anuncio y promesa. El lector sigue y encuentra entonces, de repente, la definición de tiempo: el concepto mismo en su existencia. No hay que anticiparse mucho, también el tiempo será la negatividad total. Ya al final del libro, capítulo VIII El Saber Absoluto, reaparece el asunto:

"El tiempo es el concepto mismo que es allí y se presenta a la conciencia como intuición vacía; de ahí que el espíritu se manifieste necesariamente en el tiempo y se manifiesta en el tiempo mientras no capta su concepto puro, es decir mientras no ha acabado con el tiempo. El tiempo es el sí mismo puro externo intuido, no captado por el sí mismo, el concepto supera su forma de tiempo, concibe lo intuido y es intuición concebida y concipiente. El tiempo se manifiesta, por tanto, como el destino y la necesidad del espíritu aún no acabado dentro de sí mismo..."

Para la colección entonces: el tiempo como el destino y la necesidad del espíritu aún no acabado dentro de sí mismo. Pero eso no es el tiempo, sino la forma en que el tiempo se manifiesta.

En la *Enciclopedia de las Ciencias Filosóficas*, 1817, Segunda Parte, Filosofía de la Naturaleza, Primera Sección, La Mecánica, subsección A, Espacio y Tiempo, dice Hegel sobre el espacio, edición de Porrúa, §254:

"La primera o inmediata determinación de la Naturaleza es la universalidad abstracta de su exterioridad, cuya indiferencia privada de mediación es el espacio. El espacio es la yuxtaposición del todo ideal, porque es el ser fuera de sí mismo, y simplemente continuo, porque esta exterioridad es aún del todo abstracta y no tiene en sí ninguna diferencia determinada."

El ser fuera de sí mismo, dice Hegel; determinación sin determinar. Y no explica, se supone que todo eso es claro. Pero la sensatez obliga a reclamar: el ser fuera de sí mismo, expresión que carece, por completo, de sentido.

Inmediatamente menciona a Kant, y parece que acepta de él no lo que hay de idealismo subjetivo, como lo denomina Hegel, sino lo que queda si se rechaza esta parte: queda,

"una abstracción, a saber: la de la exterioridad inmediata".

Luego le parece a Hegel que el punto, quizás se refiere al punto matemático, es una negación del espacio; para agregar:

> "... *La negación es, sin embargo, negación del espacio; es decir, ella misma es espacial; el punto, en cuanto es esencialmente esta relación, esto es, en cuanto se niega a sí mismo, es la línea, el primer enajenarse del punto; esto es, su primer ser espacial.*"

Y de ahí sigue a planos y a superficies. Error monumental, geometría de Euclides en la versión más banal, si no errónea, posible.

Por suerte en un acápite anterior había admitido esto:

> "*Siendo el espacio en sí un concepto en general, tiene las diferencias del concepto; a) inmediatamente en su diferencia, que son las tres dimensiones meramente diversas y del todo indeterminadas*".

Y esto parece ser lo principal del espacio, al menos en la *Enciclopedia*, dos páginas. Pasa a "b) El Tiempo", §257. Pero no podrá dejar de hablar del espacio. Aquí unas pocas transcripciones, nada de lo dicho por Hegel sobre el espacio o el tiempo tiene interés por fuera de su sistema, que es bastante cerrado, suponiendo que sea comprensible:

> "*La negatividad, que se refiere como punto al espacio y allí desarrolla sus determinaciones como línea y superficie, es en la esfera de la exterioridad también para sí, y pone dentro de sus determinaciones, pero juntamente en modo conforme a la esfera de la exterioridad, y nos parece como indiferente con respecto a la yuxtaposición inmóvil. La negatividad, puesta de este modo, es el tiempo*".

El 258 dice en el primer renglón:

> "*El tiempo, unidad negativa de la exterioridad, es algo simplemente abstracto e ideal. El tiempo es el ser que, mientras es, no es, y mientras no, es; el devenir intuido; ... El tiempo es, como el espacio, una forma pura de la sensibilidad o de la intuición, es lo sensible insensible; pero, como al espacio, así también al tiempo nada le importa la diferencia de la objetividad, y de una conciencia subjetiva puesta frente a él.*"

Unas cuantas páginas más adelante:

> "*c) El Lugar y el Movimiento. §260. El espacio es en sí mismo la contradicción de la exterioridad indiferente y de la continuidad indiferenciada; la pura negatividad de sí mismo y el tránsito, primero, al tiempo. Igualmente, el tiempo (porque sus momentos reunidos y opuestos se niegan uno al otro inmediatamente), es el caer inmediato en la indiferencia en la exterioridad indiferenciada, o sea, en el espacio. Así, en el espacio, la determinación negativa, el punto que excluye a los demás, no es solamente en sí según el concepto, sino que es puesto y es concreto en sí mediante la negatividad total, la cual es el tiempo. El punto hecho concreto de este modo, es el lugar.*"

La negatividad total, la cual es el tiempo. Dice Hegel. A quien se haya intrigado por la facilidad con la que Hegel, más él que los matemáticos a quienes critica, realmente evade el asunto de la aplicación de las matemáticas al movimiento, a la caída de los cuerpos, la gravedad, en fin, le interesará encontrar qué propone Hegel a cambio.

De la misma obra, luego de definir la esencia de la materia como la identidad del tiempo y del espacio, y no hay que desconocer que se trata de una especie de tropo bastante llamativo, justo después de haber dicho lo mismo para el concepto de lugar, sigue §262, ahora sí el supuesto verdadero concepto de materia:

"La materia, frente de su identidad consigo misma, mediante el momento de su negatividad y de su individualización abstracta, se mantiene fraccionada, y esta es la repulsión de la materia. Pero igualmente esencial (puesto que estos elementos diversos son también uno y lo mismo) es la unidad negativa de este ser para sí, que es fraccionado; la materia es, por tanto, continua, y esta es su atracción. La materia es inseparable en los dos momentos: repulsión y atracción, y su unidad negativa, individualidad, que, frente a la exterioridad inmediata de la materia, es aún indistinta, y, por tanto, no puesta aún como material, individualidad ideal; punto central, la gravedad".

Es decir, la gravedad. Sin sonrojo alguno. Y después de Newton.

De pronto alguien dirá que aquí Hegel resolvió el problema de Newton, la acción a distancia. O que se anticipó a Hubble. O a la materia y a la energía llamadas oscuras, o a las fuerzas subatómicas. Pero eso de atracción y repulsión como si se dijera simultáneas, y esto para no hablar de exterioridades inmediatas ni de eso otro que sigue en el texto, eso o no tiene sentido, o de nuevo es necesario adjudicarle uno completamente plano. Y en cuanto al tiempo, según Hegel, la cosa es totalmente incomprensible, a menos que se trate, si es que es comprensible en este contexto, del mientras es, no es, y mientras no, es, que por lo demás, ya se encontró antes, pero en un contexto en el que algún sentido puede tener.

Para Hegel la realidad es intemporal, se supone sin que se sepa por qué, pero no hay explicación fácil, o no la hay, para mostrar que la dialéctica hegeliana, que transita los conceptos vía negaciones o superaciones, es intemporal. El idealismo no ha logrado demostrar la inexistencia del tiempo, no se puede entender cómo la ilusión de lo temporal no requiere del tiempo en el cual transcurre la ilusión, no se puede entender cómo una ilusión puede ser simultáneamente estática y cambiante, ni como una idea se pueda forjar, y pensar, instantáneamente.

Y mejor no intentar pensar qué pueda ser eternidad en el contexto de esa dialéctica. Ante eso, Kant es ejemplo de claridad.

6.6 OTRO ADIÓS PARA EL ETERNO RETORNO.

Eterno retorno: esa idea no es original de Nietzsche como él emocionadamente solía escribir, ni puede entenderse desde fundamentos matemáticos y probabilísticos, tampoco los determinísticos, y además, desde los teoremas de recurrencia de Poincaré la cosa tiene necesariamente otro tratamiento: exige un tiempo impensablemente largo, es decir físicamente inmanejable, tanto que la cosa parece no tener sentido desde un punto de vista aplicable en la vida práctica.

Y esto dejando de lado la cuestión de si una repetición es lo mismo, o es lo que su nombre dice, en lugar de ser una segunda o enésima vez.

Eso no es para Nietzsche más que un experimento mental, una especie de mirada al universo en tanto que engulle a la vida propia, un sustituto propuesto con algo de muy apropiado cinismo como opción ante esa vida examinada socrática que no es sino una exhibición de vanidad sin control.

Lo original fue el uso de la idea como posible examen estoico disfrazado de aprobación ante lo imponderable o lo necesario.

La interpretación que de eso hace Heidegger, su texto *Ser y Tiempo* que es más que un aburrido e ilegible galimatías, su exposición *Nietzsche* en dos pesados tomos, todo eso es un falseamiento de origen nazi, solamente como tal debe ser expuesto, y ya lo ha sido, principalmente por Colli y por Montinari.

6.7 TIEMPO DEL VIAJE Y VIAJE EN EL TIEMPO.
LA LÓGICA COMO SEMÁFORO.

Para quien se interese en preguntas que surgen de elementos sencillos de la vida cotidiana: ¿qué relación tienen entre sí el odómetro y el velocímetro de un vehículo cualquiera, por ejemplo una bicicleta o un carro viejo en donde la electrónica y la computación no aparecen? Si la distancia es velocidad multiplicada por tiempo, ¿dónde está el reloj en este escenario? Si el desplazamiento ha sido de sesenta kilómetros y el velocímetro ha apuntado todo el tiempo al número sesenta, ¿de dónde se concluye que el viaje ha durado una hora? ¿Se puede llegar a esa conclusión porque el tablero del velocímetro dice, si es que lo dice, que los números deben acompañarse de la aclaración: por hora? ¿Qué clase de aclaración es esa? Este pequeño enigma o curiosidad, en cuanto al funcionamiento mecánico, se soluciona fácilmente con un imán y un resorte en espiral, más un reloj que se toma prestado por una sola vez, en la fábrica. Otra vez aparece el reloj que hay que tomar prestado, para poder empezar.

La humanidad no se preocupó por el tiempo medido, más bien se ocupó de las prisas y necesidades de la vida cotidiana. Los sabios y los textos antiguos casi ni siquiera se toman la molestia de mencionar al tiempo, de la misma forma en que poco, si acaso, mencionan la luz del día. Y de ese punto de partida se ha llegado, con lo siglos, a los nano y femto segundos cuyo número se suministra a un computador o desde él para definir quién ha de ganar en una transacción bursátil en donde ya sería difícil pretender que eso obedece al concepto usual de mercado, aunque, claro está, se pretende. Y en el intermedio los filósofos no han logrado acuerdo sobre lo que el tiempo sea, y tampoco los físicos, que no tienen un concepto muy claro del significado físico de la variable tiempo precedida de signo negativo, pero no tienen problemas. Hasta los lingüistas han contribuido con sus intentos de interpretación.

La angustia ante la muerte acompaña a la que producen las hipotecas, y el tiempo es tanto el del reloj como el de una eternidad que tampoco nadie ha podido definir convincentemente, que funciona más como un remedo de solución sin que se caiga en cuenta de que la desesperanza en la que se vive también puede ser eterna.

El único argumento que a la altura de este escrito hablaría de un viaje al pasado, eso sería una forma de eternidad, nadie insiste en la eternidad de un futuro para su muerte, estaría fundado en que, por ejemplo, las ecuaciones de Newton funcionan igualmente si se invierte el giro de los planetas, como si se dijera que funcionan igualmente hacia el pasado. Esa afirmación muestra un error muy elemental: esas ecuaciones funcionan también hacia adelante, hacia el futuro, y sin embargo nadie ni nada se traslada con ellas hacia el futuro. Tampoco entonces al pasado. El hecho de que una ecuación sea simétricamente temporal, que es el nombre técnico para decir que funciona igual hacia atrás, al pasado, que hacia adelante, el futuro, no implica que el pasado o el futuro tengan existencia actual, real, física. El argumento se puede llevar al extremo: si se pretende que las ecuaciones son exactamente simétricas en el sentido de pasado y futuro, no es de ellas de donde habría de hablarse de pasado o de futuro.

Breve nota sobre viaje en el tiempo, para dejar el asunto a un lado: la metáfora que afirma que todo viaja constantemente en el tiempo, hacia el futuro, agrega oscuridades. El futuro no es un lugar o un destino ni tiene realidad física, salvo en los tableros, incluso los de los relojes, y en los calendarios. No se conoce ningún caso de alguien o algo que abandone el presente hacia el futuro, tampoco el caso de un abandono del presente hacia un pasado que no se sabe cómo no sería entonces un presente. Asunto de ciencia ficción, por más entretenida y brillante a veces.

Ningún viajero escapa a su tiempo, ningún viajero se sustrae del tiempo porque eso sería sustraerse de la realidad. Ninguno viaja a una entidad que no existe, el pasado, ni a otra que tampoco existe, el futuro. Todos los viajes en el tiempo dejan sin explicar esto: el reloj del viajero no deja de ser el suyo, no deja de avanzar. El reloj de destino, en el punto de destino, tampoco. Nadie escapa a su marco inercial, en el sentido de que siempre está en alguno, sin que se pueda saltar arbitrariamente entre ellos. Al llegar al destino temporal del viaje se produce un desajuste entre relojes válidos: pero no son posibles dos tiempos distintos con la misma localización física, y un viajero no puede modificar a su arbitrio y válidamente ni su tiempo de reloj, ni el de la meta. Si se ha de conservar el principio o definición usual en las teorías físicas, de tiempo como lo que el tablero del reloj muestra, el viaje no es posible porque implica dos tiempos en el mismo lugar, el de la meta, o la desaparición puramente mágica del tiempo del viaje y del viajero. La teoría de relatividad no es aplicable en un único marco de referencia, que aquí sería el del destino. El viaje en el tiempo, el de la ficción y el de los tableros, es posible en la ficción y en los tableros.

Hay un enorme cuerpo de literatura, y de ciencia seria y formal, que admite como una realidad física los viajes en el tiempo, algunos con unas ciertas restricciones. La más común es la que mantiene vigentes los principios de la lógica, y así el viajero no mata accidentalmente al padre antes de que ese fuera el padre. Con pensarlo un poco la teoría no se salva, esas restricciones lógicas no están en la teoría que permite el viaje en el tiempo, y desde ese punto de vista lo inadecuado es una interpretación que debe tener parches, y cerrojos en ciertos caminos que en principio, se supone, la teoría base deja abiertos pero que no se pueden recorrer tal como están abiertos.

Si la lógica ha de tomarse como el semáforo para ciertas rutas conceptuales para viajes en el tiempo, siempre está en rojo.

La restricción lógica más general, en contra de la teoría de viaje en el tiempo, especialmente viaje al pasado, es que un pasado sin la presencia del viajero no es el mismo que un pasado con esa presencia. Ese supuesto pasado que incluye una visita desde el futuro, que antes no ocurrió. Si se supone entonces que la cosa es circular y repetitiva, no hay argumento para distinguir entre pasado y futuro, tampoco es entonces un viaje. Y para quienes admiten la existencia real del futuro, el argumento es el mismo: se trataría de dos futuros, uno de los cuales depende, por ejemplo, de la existencia de una máquina que permita el viaje, y que el viaje se haga, y el otro de que esa máquina no exista o el viaje no se haga. Es el terreno del mago y de la magia, o de ficción, de la buena o de la mala.

Está claro que eso del viaje en el tiempo surgió a partir de las teorías de relatividad, y posiblemente de la interpretación denominada universo en bloque, y definitivamente después de unos ejercicios teóricos ensayados por Gödel a partir de la teoría general de la relatividad. Es decir, tiene sentido, un poco al menos, discutir la posibilidad de viajes en el tiempo, en ese contexto; pero hay que tener una idea clara de qué es el tiempo, o el reloj, en esa teoría, para tomar posición sobre la tesis de universo en bloque, o en bloque creciente, condiciones necesarias para esos viajes. Ahora bien, que tenga sentido una discusión teórica sobre viajes en el tiempo no significa que la teoría los admita, podría significar también que la teoría necesita de otras interpretaciones que la dejen a salvo de este tipo de objeciones básicas, lógicas.

6.8 CREO QUE EL TIEMPO NO EXISTE Y ME PROPONGO EXPLICAR LAS RAZONES. McTAGGART.

Casi mil años después de Agustín aparece en el Volumen 17 Número 68 de octubre de 1908 de la revista *Mind* un artículo de un idealista inglés llamado J. E. McTaggart; misteriosamente influyente artículo sobre el cual han estado divididas las opiniones y el asunto sigue en estudio. Dice:

"Yo creo que el tiempo es irreal ... y me propongo explicar las razones en este escrito ..."

De algo menos de larguísimas veinte páginas, nadie sabe por qué tan influyente, ni si de veras ha sido influyente, un intento de construir un argumento sobre la inexistencia o irrealidad del tiempo. Es indiscutible sí que ha dado lugar a mucho escrito y comentario. Lo mejor que se puede decir es que se trata de un desmedido estiramiento y de una muy profunda incomprensión de un concepto que Agustín presenta, retóricamente, en forma de pregunta. McTaggart no cita, o no conoce el origen de esa idea, tampoco la usa explícitamente, pero la reconoce fácilmente el lector. Se trata de aquella idea que dice que el tiempo es tiempo precisamente en la medida en que tiende a no serlo.

Ese escrito peculiar generó multitud de controversias y estudios, y dos nuevas corrientes de pensamiento sobre el tiempo, una que sostiene que sólo pasado, presente y futuro lo caracterizan, y otra que prefiere exclusivamente las posiciones temporales de antes y después.

McTaggart parece decir que el tiempo cambia del futuro al presente y al pasado, y que no puede cambiar, o que no puede algo ser las tres cosas, o dos de ellas, y que el antes y el después no lo caracteriza, y de eso concluye que el tiempo es irreal.

La idea está expresada de una manera tan absolutamente confusa que cualquier resumen es válido. Dice, más o menos: no es posible que algo sea pasado, presente, y futuro. Y, otro aspecto de lo temporal tal como él lo entiende, no es posible que lo que está antes de otro evento o suceso, esté después, es decir cambie su lugar en esa organización. Por lo tanto, el tiempo no existe, concluye.

Casi todos los que se han ocupado de su escrito han tratado de entenderlo, es decir se ha hecho el esfuerzo de la mejor manera posible, pero no hay resultados. Una parte de la academia tomó partido por una de las dos caracterizaciones posibles para el tiempo, esa del pasado, presente y futuro, y otros prefirieron el argumento sobre el antes y el después. El debate consiste más o menos en que se opta por una serie y se rechaza la otra.

No es común ver que se analice la idea de que ninguna de las dos, en forma en que las describe caracteriza al tiempo, pareciera que ni vale la pena decirlo.

C.E. Broad intentó seriamente construir o reconstruir el argumento, y al final abandonó el intento. G.E. Moore declaró simplemente que solía desayunar por las mañanas. Es decir, se puede agregar, desayunar antes del almuerzo. Y después de la cena de ayer. Aquí no se intentará siquiera resumir el escrito, se menciona como una curiosidad histórica, más por los efectos causados en el volumen de la discusión.

Debe reconocérsele a McTaggart por lo menos esto que dijo al final del texto:

> "Y, otra vez, ¿es la serie de apariencias en lo temporal de longitud finita o infinita? ¿Y cómo han de tratarse las apariencias mismas? Si se reducen el tiempo y el cambio a lo meramente aparente, ¿no tendría que ser una reducción a una apariencia que cambia y que es temporal, y no mostraría esto que el tiempo es, al fin y al cabo, real? Esta es sin duda una pregunta difícil, de la cual tengo la esperanza de que más adelante se pueda contestar de manera satisfactoria".

Intentó también explicar la relación entre lo temporal y lo eterno mediante imágenes tomadas de lo temporal, e incluso dijo por qué en su opinión puede ser correcto imaginar lo eterno como en el futuro, o incluso como en el pasado. En lo que sí fue absolutamente claro es en esto: no se puede situar lo eterno en el presente, es decir, alguna clase de presente como metáfora de lo eterno es una metáfora completamente inadecuada.

Y terminó ese escrito proponiendo que el lugar para la eternidad es el final del futuro; sin explicaciones.

Curiosa tesis en general, y mucho más si proviene de alguien que ha negado la realidad del tiempo, y ahora justifica eso con el argumento de la realidad de la ilusión que hace aparecer al tiempo como real. El futuro como la manifestación progresiva de lo eterno. ¿Progresiva? Conferencia de McTaggart en Berkeley, agosto 23 de 1907, *The Relation of Time and Eternity*.

Hay un único sentido en el que McTaggart tiene razón: eso que él describe no es el tiempo. Porque lo temporal no consiste en que algo esté simultáneamente en el pasado, el presente y el futuro o en un par de esos; tampoco consiste en que si algo fue presente, ya no pueda ser pasado; ni consiste en que lo que ocurrió antes de la muerte de la reina Ana deba causar perplejidad por el hecho de haber ocurrido antes, por ejemplo que haya nacido unos cuantos años antes de morir, y que haya muerto después de haber nacido ella o alguno otro. Tampoco nadie ha pretendido que otro nació después de haber muerto, salvo en ciertos rituales funerarios.

Se podría especular que Russell comentó esos escritos de McTaggart sin mencionar al autor. Como era usual en él, tenía ideas novedosas. En un artículo en la revista *The Monist*, Volumen 25 No. 2 de abril de 1915, *On The Experience of Time*, señala que no se deben confundir las relaciones temporales entre sujeto y objeto, con aquellas entre objetos. Las primeras son aquellas derivadas de sensaciones y dan origen a pasado, presente y futuro, mientras que las otras dan origen al antes, al después o a la simultaneidad. Lo primero es del reino de lo mental, del tiempo mental, lo segundo de la física, tiempo físico. En ese entonces se solían tratar las dos cosas como diferentes, separadas o no relacionables; hoy son aspectos de lo mismo pendientes de explicación.

Hoy no resulta sensato decir que hay dos clases de relaciones temporales, el sujeto es apenas un objeto físico más, por complejas que sean sus características. La separación que hace Russell es del todo insostenible si con ella se pretende, como es lo usual, descalificar la seriedad de los problemas que el orden subjetivo o mental o sicológico plantea, con el falso argumento de que eso está de manera absoluta por fuera del orden de lo físico, lo material.

7. LA PERTINAZ REALIDAD.

7.1 LA REALIDAD, MÁS AMPLIA QUE LAS MATEMÁTICAS. GÖDEL.

Einstein pensaba, sin llegar al extremo, en la línea marcada por Galileo en cuanto al poder de las matemáticas como herramienta de descubrimiento y para descripción de la realidad, sin postular una especie de identidad o paralelismo. Siempre insistió en que había que dotar a las ecuaciones de sentido y significado físico, quizás en el sentido en que Euler ya lo había sugerido.

Gran amigo de Einstein y compañero de muchos años, idealista en sentido platónico, es Gödel, sin exageración, el más grande lógico de todos los tiempos. J. Von Newman lo consideró segundo frente a Aristóteles, vaya a saberse por qué. Y sin embargo, o por eso, le correspondió a Gödel demostrar que, dicho aquí informalmente, toda teoría o todo formalismo matemático, por definición y por su estructura lógica y formal misma, entre otros problemas que tiene, es incompleta: es decir, no puede abarcar una totalidad, siempre algo se quedará fuera, u otras cosas más graves ocurrirán. Así que la realidad no es describible totalmente mediante las matemáticas: cosa demostrada desde la lógica matemática misma.

Golpe definitivo: el mayor lógico de todos los tiempos, Gödel, idealista y platónico, se encontró con que el modelo ideal del mundo descrito por su ídolo Platón, el mundo ideal de lo matemático, es en esencia, estructuralmente, incompleto. Y si fuera completo sería contradictorio; y si se resuelven esos dos asuntos aún así queda la posibilidad de que de algunas expresiones bien formadas no se pueda establecer si pertenecen, o si no, a las matemáticas.

La realidad es diferente; carece por completo de sentido averiguar si algo forma o no forma parte de la realidad, incluso los errores o las quimeras o falsedades, que no son sino ideas, como ideas que son forman parte de realidad, no hay círculos cuadrados en geometría de Euclides, pero sí hay cuadratura del círculo, es una idea o problema. No es del caso averiguar si lo real está completo, o incompleto, o es contradictorio, o si es del caso que se dé algo de lo cual no se pueda decidir si forma o no forma parte de lo real, ni siquiera tiene sentido considerar que la realidad resulta o se construye a partir de un sistema axiomático.

Se dice que la geometría nació con los egipcios, como un sistema de medición de tierras, eso es lo que la palabra significa. Euclides, seguramente a partir de algunos antecesores parciales, dio el enorme paso de formalizar la geometría plana, y lo más extraordinario es el papel de los postulados y de los axiomas. De algo que no se demuestra surgen las demostraciones. La importancia de esto es implacable, basta tener presente que si se rechazan postulados, o si se decide no utilizarlos, pueden surgir otras geometrías igualmente válidas, como ha sido el caso. El concepto de demostración perdió de manera definitiva su significado absoluto. Pero todo esto se supo más de dos mil años después de Euclides, salvo los intentos pioneros de unos cuantos matemáticos, poetas y filósofos, atrás mencionados.

La asimetría entre matemáticas y realidad es fácil de mostrar: se puede dar una descripción matemática de un cierto fenómeno físico, pero no se puede dar una descripción física de una verdad matemática.

Como suele ser, las grandes mentes se acompañan, aunque el tiempo y el espacio y hasta las ideas las separe. Poincaré pensaba que en la medida en que el rigor matemático aumentaba, todo en la dirección del ambicioso y riguroso programa formalista de Hilbert, esa búsqueda de un Euclides colectivo, eso mismo se perdía en objetividad, la pureza cada vez mayor del formalismo era al mismo tiempo un alejamiento de la realidad. Para Poincaré la selección de una presentación matemática en lugar de otra, es eso: una selección basada en razones prácticas. Le interesaba más la explicación que el método mediante el cual se llega a ella, en materia científica le interesaba más la meta que el camino.

Pero por entonces la ciencia ya estaba cada vez más matematizada.

A Gödel, idealista platónico, le fue asignada la suerte de demostrar sus famosos teoremas, cuyas implicaciones en contra del platonismo quizás nunca aceptó. Y tiene él también un papel central en la idea de viajes en el tiempo. Mostró que en una cierta hipótesis relativista la configuración del espacio tiempo hace que la línea del tiempo pase por el punto de partida, es decir es cerrada. Se trata de una cierta hipótesis relativista cuyas consecuencias tradicionalmente entendidas significarían que los supuestos deben desecharse porque la conclusión es absurda.

Pero la magia de la relatividad general se presta para que se interprete a Gödel como el descubridor de la posibilidad de viajar en el tiempo.

7.2 EL TIEMPO SICOLÓGICO Y EL MUNDO NATURAL. DEBATE ENTRE BERGSON Y EINSTEIN.

La duración definida por Spinoza, tanto como las otras duraciones mencionadas en este escrito, nada tiene que ver con el concepto de duración de Bergson; tampoco se tratará aquí de la polémica que sostuvo este con Einstein acerca del tiempo relativista, asunto recientemente revivido en la literatura. El mismo Bergson al parecer aclaró que en tanto que el punto sea tratado como altamente matemático es mejor dejarlo por fuera de discusión filosófica. Curioso argumento. Sus ideas en ese debate están más del lado de lo psicológico, en el sentido lamentable en el que toda filosofía que se centre en el sujeto no pasará de ser algo personal, y en el más lamentable que pretende entender lo sicológico por fuera de la realidad física. Y la ironía es que Bergson, situado en ese acantilado, no pudo desprenderse del reloj.

Un punto esencial hay que reconocer a Bergson: muy joven, en su tesis de grado, *Tiempo y Libre Albedrío, Ensayo Sobre los Datos Inmediatos de la Conciencia*, 1889, distinguió ya el tiempo de los relojes, el de la física, del experimentado por el sujeto, tiempo este último al cual denominó, otra vez el término, duración. Anticipó con claridad que el tiempo de los laboratorios surge de una serie de cortes: es lo que hace el reloj, al utilizar el espacio como ámbito del ritmo, de la oscilación.

Su debate con Einstein reflejado en su libro *Duración y Simultaneidad en la Teoría de Einstein*, de 1922, fue sumariamente juzgado a favor de Einstein.

Bergson sabía de lo problemático de los relojes, e intentó separar la vivencia intrínseca de lo temporal, de la arbitrariedad, o de la rigidez, cronométrica. Y sin embargo una confusión o algo que dejó pasar de lado oscureció lo que de otra manera quizás habría sido fructífero: el tiempo psicológico forma parte del mundo natural, de los procesos fisiológicos o cerebrales, claro que es o puede ser distinto del de los relojes de pared, pero no puede separarse de los ritmos biológicos que lo crean, que también son, de cierta forma perfectamente válida, relojes.

En ese sentido y contexto, el tiempo sicológico no es nada distinto que el de un reloj a veces rápido, a veces lento, si es que un tiempo sicológico, en el sentido de sensación de lo temporal, existe, cosa que al parecer nadie niega. Tan pronto se compara el tiempo sicológico con el de los relojes, se trata de dos relojes y de una competencia entre ambos, con un perdedor asegurado, si el énfasis es cronométrico, si se trata de confianza en la regularidad.

Bergson tendría que haber avanzado hacia la idea de un tiempo sin ritmo, un tiempo sin relojes, un tiempo que esencialmente no tiene nada que ver con los relojes. Para eso es y era necesario comprender mejor, primero, las dos teorías de la relatividad, y eso está tomando su tiempo.

En el debate con Bergson, Einstein dijo abierta y muy displicentemente que el tiempo de los filósofos no existe, que si algo queda es el de los sicólogos, que tampoco es el de los físicos. Y hay corrientes para las cuales lo único que hoy interesa conocer de la realidad macroscópica es la geometría usada en relatividad general, en la que cada cosa y todo está, con reloj propio, en una habitación que forma parte del mismo hotel geométrico.

Einstein respondió y evitó el muy sencillo y casi intratable e ineludible hecho de que el tiempo de los sicólogos es un tiempo físico, a menos que exista algo no físico de lo cual se ocupen los sicólogos, lo cual por supuesto no es el caso; la respuesta no es legítima.

Bergson se disculpó, años después, en su por él mismo calificada ignorancia de las matemáticas relativistas, sin ver que no las necesitaba para el argumento. Ambos olvidaron, no reconocieron o no vieron que quizás los relojes no agotan al tiempo, y que lo sicológico es una parte de la realidad, con derecho propio tanto como cualquier otra. Bergson lo vislumbró, pero no extrajo todas las consecuencias de su concepto sobre ritmo de relojes como algo distinto de duración, un término que así usado sin explicación no ayuda mucho, porque inmediatamente sugiere un experimento: medir la duración con relojes.

El debate está mal planteado, tiene una extraña simetría que impide que funcione: lo sicológico forma parte de la realidad y al final no puede ser excluido de la física, es la parte que Einstein eludió; lo sicológico es también el resultado de un mecanismo físico y de esa manera no se puede desligar, del todo, de los relojes de laboratorio, eso parece haber escapado a Bergson.

7.3 INGENIERÍA, TRENES, RELOJES, MATEMÁTICAS, POINCARÉ.

No era fácil abandonar los relojes a fines del siglo XIX, cuando todos estaban obsesionados con la construcción de alguno confiable. No lo fue para Bergson, quizás por razones históricas, y para Einstein, por lo mismo, era necesario idear un reloj perfecto, ideal, sin el cual no podía seguir adelante.

Muchas cosas que aquí siguen tienen una sospechosa semejanza con comentarios al concepto de relatividad. No es así. Sí hay una semejanza superficial, falta un concepto esencial. Lo de Einstein consistió, con la teoría especial de relatividad, en la interpretación de lo que por la época se creía saber sin entender, si se admite la expresión. Pero se sabía de lo convencional de la simultaneidad, de una forma para la famosa ecuación que relaciona masa, energía y velocidad de la luz, de la curvatura de la luz por la gravedad, de la constancia de esa velocidad en el vacío, quizás hasta de los agujeros negros, como posibilidad teórica; incluso de la necesidad de corregir o ajustar las ecuaciones de electromagnetismo mediante acortamientos de distancias o ajustes al dato temporal. Organizar todo eso en unas pocas páginas es casi prodigioso; Einstein no recibió el premio Nobel por esta teoría por el argumento de que su explicación del efecto fotoeléctrico haya sido más importante, y es muy importante, sino porque no es fácil captar el concepto que hay en la relatividad, y menos estar cómodo con las consecuencias.

Entonces una mirada a los antecedentes de las dos teorías de relatividad según Einstein. Lo que sigue se ha tornado en lugar común, pero en su momento fue algo crucial para el desarrollo de las comunicaciones, el transporte, la economía y el imperialismo, y se puede resumir casi todo con dos palabras: relojes, mapas. Como con la relatividad general, que se utiliza para idear mapas del espacio tiempo, localización interna y forma del universo. También se necesitan relojes para dibujar buenos mapas terrestres.

A partir de 1850 el imperio británico, el francés, y los estadounidenses ocupados en organizar su red ferroviaria y la colonización entendieron la importancia de la precisa localización cartográfica de ciudades y puntos de interés, bases militares, fronteras, latitudes y longitudes. En navegación marítima es un asunto crucial. Para ello utilizaron los mejores relojes de la época, e idearon cómo sincronizarlos, dado que para fijar la longitud geográfica entre, por ejemplo, París y Londres, se requiere sincronizar relojes, o lo que es lo mismo, conocer tiempos, es decir números locales.

La historia de las técnicas de sincronización es un asunto independiente y extenso, pero conviene señalar que para varias décadas antes de fin de ese siglo los ingenieros y astrónomos tenían claro que la señal telegráfica toma un tiempo en llegar al destino, demora que depende de la habilidad de los operarios, de las peculiaridades físicas de cada uno, tiempos de reacción a las señales, tiempos de movimientos corporales para operar mecanismos, detalles y restricciones mecánicas de los instrumentos, del tiempo mismo teórico que tarda en su viaje la señal telegráfica, es decir eléctrica, de la calidad de los materiales y del diseño y la construcción del sistema y los equipos. Pero hay un ajuste muy importante a esos otros tiempos que ya habitualmente, además de todos los ajustes anteriores, había que sumar o restar al que mostraban los relojes, según las peculiaridades de la localización y la observación astronómica. Cuando se observa un evento astronómico para fijar con él la hora de un reloj, ese mismo evento desde otro lugar se observa a otra hora, dada la diferencia de ángulo; y el sol no sale al mismo tiempo para todos, ese ajuste ya se conocía, y se sabía que en un sentido hay que sumar, en otro sentido restar. Eso escapó a los que leyeron el diario que escribió un sobreviviente del viaje de Magallanes, muchos años pasaron antes de que se entendiera que ese diario no tenía un error de un día.

Velocidad de la luz en el vacío está implícita en las ecuaciones de Maxwell, es el límite máximo para esa velocidad, y es en ellas constante, y por eso se asume que en la realidad física también lo es; estas ecuaciones no dicen nada sobre marcos inerciales, puntos fijos, ni relojes. La dirección en la que viaje la luz no está incorporada en ellas, es decir, no tiene interés, no hace falta para llegar a ese resultado, o era ignorada porque no se sabía la razón por la cual podía o tenía que ser ignorada. Por más que se diga que esa velocidad es un límite, lo era en el contexto preciso de esa teoría. Esto no equivale a negar que ese sea el límite, y las teorías de relatividad de Einstein generalizan el asunto.

Lorentz y FiztGerald establecieron unas transformaciones para unir o comparar fenómenos electromagnéticos en distintas localizaciones; modificadas luego para incluir tiempos distintos para lugares separados; estas ecuaciones fueron mejoradas por Poincaré, es la versión que hoy se usa. En ellas ya se puede encontrar explícita la reducción de la longitud del rodillo en movimiento, y también la dilatación temporal, cosas de las que se suele hablar en el contexto de las teorías de relatividad de Einstein. Principios semejantes había usado en 1897 Joseph Larmor, aplicados al movimiento de electrones. El lejano antecesor de la idea, y propuso una ecuación para eso, fue W. Voigt en 1887.

Se habla de que se reduce la longitud de rodillos; y de dilatación temporal, que es la forma de decir que el tiempo marcha, o hay que calcularlo más lento. Eran ajustes que había que hacer para explicar ciertos fenómenos cuyo detalle hay que encontrar en las ecuaciones para electromagnetismo. Eran entendidos como remedios o parches, incomodidades con las cuales vivir. Pero aquí aparece una clarificación pendiente: ¿es el tiempo el que marcha más lento, o son los relojes los que lo hacen, o hay que alterar los números en las ecuaciones, o es todo eso lo mismo?

El lector no familiarizado debería tomar nota de estos reclamos extraordinarios, directamente relacionados: las distancias físicas se reducen porque es la longitud de los objetos, y más precisamente del espacio mismo, lo que se reduce; el tiempo de los relojes cambia su ritmo. Todo eso eran cosas conocidas, el problema esencial era como interpretarlas, y como darles sentido físico sin necesidad de postular cosas etéreas, variables, constantes, todo arbitrariamente, parches.

Como indicación de que eran cosas conocidas puede leerse a Poincaré, *The Measure of Time*, 1898, incorporado en *The Foundations of Science*, 1913, muy breves las citas, sin el análisis que las precede:

> *"… De dos relojes, no se tiene justificación para aceptar a uno como correcto y rechazar al otro; solo podemos señalar las ventajas de preferir a uno de ellos…"*

Esta es más intrigante:

> *"En 1572, Tycho Brahe descubrió una nueva estrella. Una conflagración inmensa ocurrió en algún muy distante objeto celestial; pero eso fue hace largo rato; por lo menos doscientos años fueron necesarios para que la luz de esa estrella llegara a la tierra. Esa conflagración ocurrió, entonces, antes del descubrimiento de América. Pero entonces, cuando digo eso, cuando considero ese fenómeno gigante que quizás no tuvo testigos porque los satélites de esa estrella probablemente estaban deshabitados, cuando digo que ese fenómeno es anterior a la formación de la imagen visual de la isla La Española en la mente consciente de Cristóbal Colón, ¿qué es lo que quiero decir? Una corta reflexión es suficiente para entender que esas afirmaciones, en sí mismas, no tienen significado. Solo pueden tener alguno como resultado de alguna convención".*

La convención aquí puede ser la selección del reloj. O, sin confundirla con desarrollos posteriores, el nombre para la convención podría ser principio de relatividad. Otra, que algo en parte explica, distancia en años luz.

Y esta sobre el problema de una conciencia externa al universo, tanto como el de la conciliación entre eternidad y flujo del tiempo:

> *"…. Pero, por lo menos, quisiéramos tener la habilidad de concebir una inteligencia infinita para la cual esta representación [de la totalidad del universo] fuera posible, una especie de conciencia grandiosa que vería todo, que clasificaría todo en su propio tiempo así como nosotros clasificamos en nuestro tiempo lo poco que vemos. Esta hipótesis es, sin embargo, cruda e incompleta, porque esta suprema inteligencia no sería sino, a lo más, un semidiós; infinito en un sentido, estaría limitado en otro, porque no podría tener sino una recopilación imperfecta del pasado, y no podría tener otra porque entonces todas [las cosas pasadas] tendrían que estar presentes de la misma manera y para eso no habría entonces tiempo".*

Pareciera conversando con el amigo Aurelius Augustinus de Hipona. Y con Boecio, para mostrarle por qué esa eternidad vivida no funciona. Y más precisamente, con Philoponus.

Y después de una relativamente larga discusión introductoria sobre simultaneidad, causa y efecto, este otro texto:

> *"Hora de examinar ejemplos menos artificiales [venía hablando de la escritura de cartas, de relámpagos y diferencias entre la luz y el sonido al captarlos, y también de los problemas matemáticos para entender la rotación de tres cuerpos que se atraen gravitacionalmente] …..pregunto al astrónomo, primero, cómo es que él conoce, esto es, cómo es que ha medido la velocidad de la luz. El astrónomo ha empezado con la suposición de que la luz tiene una velocidad constante, y en particular, que esa velocidad es la misma en cualquier dirección. Este es un postulado sin el cual una medición de esta velocidad no podría siquiera intentarse. Este postulado nunca podría ser verificado directamente mediante un experimento, pero podría ser*

puesto en discusión si otros experimentos no concuerdan con ello ..... quiero enfatizar que este postulado nos proporciona una nueva regla para investigar la simultaneidad...el asunto cualitativo planteado por el problema de la simultaneidad se hace depender del problema de la medición del tiempo. O, por otra parte [estaba hablando de los problemas previos a 1900 en relación con el cálculo de la longitud geográfica] los astrónomos se ocupan de fenómenos astronómicos, como un eclipse de luna, y suponen que este fenómeno es percibido simultáneamente en todas las localizaciones terrestres. Pero esto tampoco es cierto, porque la luz no se propaga instantáneamente... quiero enfatizar... 2) es difícil, en cuanto al análisis de la simultaneidad, separar el problema cualitativo, del asunto cuantitativo que es el problema de la medición del tiempo; no importa si se usa un cronómetro o si se toma en cuenta la velocidad de transmisión de la luz, porque esa velocidad no se puede medir si no se mide también un tiempo".

La conclusión, unas pocas líneas más adelante, fin del artículo, y Poincaré pone entre comillas sus propias palabras, que repite:

"" La simultaneidad de dos eventos, o el orden en que suceden, la igualdad de dos duraciones, deben definirse de tal manera que la enunciación de las leyes naturales sea tan simple como sea posible. En otras palabras, todas esas reglas, todas esas definiciones son solo el fruto de un oportunismo inconsciente"".

Es como si Einstein hablara; pero no, está ausente. Lo que sí parece absolutamente claro es que el camino estaba ya preparado, esperando un nuevo ojo avizor.

El artículo titulado *La Crisis Actual de la Física Matemática*, original en inglés en la publicación *The Foundations of Science*, 1913, tiene un buen inventario alrededor del concepto usual de relatividad, de los ajustes arbitrarios a las ecuaciones, del tiempo y la distancia. Poincaré resumía muy bien la situación.

Con lo anterior se observa que el asunto de la velocidad de la luz, lo convencional o no de los modelos matemáticos usados, el concepto de reloj y de coordinación de relojes, el acortamiento de las distancias en el sentido de la dirección del movimiento, la marcación de los relojes y su relación con el tiempo, la ecuación que une energía a masa y velocidad de la luz al cuadrado, todo eso estaba ya en el aire, como desperdigado, faltaba una concepción que le diera sentido a todo. Y la noción de simultaneidad como algo secundario que depende de relojes, mejor decirlo de otra manera: la noción de simultaneidad, que los relojes han eliminado casi por completo.

Se puede decir, mirando las cosas desde hoy, luego de ciento cincuenta años de marcha victoriosa de la ciencia junto con el efecto colateral de la técnica, el uso de bombas atómicas en contra de poblaciones, y la destrucción ambiental del planeta, que las fichas del juego estaban bien determinadas y conocidas, el tablero era el mismo para todos, las reglas de juego acordadas, pero el resultado era perplejidad.

Einstein usó las mismas piezas y el mismo tablero, pero cambió radicalmente las reglas de juego. Recordará el lector todo lo dicho acerca de sincronización de relojes, incluso la necesidad de inventar un tiempo local para las ecuaciones de transformación de Lorentz. Sincronizar dos relojes distantes: mediante el envío de señales dudosas, variables, que necesitan ajustes, que por definición significan que hay que interponer un elemento extraño que recorra la distancia entre los relojes que hay que sincronizar, señales demoradas, demora que hay que calcular, círculo vicioso que hay que romper con otro. Einstein, conocedor de todos esos antecedentes, no necesitó comparar movimientos, porque definió un movimiento absoluto, no negociable, incontrovertible, postulado, para su reloj.   La aplicación rigurosa de este principio, sin concesión alguna, junto con el principio de que las leyes físicas tienen que ser las mismas en y para todos los eventos, permitió definir un reloj, incorporar los conocimientos ya existentes sobre tiempos y longitudes variables, en un contexto nuevo en el cual fue posible hacer predicciones sujetas a verificación experimental luego efectivamente confirmadas; mientras se estaba en espera de la tecnología apropiada, el experimento mental funcionaba bastante bien. Y sigue funcionando para quien quiera comprender lo esencial de la teoría.

Otro cambio, en la concepción debida a Einstein, uno que no tenía esos antecedentes: el análisis de la marcha de los relojes ya no se hace mediante ajustes a partir de señales luminosas o eléctricas o telegráficas, ni otras cosas como mangueras con vapor a presión usado para comunicar y manipular relojes de estaciones y sitios públicos, como se hacía regularmente en Berna: es el reloj el que se ajusta a sí mismo, o mejor dicho, son las ecuaciones, no más complejas que el teorema de Pitágoras, las que lo calibran.

E inicialmente es perfecto por definición, y nada más que por eso, porque no es una máquina sino una idea.   Y los resultados serán más que sorprendentes.   En la relatividad especial las ecuaciones ajustan o modifican al reloj; en la general, el entorno físico, siempre definido de manera más o menos artificial, más o menos supuesta o propuesta por el astrónomo, puesto que las ecuaciones no funcionan sin que antes hayan sido rellenadas con datos físicos, todo eso ajusta al reloj.

Casi…porque Einstein no pudo prescindir de relojes, que marchan a sus propios ritmos, que dependen de su entorno, posición o altura, y velocidad relativa, Einstein fue el primero en saberlo.

Las teorías de la relatividad y su verificación presentarán tres relojes: en la especial se trata de un reloj de luz, un fotón entre espejos, un reloj imaginado cuyo ritmo es siempre el mismo para quien lo tiene consigo, y siempre distinto, y calculable, si es otro el que hace el cálculo.   Uno y otro tienen su reloj, cada uno mira el suyo y calcula el otro. Lo visto no coincide con lo calculado. El ritmo del reloj depende de la velocidad de desplazamiento del reloj, respecto de otro que se define como situado estáticamente.   Todo intercambiable, simétrico.   En la teoría general, ya no se trata de relojes en movimiento definido bajo unas condiciones bastante restrictivas sino de que la marcha de un reloj depende del entorno físico en el que se le localiza, y así jamás dos relojes marcharán al mismo ritmo, porque estar al lado es estar ya en otro entorno.

Y en eso del reloj están al mismo tiempo tanto el truco extremadamente exitoso como el problema.   Quizás no sea problema para la física, pero ha enturbiado las ideas sobre la naturaleza del tiempo de una manera y con un alcance que no se sospechaba antes.

Para quienes no confían en una teoría hasta que no resulte comprobada, el tercer reloj apareció muchos años después de que Einstein predijera el funcionamiento: se trata de los relojes denominados atómicos, y sí, no hay dudas, funcionan tal como lo predijo Einstein. Y sin embargo, esta afirmación no equivale a que las matemáticas de la relatividad general explican al tiempo: explican a los relojes, y claro, otras cosas también, no todas.

Había dicho Poincaré:

"...es difícil, en cuanto al análisis de la simultaneidad, separar el problema cualitativo, del asunto cuantitativo que es el problema de la medición del tiempo; no importa si se usa un cronómetro o si se toma en cuenta la velocidad de transmisión de la luz, porque esa velocidad no se puede medir si no se mide también un tiempo."

Quizás se abstuvo de agregar: no es posible medir el tiempo.

Einstein pudo esquivar este problema señalado por Poincaré con un golpe de genio: definió la velocidad de la luz como: distancia del viaje, dividida por tiempo del viaje, resultado o cociente igual una unidad denominada C, o V en el escrito original en alemán. Es importante, no hay números ni medidas: distancia del viaje dividida por tiempo del viaje igual velocidad de la luz.

$d/t=c$. No necesitó más. O mejor dicho, todo lo demás tenía que ser excluido. Abandonó los números y los relojes, con este concepto, y a partir de él volvió y construyó un reloj ideal.

En eso hay un asunto conceptual y metodológico central en la discusión que estoy intentando adelantar. Esa forma de definir la velocidad de la luz intenta soslayar y al mismo tiempo revela el problema, o la diferencia que existe entre los conceptos de magnitud y de medida. Es absolutamente claro que la teoría general de la relatividad es exitosa en sus predicciones verificadas, y lo es con una precisión antes no concebida; pero de eso no se sigue que los relojes midan al tiempo, sino solamente que lo que hacen funciona para las teorías físicas. Esto no pretende ser una sutileza: ya Einstein dijo que el tiempo es lo que los relojes miden. El tiempo de la física es una diferencia entre dos números provistos por un aparato.

El tiempo, a secas, real y sin restricciones, está fuera del alcance de los relojes.

Hay un cierto desliz en la aparente inocencia de la expresión para la velocidad de la luz usada por Einstein, esa sencilla ecuación colegial para la velocidad en general: no aparecen números, no se analiza todavía qué le ocurre a los conceptos cuando las variables son cuantificadas. Si se quiere enseñar relatividad general hay que traer los números al tablero. En el texto muy conocido, *Gravitation*, 1973, de C. W. Misner, K. S. Thorne y J. A. Wheeler, se lee ya en las primeras páginas que

"... la historia del registro del tiempo evidencia muchas opciones para la unidad y el origen del tiempo. Cada una de ellas necesitó de una acción humana que sancionara su uso, desde el asentimiento del Faraón al comunicado de un comité. En este libro la cantidad de tiempo que

toma a la luz viajar un centímetro queda decretado como la unidad de tiempo. Intervalos espaciales [spacelike] e intervalos temporales [timelike] se miden por medio de una y la misma unidad geométrica: el centímetro. Cualquier otra decisión complicaría en el análisis lo que en la naturaleza es simple. Ninguna otra opción estaría a la altura de la declaración de Minkowski 'A partir de ahora tanto el espacio en sí mismo, como el tiempo en sí mismo serán relegados a meras sombras, y solamente una especie de unión de los dos revelará una realidad independiente'".

En realidad, los autores acaban de imponer un reloj que de veras sirva, uno con números, para que todo pueda empezar. Einstein también lo hace, en la teoría general de la relatividad no puede prescindir de él, ya se verá la forma elusiva que tiene o prefiere usar para revelarlo y explicar para qué sirve. Los autores acabados de citar conocen bien el problema, y el lenguaje que usan no lo oculta. La unidad temporal es definida mediante una sanción, un decreto, una determinación previa, faraónica.

Se trata de un punto esencial, Einstein no define unidades de tiempo, ni medidas longitudinales, en el sentido siguiente: no fija números, salvo el de la velocidad de la luz, que por definición es una unidad, uno. Para dar significado físico, es la expresión de Einstein, a las ecuaciones de relatividad, especialmente la general, hay que suministrar números. Y esa es la traición.

Se verá lo que esto significa para la idea de tiempo, una que no está limitada a las restricciones que la física relativista necesita imponerle, y con éxito indiscutido impone. Quizás la física no tenga otro camino, quizás sí, eso lo dirá el tiempo.

8. TODO CAMBIÓ Y YA NO SEGUIRÁ IGUAL (EN FÍSICA). EINSTEIN.

8.1 OTRAS GENERALIDADES Y ANTECEDENTES PARA LA TEORÍA ESPECIAL DE RELATIVIDAD.

Por lo menos desde 1804 la relación entre energía, una cierta concepción de masa, y velocidad de la luz, la famosa ecuación era ya conocida, si se consideran ciertos trabajos de J. Soldner. S. Hawking menciona antecedentes claros para las ideas que Einstein revolucionó. Newton escribió en *Opticks* que la gravedad puede modificar la trayectoria de la luz, asunto que después se convirtió en el famoso experimento sugerido por Einstein y que Eddington llevó a cabo, y de ahí el salto irreversible a la fama para Einstein; misma idea que publicó John Mitchell en 1783, llevándola hasta el punto de decir que un campo gravitacional suficientemente fuerte podría atraer la luz en forma tal que ya no escaparía, algo así se denomina hoy agujero negro; también menciona Hawking que una idea similar fue expresada por Laplace. Poincaré trabajó en relatividad de medidas y en sincronización de relojes mediante señales electromagnéticas, y también dedujo la ecuación famosa, que hoy sin más se atribuye a Einstein con la aclaración de que se trata de masa en reposo, este último un concepto que faltaba agregarle. Y ya había dicho Poincaré que la simultaneidad es una convención; y los relojes algo muy práctico, si se toman las cosas con calma.

En todo eso que ya está mencionado atrás sobre sincronización de relojes, trenes y avanzadas militares, puede encontrarse algo que contribuye al origen de la lacónica declaración de Einstein, en su escrito de 1905, cuando señala que el envío de señales entre relojes no sirve para sincronizarlos. Y sobre todo, es un poco ilusorio pensar que dos relojes se han sincronizado si el que recibe la señal no confirma de vuelta a quien la ha enviado, y este de nuevo a su vez, y así la cosa se vuelve de no acabar.

Muchos otros antecedentes suelen olvidarse, y con ello se pierde a veces el control sobre los posibles alcances y el marco en el cual se debe entender una teoría física. Si se quiere estudiar qué pueda ser el tiempo hay que pasar por las teorías de la relatividad, y eso incluye algo de sus orígenes y de la historia de sus ideas. Por eso es mejor tener presente que el reloj de luz de Einstein, al menos este de la teoría especial de la relatividad, se basa en suposiciones, asunciones, hipótesis, principios o postulados, todos razonables no hay duda, algunos confirmados luego, otros incompatibles con las recetas de la mecánica cuántica, que no obstante es una teoría por lo menos igualmente exitosa.

En relatividad especial no es que dos relojes marchen al mismo tiempo en el sentido de en el mismo momento, uno más rápido que otro. Esa confusión a veces se presenta; lo que ocurre es que si se calcula el ritmo de marcha del reloj que se mueve, desde el sitio del que asume quieto y que es el lugar donde se hace el cálculo, el otro marcha más lento. Cualquiera que sea el que se mueva, cualquiera que se escoja para, desde allí, hacer el cálculo. Y cualquiera puede calcular el reloj del otro, y ambos encontrarán que es el del otro el lento.

Sin embargo hay que hacer una aclaración que no suele encontrarse en ninguna parte, pese a que Einstein fue más que explícito y literal con ella: el concepto de reloj no puede ser el mismo en la teoría especial, que en la general de la relatividad.

En la primera se trata de un reloj calculado, en la segunda se trata al final de relojes en aviones y en edificios, que marchan cada uno a su ritmo por el hecho de estar en aviones o en edificios, o en órbita: porque dos relojes no ocupan el mismo lugar, ya por eso marchan a ritmo diferente. Los relojes del sistema de posicionamiento global marchan a diferentes ritmos, es un asunto físico que les ocurre. Ya no hay que intentar comprender cómo es que un reloj en relatividad especial puede marcar dos tiempos según el cálculo o el calculador; la regla más precisa y más razonable conceptualmente también, está dada en la relatividad general.

Lo que interesa tomado de la teoría especial de la relatividad: eso del movimiento de la luz en un sentido y luego en el inverso indica de una vez que un reloj es un contador de ritmo, de oscilaciones, pero no puede medir el tiempo que hay entre una oscilación y otra, ni puede asegurar que la velocidad sea la misma en ambos sentidos. Para eso se requiere otro reloj, y cuando se trata de la velocidad de la luz, el abanico de opciones termina. Por eso es que hay que definir y asumir: para suspender la cadena indefinida que siempre pregunta por el siguiente reloj, o lo exige.

Cuando Einstein señala que la llegada del tren coincide con el indicador del reloj en el número siete en realidad dice que el tren puede servir para calibrar el reloj, como sucedió a tanto pasajero a veces cuando los trenes eran mejores relojes; y propone un nuevo reloj, uno que ha de servir para todos, uno que por definición, hay que insistir en que es por definición, es mejor que el de la estación y que el tren mismo, y mejor que el promedio de varios.

Reloj de fotón oscilando entre espejos paralelos. Hay que contar las oscilaciones, hay que entender como un número a la marcha que consiste en rebotes que hace el fotón entre espejos. Un reloj cuenta oscilaciones, y es indiferente a lo que pasa durante o entre ellas. Más que indiferente, no hay la menor posibilidad de que pueda hacer otra cosa, por razones conceptuales fundamentales. Se insistirá en las páginas que siguen, puesto que es otro elemento central en la idea que aquí se presenta de lo que el tiempo pueda ser.

No se puede olvidar que, pese a que los relojes denominados atómicos funcionan, cosa innegable, la teoría tiene algunos problemas en eso de detectar la velocidad y la localización de un fotón, o de cualquier partícula objeto de estudio por la mecánica cuántica. El denominado principio de incertidumbre no ha sido derogado por el reloj ideal de Einstein, que no es sino un reloj ideal, mental, teórico. Por eso funciona, eficazmente, para las necesidades de la teoría.

Hora de mirar un poco más en concreto.

8.2 LA TEORÍA ESPECIAL DE RELATIVIDAD (SIN NÚMEROS, SIN ECUACIONES).

Con fecha 30 de junio y publicado el 26 de septiembre de 1905, *On the Electrodynamics of Moving Bodies*, título con el que aparece en inglés, original en Alemán, De la Electrodinámica de Cuerpos en Movimiento, fácilmente localizable en la red y en textos hoy del dominio público, Albert Einstein inicia con un corto párrafo sobre problemas en la electrodinámica de Maxwell derivados del énfasis y la interpretación física sobre cuál de los dos se mueve, el magneto o el conductor en un generador de energía. Cita enseguida en medio renglón los problemas del éter luminífero, idea que inmediatamente declara abandonar, y dice Einstein que todo eso sugiere que la idea de reposo absoluto tiene bastantes problemas.

Ante lo cual propone inmediatamente una conjetura, así la califica: para todos los sistemas de coordenadas utilizados tanto en mecánica como en electrodinámica, las leyes han de ser las mismas. Lo denominará Principio de Relatividad, y de una vez lo pasa de conjetura a postulado, esos son los términos que él mismo usa.

...Para todos los sistemas de coordenadas... Y sí, se verá, para todos... las leyes han de ser las mismas... Sí, han de ser las mismas.

Para tener en cuenta, no lo dice así Einstein, la teoría trata específicamente de esto: que las leyes sean las mismas no significa que el resultado de aplicarlas sea siempre el mismo: depende de las circunstancias. Ese resultado es relativo en el sentido y ámbito explicado por la teoría; muestra y demuestra que los distintos cálculos en materia de tiempos y distancias no son un error sino un acierto.

En el mismo inicial y breve párrafo dice Einstein: introducirá también otro postulado, apenas en apariencia opuesto al primero: la luz en el vacío siempre se propaga a una velocidad constante y que es totalmente independiente del estado de movimiento del cuerpo que la emite. Esta última parte es la clave, esto no se ha mencionado antes, ni en el barco de Bruno ni en uno de Galileo la luz se comporta como ellos describen que ocurre con los objetos físicos. Es decir, no analizaron ese caso, el estado de la tecnología ni siquiera sugería nada por esos lados, ni siquiera es del caso hablar de tecnología en este contexto histórico.

Solamente tres elementos usará, señala: cuerpos rígidos, luego denominados rodillos rígidos, relojes, y procesos electromagnéticos. Al final el lector comprende que los rodillos no son más que la distancia entre dos puntos, de la cual solo se mencionan los puntos y se dice que hay una distancia entre ellos, y la medida de esa distancia no es más que el nombre de los dos puntos, dos letras; el reloj consiste en dos espejos imaginarios paralelos enfrentados entre los cuales se mueve un rayo de luz o un fotón también imaginado, esto es todo en materia inicial para procesos electromagnéticos. Por qué se habla de rodillos rígidos, entre comillas en el original, es decir, por qué se usan comillas, es algo muy importante porque luego resultará que no son rígidos en el sentido usual del término.

La mecánica cuántica apenas nacía, en eso también tuvo Einstein un papel fundamental; pero en 1905 no se sabía que eso del movimiento de un fotón entre espejos es mucho más complejo de lo que parece, y en ciertos aspectos, por ahora al menos, no analizable. Por ejemplo, parece más ajustado a la teoría decir que en caso del fotón durante su viaje el concepto de tiempo no tiene sentido o no aplica, que dejarse llevar por la aparente conclusión de que no transcurre, o que hay que usar otro reloj de fotones para medirlo. Sin embargo, el reloj de la teoría especial es ideal, y por ello funciona. Idealmente al menos. En la teoría general deberá ser reemplazado, así sea en una única ocasión inicial cada vez que se haga uso de la teoría, por un modesto reloj de ingeniero, esa maravilla conocida como reloj atómico, y la mayor parte de estos problemas conceptuales desaparecen, o por lo menos dejan de ser inmediatos.

Con estos elementos la teoría concluye que el concepto de simultaneidad no es absoluto, y que lo que para un observador ocurre en el momento en que su reloj muestra una determinada marcación, puede calcularse como otra marcación en otro reloj. Y concluye también que la longitud se acorta en el sentido del viaje que otro observa, para cualquier cuerpo en movimiento; y proporciona los cálculos para determinar cómo marcha, más lento, un reloj que se desplaza en ciertas condiciones. Nadie nota nada especial en su entorno inmediato, pero los relojes ajenos y en desplazamiento relativo funcionan diferente. Si uno, cualquiera de ellos, hace los cálculos para el otro. Y luego se invierten los papeles, y es el otro reloj el que ha cambiado. También aparece el método para calcular el acortamiento de distancias, y los efectos son de la misma naturaleza.

Por ahora restringidos a la relatividad especial, el movimiento relativo altera al reloj, es decir a lo que de él se calcule desde el punto que se asimila a fijo, tanto como altera al rodillo, pero en la física de Einstein el tiempo es lo que los relojes miden, no hay vuelta atrás: los cálculos muestran el cambio de ritmo. Sin olvidar que el movimiento relativo es siempre el movimiento del otro, ningún observador tiene ninguna clase de relatividad respecto de sí mismo. O en otras palabras: el que observa a otro siempre se asume como fijo. Algunas veces se ha objetado que el cambio de ritmo del reloj es apenas un efecto geométrico, por la forma en la que se analizan las perspectivas, en fin. Esa observación pudo ser bastante llamativa, y engañosa, hasta el día en el que los relojes de átomos de cesio viajando en aviones o situados en alturas de edificios marcaron lo que la teoría predijo que habrían de marcar. Pero con este pequeño detalle molesto, en relatividad especial, que se suele dejar de lado: el reloj en el avión marcha más lento, pero si el investigador asume que el que está en movimiento es el reloj en tierra, se llevará una sorpresa. Eso queda resuelto luego, en la teoría general, o de gravitación.

Es curioso, hasta el reloj mismo, cada vez considerado más preciso y menos parejo en tanto que más predecible en sus cambios de ritmo, se sigue aceptando, pero no ya el tiempo. En cambio nadie ha dicho que si el rodillo se acorta entonces no existe el espacio. Pero sin acortamiento del rodillo no hay modificación del número que arroja el reloj; y viceversa, sin dilatación del tiempo no hay acortamiento de las distancias. Y, otro punto interesante en esta historia: se ha descrito a grandes rasgos a la hoy denominada teoría especial de la relatividad, y no ha sido necesario hablar de espacio tiempo ni de cuarta dimensión ni cosas así. El espacio euclidiano de tres dimensiones sigue intacto, y los relojes son relojes, y lo que miden, se dice, es tiempo.

En otras palabras: no se necesita hablar de espacio tiempo para describir la teoría especial de la relatividad, ni Einstein lo hizo, ni usó el concepto en su publicación de 1905.

Una vez demostrado que, al menos en los escenarios descritos por Einstein, no hay tiempo absoluto, es decir, demostrado que el tiempo de relojes puede correr a distintos ritmos, si el tiempo es lo que un reloj mide hay que mirar la medición, y eso es todo. El hábito arraigado de pensar que el tiempo transcurre uniformemente, la incesante carrera técnica hacia la construcción de relojes precisos, eso también contribuyó a ocultar que para que el tiempo exista como algo real, no es condición necesaria que transcurra uniformemente; y tampoco es necesario que pueda ser medido. Quizás es de su esencia que no pueda ser medido. No hay que confundir medir con detectar. Eso de medir es un asunto complejo, mejor hablar de rodillos rígidos, hipotéticamente rígidos, y ver luego qué es lo que ocurre, así como con los relojes se mira la marcación de su tablero.

Aparentemente. Einstein se tomó luego la molestia de explicar que las conclusiones que sobre el tiempo, o más exactamente, sobre relojes electromagnéticos, son apenas provisionales en la teoría especial, y el asunto cambia radicalmente con la teoría general. No siempre se ha tenido en cuenta cuando se estudia este asunto del tiempo.

En la teoría especial de la relatividad un observador calcula que otro reloj distinto del suyo marcha a ritmo diferente, no importa que el otro reloj sea idéntico, y ambos hayan sido antes sincronizados. Es idéntico porque es un reloj ideal, de luz, de fotones entre espejos perfectos, imaginarios. No es predecible que el escéptico encuentre argumentos teóricos en contra, pero sí puede sostener válidamente que es razonable suponer que se trata de algo que requiere confirmación física, experimental, y que una cosa es un cálculo y otra que la experimentación lo confirme. Y sin embargo, la experimentación confirmó varias cosas, fundamentales, de eso no hay duda. Pero como siempre, el terreno de la interpretación sigue abierto.

El lector debe mantener presente que se habla aquí de relatividad especial; la relatividad general es otra cosa, más compleja, y hace predicciones verificables. Ya no se trata sólo de cálculos. Se suele admitir que es consistente con la relatividad especial, pero es más amplia, conceptualmente es distinta en algunos aspectos básicos, y se impone cada vez más referirse a ella como teoría de gravitación.

Se insiste en que en la teoría especial se trata de cálculos sobre relojes en movimiento, no de verificaciones. En la teoría especial de relatividad nadie observa dos relojes marchando a diferente ritmo. El observador tiene el suyo, y el otro está solamente al alcance de los cálculos; pero no está disponible para una lectura comprobatoria de los cálculos, por definición tiene que estar en movimiento relativo. Relativo y arbitrario, también se puede considerar quieto, para empezar así otros cálculos.

De una manera muy amplia podría decirse: la teoría especial de la relatividad encuentra su validez en que puede explicar mejor y más sencillamente resultados y mecanismos teóricos que antes no estaban bien explicados: su justificación es retrospectiva. Sus implicaciones respecto a la marcha del tiempo y a la modificación de las medidas eran necesarias, pero incómodas, no era posible verificarlo experimentalmente.

En la teoría general de la relatividad todo eso será aún más radical, y con una verdadera diferencia: la teoría hizo predicciones que resultaron verificadas. Pero hay un intermedio interesante y de muy profundas consecuencias.

Antes de dejar por ahora a la teoría especial en la forma presentada por Einstein conviene recordar aquello del plano cartesiano, es decir un sistema de coordenadas, puesto que el reloj de Einstein en la relatividad especial se puede representar mediante un uso del teorema de Pitágoras, y el triángulo recto en el plano cartesiano. Es una cierta modificación conceptual, pero el teorema es aquí útil porque permite visualizar con relativa facilidad por qué se dice que las mediciones por relojes o con rodillos cambian. La distancia entre los dos espejos para el rebote del fotón no interesa, se trata simplemente de una distancia. Y la distancia que viaja el fotón, cuando es vista como una trayectoria sobre una hipotenusa es la que varía dado el movimiento relativo, tanto como el tiempo para esa distancia, todo eso por la sencilla y conocida definición de distancia, o también, desde otro punto de vista, porque el triángulo ha cambiado, el movimiento relativo obliga a un nuevo dibujo. La diferencia entre el tiempo del sistema inercial o reloj estático y la del reloj en movimiento relativo es lo que se calcula, en el sentido de mostrar que una tiene magnitud más grande que la otra.

Y se trata de una magnitud. En el escrito de 1905 Einstein no proporciona diferencias en segundos ni nada parecido, habla de más tiempo respecto de otro cálculo para menos tiempo. La importancia de esto irá apareciendo a lo largo de este escrito.

En relatividad especial no hay relojes físicos, no hay minutos, segundos ni cosas así. Se tiene sí la demostración de que un tiempo oscilatorio calculado en determinadas circunstancias será distinto a otro tiempo también rítmico tomado como referencia. Tampoco hay una presentación en términos de espacio tiempo.

Einstein no presentó su artículo de 1905 en términos del teorema de Pitágoras, pero para los aspectos esenciales de una descripción inicial de la teoría especial el teorema es suficiente, y conviene insistir en él, y muchas explicaciones hacen uso de triángulos para mostrar que el fotón se mueve de arriba abajo como sobre una línea, y una vez el sistema del cual forma parte está en cierto movimiento, quien lo observa desde fuera percibe el movimiento del fotón como sobre un triángulo, y la distancia pertinente como una hipotenusa. Ya por eso se trata de una distancia diferente. Superficialmente el fenómeno del barco de Bruno, más los dos principios o postulados en los que Einstein fundó su teoría.

Lo curioso de esta historia es que en relatividad general, una vez que se penetra un poco en las matemáticas propuestas por Riemann en las cuales está basada esencialmente, es justo el teorema de Pitágoras el que tiene un papel fundamental como mecanismo para pasar de magnitud a medida. La diferencia matemática entre magnitud y medida es obra de Riemann. Esta es la justificación para utilizar en este escrito, a veces, una descripción basada en el teorema de Pitágoras, que casi todo el mundo conoce, y que permite describir gráficamente la esencia de la diferencia conceptual que hay entre tiempo de la física y tiempo a secas, la idea que este texto propone al lector.

El teorema de Pitágoras no es aplicable al tiempo: el primero forma parte de a la geometría plana Euclidiana, es decir de dos dimensiones, y sin ella no se puede entender, el segundo no es representable en ninguna geometría, a menos que se entienda por geometría a alguna de una única dimensión. Y eso tiene sus consecuencias graves para el asunto del tiempo.

8.3 EL ESPACIO TIEMPO, UN MUNDO (NUEVO) QUE SORPRENDIÓ A EINSTEIN. MINKOWSKI.

Los conceptos en los que está fundada la teoría especial de la relatividad fueron suficientes para una teoría exitosa que en 1905 estaba pendiente de éxito.

La modificación de la expresión formal, como la denominó Einstein, debida a Minkowski, incluye por primera vez la idea matemática actual, moderna, de espacio tiempo. Poincaré había explorado el asunto, en otras direcciones quizás.

En una frase: la idea de espacio tiempo tal como se usa hoy y con algún antecedente en Poincaré, es original de Minkowski, no de Einstein.

En otra frase: las ideas de la teoría especial de la relatividad funcionan sin necesidad de hablar de espacio tiempo. No así en la teoría general de la relatividad.

Un concepto surgido a partir de la formalización debida a Minkowski es el de Universo en Bloque. El mundo de Minkowski. Extraña idea, un mundo en donde no hay tiempo porque ha desaparecido de la representación. Luz que representa quieta aunque se imagine y se defina siempre móvil, su viaje o recorrido ha sido ya trazado en el tablero, y lo describe quien explica lo que allí se ha dibujado. Aquí se esconde otro problema.

H. Minkowski, matemático ilustre, conferencia durante la reunión número 80 de la Asamblea de Ciencias Naturales y Médicas, Septiembre 21, 1908, Colonia, Alemania, muy citado:

> *"Los conceptos sobre espacio y tiempo que espero presentarles se originan en la base misma de la física experimental, y en ello reside su fuerza. Son radicales. A partir de ahora tanto el espacio en sí mismo, como el tiempo en sí mismo serán relegados a meras sombras, y solamente una*

especie de unión de los dos revelará una realidad independiente.... y solamente un mundo en sí mismo existirá."

Esa especie de unión del espacio y el tiempo que habría de revelar una realidad independiente, eso es el espacio tiempo, que como concepto no está en la relatividad especial. Es de veras un mundo nuevo. Pero sólo en este sentido: es una nueva representación del mundo del cual las ciencias físicas se ocupan.

La referencia a ese mundo en sí mismo no suele ser tan profusamente citada, quizás porque está unas páginas adelante en el texto de la conferencia de Colonia; los suspensivos son engañosos, hay mucha distancia entre las frases que separan. Leer esa conferencia es un buen ejercicio aunque sea necesario pasar por las matemáticas con algo de paciencia y disciplina. Eso del mundo en sí mismo llamó mucho la atención de Einstein, que se refirió muy expresamente a ello en el texto de su teoría general de la relatividad y en sus escritos de divulgación. Pero todo esto será unos años más adelante. Al principio Einstein declaró completa molestia por la transformación de su teoría, ahora en manos de los matemáticos, incomprensible, así lo dijo.

El mundo elaborado por Minkowski toma, para un sector de los estudiosos del tiempo, el nombre de Universo en Bloque, y es la mejor base para quienes niegan el transcurso temporal y asignan el mismo nivel de realidad que se suele asignar a lo que se denomina presente, al pasado y al futuro, que resultan ya indistinguibles objetivamente. En el tablero cualquier punto puede ser definido como momento presente.

En términos informales se puede decir que Einstein mezcla el espacio y el tiempo al concebir su reloj de luz. Esta mezcla se queda ahí en la expresión aritmética y no logra ocultar al reloj, autónomo. No aparece explícito, como consideración metodológica, el paso que consiste en considerar al tiempo de la misma manera que se consideran las otras tres coordenadas, las denominadas espaciales. Es la dificultad de representar en la misma idea gráfica la cuarta dimensión tiempo junto con dos de las tres espaciales la que exige utilizar los números llamados imaginarios, un recurso práctico sin consecuencias imaginarias, para representar al tiempo en el gráfico plano, procedimiento usual en matemáticas, seguido aquí por Minkowski. Y esas cuatro dimensiones sin privilegio para ninguna, eso es el espacio tiempo, por ahora. Así como la altura a secas no es una localización espacial, ahora en el espacio tiempo no tiene sentido hablar de localización espacial sin indicar una localización temporal. Nada está por fuera del tiempo, y el tiempo ahora está extendido en la representación gráfica.

Mundo representable en un tablero; la representación muestra fácilmente lo que es pasado y lo que es futuro, para cualquier punto arbitrario. Permite visualizar con toda claridad que el concepto de simultaneidad tiene que cambiar; las figuras son del todo consistentes con los cálculos de la versión original de relatividad especial, una historia puede verse como el trazado lineal de la marcha de la luz, y cada punto en el tablero es parte de una historia. Muchas ventajas prácticas, algunas teóricas también, la formalización se impuso.

La base para la idea de universo en bloque, si no la idea misma, adoptada por muchos teóricos del tiempo, es un mundo representado en un tablero, en el que nada se mueve, un mundo que no incluye al profesor, tanto como no incluye al teórico del tiempo. Inclusive la luz ya ha terminado su viaje, en la parte del tablero que la representa.

Y así los conos de luz de Minkowski permiten mostrar gráficamente lo que es posible para la luz, los límites que su velocidad máxima le impone, y en ellos el viaje queda representado como una línea, todos ellos como conos, y el cambio no existe, el pasado, el presente y el futuro están como congelados en la gráfica, y qué pasa con el fotón y su movimiento, eso queda en el misterio, el matemático se conforma con señalar que ese viaje sí es concreto y ya ha sido representado.

Y es que Minkowski no era físico: su elaboración es puramente matemática, quizás la emoción le llevó a hablar como físico, a hablar de un mundo nuevo por él descubierto, eso pensó o dijo, y de ahí surgieron muchos conceptos que por fuera del formalismo matemático no tienen ninguna validez filosófica.

Propone referirse a su presentación como una para un mundo postulado, o simplemente un mundo, en lugar de hablar de relatividad basada en postulados. Para eso, entre otras cosas, no habló de velocidad de la luz, ni de distancia recorrida, sino, en sus palabras, de la proporción de la unidad de medida electromagnética con la unidad electrostática de cantidad de electricidad.

Es el mismo número, pero Minkowski modifica el punto de vista.

Eso no cambia el resultado de los cálculos, pero ya puede verse qué es lo él quiere presentar con su concepto de mundo: la descripción matemática de la realidad física como una totalidad, no como un arbitrario conjunto de marcos inerciales de referencia. Eso lo logra. Y es un gran paso.

El uso de esa proporción es entonces otro cambio conceptual. En un cierto sentido prescinde del reloj, cualquier número le servirá como tiempo en su espacio tiempo, en sus cuatro dimensiones cada una depende de las otras: cualquier punto que se señale o aísle en un diagrama de Minkowski ya es espacio tiempo, está formado por las cuatro coordenadas de igual peso conceptual y teórico.

Minkowski prescindió de reloj y de sincronizaciones, ahora representa en sus diagramas el viaje de fotones y la relación con las cosas o eventos que los fotones iluminan. Representa un viaje concluido, tanto como una ruta en un mapa representa un viaje. Así como un mapa muestra los datos como un conjunto, así surgió la idea de universo en bloque.

A primera vista pareciera claro que ese espacio tiempo o mundo presentado en la conferencia de Colonia en 1908 no pasa por el truco o aprovechamiento matemático del teorema de Pitágoras; se trata de una diferencia sin consecuencias, porque el mundo de Minkowski necesita de un reloj real o mental para ponerse en marcha, así sea solamente para establecer un número imaginario, incluso arbitrario si se quiere, inicial para la variable tiempo, luego los otros números serán calculados, o marcados en el tablero. El problema conceptual sigue presente de la misma manera, un poco más difícil de encontrar, porque Minkowski establece el esquema gráfico para reemplazar a la variable tiempo por un número, que si es imaginario por razones simplemente prácticas, tiene como uno de sus efectos que el asunto queda menos visible.

No se puede menos que citar la claramente molesta reacción de Einstein ante las ideas de Minkowski, ideas que luego aceptó y de las que inclusive mencionó que eran indispensables para pasar a la relatividad general. Dijo que desde el momento en que los matemáticos, es decir Minkowski, uno de sus antiguos profesores, invadió la teoría, el autor dejó de entenderla.

Esa invasión fue fundamental por otro aspecto adicional: por ella llegó al público y a la comunidad científica amplia el concepto y una imagen para espacio tiempo, algo que no existe en el escrito de 1905.

Mejor volver a 1905. En la teoría especial de la relatividad la simplicidad de la concepción es lo que importa, y eso está en el escrito original. Sin captarla se pierde el contexto de lo complejo de las consecuencias. El paso a mejores expresiones matemáticas puede ser bienvenido, pero a veces el formalismo matemático parece dejar de lado las profundas intuiciones y las abiertas hipótesis y los rígidos postulados que se necesitan para edificar la teoría y seguir adelante.

Einstein los dejó explícitos, claros, así los calificó y así advirtió al lector. Por lo menos esto se puede decir del escrito de 1905, sin reservas. Y no es poca cosa mantener eso presente, antes y para enfrentar los extraordinarios resultados derivados de las teorías especial y general de la relatividad. Algunos son prácticos, como eso de los relojes de marcha no uniforme, o el perihelio de Mercurio o la curvatura de los rayos de luz entendida como curvatura del espacio mismo, que es el camino, cosas de las que se habla, confirmadas mediante un experimento diseñado por el mismo Einstein. Pero también hay otras cosas extraordinarias, unas más que otras, en las cuales la frontera entre lo experimental y lo especulativo es bastante difícil de definir y requiere de justificación, cosas que la presentación de Minkowski, en tanto que es puramente matemática no permite apreciar directamente.

Las molestias de Einstein con Minkowski nunca terminaron; reconoció el avance y la importancia de la formalización hecha por su profesor, pero lo hizo con bastante displicencia; y al explicar para el público la nueva teoría conocida como general de la relatividad, el lector perspicaz encuentra que no se habla de mundos, Einstein pide al lector que imagine un molusco, el nombre que usará para su mundo.

Y una vez presentada en figuras la cosa, o pensando en la marcha dispareja de los relojes, o solamente en la dirección del viaje de la luz, y en la ausencia de simultaneidad, inmediatamente se idearon distintos observadores para un mismo evento, en condiciones tales que para uno el evento es futuro, para otro es pasado, y también en el lugar observado es presente. Y la marcha del tiempo se convirtió en la ruta de la luz, y como toda ruta imaginada, jamás deja de existir. Y por este camino se confundió a la ruta con la realidad, y más misteriosamente, se pretendió que en la ruta el tiempo, el de los demás, es a la medida o por encargo del comprador, o que basta cambiar la mirada para cambiar la realidad, al menos la espacio temporal.

El truco de Minkowski, en lo que al tiempo se refiere: es un número, por definición; de una vez una coordenada, no importa si por razones de simple comodidad o formalismo matemático ese número es imaginario. Pero no sale de ningún reloj, sale de la localización en el tablero al que Minkowski con algo de optimismo denominó mundo.

8.4 LA VELEIDOSA LUZ. DICKE.

La presentación de Minkowski es, y fue, un éxito completo.

Entretanto Einstein pensaba en la fuerza gravedad, en la ausencia de gravedad en su teoría, punto que Minkowski no dejó de mencionar. Y se nota la molestia que le causó esa invasión de la teoría por los matemáticos, como lo dijo, y sin embargo el cambio de formalización apuntó hacia donde Einstein debió continuar.

Hay en esto otra referencia histórica curiosa, algo que ocurrió mientras Einstein trataba de generalizar su teoría y recuperarla de las manos o del tablero de Minkowski.

Entre la publicación de la teoría especial y la de la teoría general, Einstein intentó fórmulas y sistemas en los cuales la velocidad de la luz en el vacío no es constante. Teorías que abandonó porque no encontró con ellas resultados satisfactorios.

Resultados que no encontró porque cometió un error, uno bastante elemental: parece que olvidó que no solo la marcha de los relojes se modifica con el movimiento, sino también las distancias. Esto es interesante, y no es especulación, aparece aquí el nombre de R. H. Dicke, astrónomo, físico atómico, especialista en cosmología y gravedad, inventor de aparatos de medición, portador de valiosas medallas académicas. Fue profesor de la cátedra Einstein en Princeton. Pues bien, Dicke encontró el obstáculo que frenó a Einstein, y reconstruyó una teoría de la relatividad, se dice que en todo consistente con los resultados de la que se conoce hoy, y el aspecto que interesa aquí es que en esa reconstrucción la velocidad de la luz no es constante. La velocidad de la luz, que se tiene por constante para que, entre otras cosas, el reloj de Einstein funcione. Sin olvidar que se trata de un postulado, por más razonable que sea. La función formal es la de postulado. No hay en esto sorpresa evidente: la velocidad y la distancia están invariablemente mediadas por el tiempo, y salvo el límite absoluto para la velocidad, todo lo demás está mediado por la misma sencilla ecuación, sus variables y sus constantes.

No es un escándalo intentar formular o reconstruir la teoría a partir de una velocidad no constante de la luz en el vacío: al fin y al cabo es imposible saber si en el viaje entre espejos el fotón viaja a la misma velocidad en un sentido, y en el otro.

Y tiene la ventaja de que se puede suprimir un postulado, a saber, el de la constancia de la velocidad de la luz en el vacío. Puede que en el viaje de ida y vuelta aparezca la constante, pero no se puede decir nada de cada segmento del viaje.

Se aclara que no es lo mismo constancia en la velocidad, que límite máximo.

El trabajo de Dicke fue publicado en 1957, sin mucha fanfarria, y así ha permanecido. Su título: *Gravitation Without a Principle of Equivalence*. Un pésimo título para lo que aquí interesa, uno que puede ser correcto pero que esconde casi que deliberadamente el fondo del asunto, el de la velocidad variable de la luz. El principio de equivalencia señala que masa inercial y gravitacional deben entenderse como la misma cosa, y ese es el énfasis que Dicke hace en el título. Es un reto o una ironía, el principio de equivalencia fue descrito por Einstein como su idea más feliz.

Es importante tener en mente esta referencia histórica, porque muestra que incluso Einstein desconfió un poco de sus relojes en tanto que dependen de un postulado.

Siempre se pensó que el tiempo absoluto supuesto por Newton era parejo, matemático. Así lo describió Newton. Einstein sustituyó eso por otro postulado, una velocidad de la luz, absoluta, pareja, matemática, al menos en el vacío y si viaja de ida y vuelta.

Hoy está más que demostrado que el tiempo de los relojes no es parejo pero sí es matemático, en un sentido curioso para esa expresión: hay fórmulas de transformación para calcular con absoluta precisión la disparidad. El paso que no está justificado adelantar es que el tiempo tiene que ser absoluto, parejo, matemático o de lo contrario no es tiempo. La refutación del tiempo absoluto de Newton no es nada más allá de la refutación de esa característica presupuesta, ese carácter y esa manera de entender lo que en ese contexto significa absoluto, parejo, matemático.

De paso, en mecánica cuántica no es cierto que velocidad, tiempo y distancia van juntos, basta recordar el denominado principio de incertidumbre. Aquí no está claro qué papel pueda tener el tiempo, esto incluso a pesar de que hay muy técnicos teoremas que incluyen su reversibilidad, en las ecuaciones, como objeto de la demostración, y a veces tampoco la distancia tiene papel alguno; y sin embargo fenómenos puramente cuánticos como por ejemplo la radioactividad están irremediable y enojosamente anclados al tiempo, por la vía de la vida media del elemento o mejor del proceso radioactivo; o el caso del muon, otro ejemplo, visto desde la relatividad. Inclusive el colapso de la función de onda, si es que eso existe, tiene de la manera más absoluta una rigidez temporal: una vez que ocurre ese denominado colapso, la cosa es irreversible. Se pueden analizar las probabilidades de una medición, pero no se puede ir hacia atrás del resultado de la medición, que es un hecho, a las probabilidades, que son un cálculo.

En esa disciplina se discuten normal y cotidianamente estos asuntos: ¿está una partícula en dos puntos distintos del espacio al mismo tiempo? ¿Tiene límites el concepto de espacio? ¿Hay acción a distancia espacial pero no temporal, entre partículas? ¿En qué casos dos partículas consideradas distintas podrían ser consideradas o tratadas como una única? ¿En qué casos una única partícula puede ser tratada como si fueran dos, o con partes separadas espacialmente? ¿Saltan los electrones en sus órbitas, hacia una exterior o hacia una interior, instantáneamente? ¿Es una partícula, al mismo tiempo que es partícula, también una onda? ¿O en ocasiones una cosa, en otras otra? ¿Puede una misma partícula pasar por dos aberturas diferentes, de manera simultánea? ¿Se convierte una onda en partícula, instantáneamente, por el solo hecho de que es observada? ¿Puede la partícula convertirse en onda? ¿O lo hace antes de cruzar cada una de las aberturas? ¿Qué es lo que se observa entonces? ¿Es posible que en ciertas circunstancias alguna propiedad de una partícula exista separada de la partícula? ¿Salta una partícula en el espacio, en ciertos casos, de manera instantánea, a través de una barrera física?

En un mundo así descrito por la teoría es posible que el tiempo no tenga cabida, aunque no haya sido excluido, así sea porque no se sabe qué sea un mundo objetivo y entones no hay razón para exclusiones; pero es más probable que el mundo real no sea exactamente como el de las teorías actuales, y que la potencia predictiva de la teoría sea en la misma proporción impotencia explicativa. Pero decir que las teorías físicas en su estado actual no incluyen el tiempo es una enorme exageración.

El trabajo de Dicke es muy posterior a la publicación de la teoría de relatividad general de Einstein; lo relevante ocurrió antes de la publicación de la teoría general, y en eso consiste precisamente la peculiaridad del asunto.

8.5 UN MOLUSCO A CAMBIO DE UN MUNDO. RELATIVIDAD GENERAL. (SIN NÚMEROS, SIN ECUACIONES).

La Teoría General de la Relatividad, o de Gravitación, es un éxito, problemático, como lo es igualmente la suerte de la Mecánica Cuántica. El éxito de una de ellas se opone a la otra. El fracaso de ambas es el siguiente: son incompatibles. Hay que pensar en ambas si se quiere pensar al tiempo. El futuro de su compatibilidad, se especula y se trabaja mucho en ello, parece partir de la base siguiente: en la base mínima, en el origen de lo pequeño, sin lo cual no es el caso para lo amplio o grande, reina la mecánica cuántica, de ella hay que partir. El problema inicial es: ¿cómo incluir a la gravedad, más exactamente, cómo incluir una geometría del espacio, una que explique la gravedad, en la mecánica cuántica? ¿Cómo tratar al tiempo, o de una vez por todas establecer la negación definitiva de lo temporal en la descripción física de la realidad? Ni esta otra está resuelta: ¿Se necesitarán relojes, aún si se supone que el tiempo no es real? ¿Relojes anexos a la teoría, o por el contrario, implícitos?

¿Quién reclamará la palabra mecánica, es decir la ciencia del movimiento, como parte del nombre de una teoría que excluiría de la consideración al tiempo?

Se acostumbra decir que la teoría especial de la relatividad está vigente, que es un caso especial de la versión general, así como que la fórmula de Newton para la gravedad es un caso especialísimo también válido. Pero eso no es exacto. En primer lugar, marcos de referencia inerciales, es decir los que viajan en línea recta sin aceleración, que son aquellos de los que habla la teoría especial, son un caso teórico extremo, la posibilidad de existencia física para eso es más que dudosa, para imaginarlos hay que desechar el resto del universo. Aquí la teoría traicionó las ideas de E. Mach, aunque diga seguirlas. Lo que tiene de relativo la teoría es que no hay marcos de referencia absolutos: o mejor dicho, que cualquiera puede reclamar el título de absoluto, así sea de manera provisional y pasajera. Resulta práctico para la mayoría de los cálculos. En segundo lugar hay que tener presente que las bases mismas en las cuales Einstein construyó su teoría especial han quedado abandonadas o modificadas muy seriamente, incluso desde ciertos puntos de vista aún en la teoría general se ha abandonado el postulado de la velocidad constante de la luz en el vacío, esa caracterización que no era del gusto de Minkowski, quien prefirió ir a los conceptos originales de Maxwell.

Einstein se atareó en exponer para el público interesado lo que de la teoría general le era posible sin el formalismo matemático necesario, esta vez altamente complejo.

Se intentará seguir esa exposición.

La Teoría General de la Relatividad se ocupa, lo dice el nombre, de aplicar en un ámbito menos restringido los principios ya conocidos desde la especial, y proporciona un conjunto de ecuaciones que han de funcionar con inclusión de la gravedad, asunto por entonces ausente. Pero es una teoría de gravitación, aunque así no la describa Einstein. Esa adición y transformación ha dado en llamarse generalización: no es una generalización de las teorías físicas, sino de algunos aspectos, limitados, de una de ellas, junto con la inclusión de otros nuevos. Era un paso que Einstein más que nadie sabía que había que dar, siempre se nota su insatisfacción y sus críticas al hecho de haber tenido que asumir o postular ciertas cosas y velocidades. Es una nueva teoría que incluye y explica, excluyéndola como fuerza física, a la gravedad. A cambio de ella el espacio se torna elástico, flexible, ahora sí en todas las direcciones, y se funde, en el resultado final, con el tiempo.

Einstein parece burlarse del mundo de Minkowski, y denomina molusco al que resulta de la teoría general. Todo es ahora más complejo, el espacio, es decir su forma o su configuración un efecto de la materia, que es convertible en energía y viceversa, ya se sabe. Todos ellos, unos y otros dependen entre sí, y se afectan causalmente. El tiempo, entonces, resulta aún más comprometido, más mezclado con los elementos propios de la realidad, y también más diluido, más gaseoso, en el sentido de inasible. Hasta cierto punto, porque ahora los relojes reinan: pero como dictadores a su vez presos de otra autoridad. A su ritmo cada uno, pero un ritmo que les es impuesto por el contorno, ya no por la forma accidental y arbitraria, es decir la de la teoría especial, en la que resulten observados; relojes sobre los cuales Einstein parece que nunca estuvo muy seguro sobre cómo interpretarlos, sí estaba seguro de cómo calcular sus lecturas.

Pero hay un cierto reloj que aparece fugazmente, avergonzado, al lado del molusco, al lado del mundo mismo.

En palabras de Einstein, tomadas de su publicación de 1916:

> *"En campos gravitacionales no hay cosas tales como cuerpos rígidos con propiedades Euclidianas; y así cuerpos rígidos ficticios no tienen ningún uso ni servicio en la teoría general de relatividad. El movimiento de los relojes resulta también influenciado por campos gravitacionales de una manera tal que una definición física de tiempo que sea hecha directamente con ayuda de relojes no tiene, de ninguna manera, el mismo grado de plausibilidad que tiene en la teoría especial de relatividad.... Por esta razón se usan cuerpos de referencia que no son rígidos, que entendidos como totalidad no solo se mueven en cualquier forma, sino que son alterados de otras formas según se prefiera, mientras se mueven. Y en cuanto a relojes, para los cuales la regla de su movimiento es de cualquier clase, por irregular que sea, sirven ellos para la definición de tiempo. Tenemos que imaginar a esos relojes como fijados a un punto del cuerpo de referencia no rígido. Estos relojes satisfacen solo una única condición, a saber que las ´lecturas´ que simultáneamente son observadas para relojes espacialmente adyacentes difieren entre sí en una medida indefinidamente pequeña".*

Es preciso observar, recalcar:

> *"..una definición física de tiempo que sea hecha directamente con ayuda de relojes no tiene, de ninguna manera, el mismo grado de plausibilidad que tiene en la teoría especial de relatividad..."*

Ha dejado de ser cierto, al menos literalmente, que en física tiempo es lo que los relojes miden. Se suele citar mucho y aquí se ha hecho lo mismo, pero ha llegado el momento de advertir que está claro que Einstein, al explicar su teoría general de relatividad, dice otra cosa.   No será del todo consistente, puesto que no puede prescindir de ellos, y se disculpa por hablar así:

> *"…Tenemos que imaginar a esos relojes como fijados a un punto del cuerpo de referencia rígido".*

La teoría general de la relatividad no ha podido prescindir de los relojes. Y ahora se confirma que relojes adyacentes parecen funcionar casi iguales, es decir funcionan distinto.   En las mismas palabras exactas de Einstein, en que hay que imaginar relojes, hay que buscar una lectura de relojes, para que las cosas, es decir las ecuaciones, empiecen a funcionar.

Está dicho de pasada, pero con toda claridad: dos relojes por más bien construidos e idénticos que puedan considerarse, uno al lado del otro, marchan a ritmo diferente.   El tiempo de los relojes depende de su localización o situación en el conjunto de lo que lo rodea, y hasta la mínima diferencia en localización se traslada a una diferencia en la medición, es decir de lectura, por mínima que parezca esa diferencia, por indetectable que pueda ser.   Puede verse como una forma de espacialización radical: cada sitio entendido como el contorno general define el ritmo del reloj que le acompaña.   Es decir, cada sitio tiene su propio ritmo y cada ritmo su sitio.

Hay que insistir en ella y hacer notar la ambigüedad de parte de Einstein en cuanto a los relojes. En el mismo párrafo dice que una definición física de tiempo que se haga con relojes es menos plausible que lo que se afirma en la teoría especial, en donde era cualquier cosa menos algo implausible; y luego de unas frases intermedias, que los relojes, no importa qué tan irremediablemente irregulares sean, sirven para la definición de tiempo. Y la definición de tiempo de esos relojes no es nada distinto que sus lecturas. Y que no queda más remedio que imaginar a los relojes como agregados, como fijos en cierto punto. Casi se puede decir que literalmente, según la explicación del mismo Einstein, su teoría es general excepto que no sabe qué hacer con los relojes, pero los necesita, sin ese dato las ecuaciones no funcionan. El tiempo de la física es el de los relojes, y resulta ser el mismo que el de banqueros y comisionistas de bolsa, hoy que la tecnología ha penetrado también en esos campos.

Los relojes persisten en su insidiosa influencia: están inmersos en la realidad matemática como parte de ella, y están separados arbitrariamente, con el fin de proporcionar la posibilidad de una lectura. Este tipo de separaciones es uno de los grandes problemas de la física moderna, por ejemplo en mecánica cuántica, el observador y sus detectores no existen en las ecuaciones pero las ecuaciones sin observador no son nada, o dicho de otra manera, sin el oscuro, o dudoso, colapso de la función de onda la teoría no llega a la práctica; tampoco la relatividad general sabe qué hacer o cómo tratar al observador.

El observador es también un reloj como lo son todos los aparatos y medidores, como lo es cualquier cosa real, porque todo tiene su función de onda, eso es una vibración, un ritmo, o una energía o como suele decirse, materia. Y en el lenguaje no formal de la física y un poco más filosófico se diría: lo único observable es lo real, y lo real incluye al observador. El trabajo científico apareja la necesidad de resolver el problema que la paradoja de Epiménides hace visible. La filosofía se ha extraviado casi a lo largo de toda su historia, en esto como en tantas otras cosas: pretende objetividad cuando elimina al observador, llama a eso realismo o algo así; y otras veces elimina lo observado y admite al sujeto, generalmente un único sujeto que imagina a la realidad, a eso se le denomina idealismo, o según los detalles, solipsismo.

Pero, como ha sido enseñado, el ser humano es un pasajero, no el piloto.

El tiempo siempre ha estado mezclado con los demás elementos de la realidad. Aunque no se sepa qué es, se sabe que a todo lo invade, o que es invadido por todo, así se niegue su existencia real o física. Si no se acepta que invade, en todo caso no se deja de aceptar que parece hacerlo. El tiempo de la física es lo que los relojes miden, excepto o pese a que ningún reloj medirá lo que otro mida, así esté espacialmente al lado, muy cercano: pues estará también temporalmente muy cercano, pero jamás con la misma lectura. Se presenta una cierta circularidad, una ambigüedad: el tiempo del espacio tiempo invade y domina al reloj, pero para saberlo se requiere de un reloj, ese que Einstein dijo que había que pensar como adherido a un punto espacial. Es una explicación cualificada que hace Einstein, y se repite aquí a ciencia y conciencia de que se puede objetar que hay que seguir las matemáticas y las ambigüedades propias del lenguaje informal desaparecen. Pero es necesario usar palabras, sin ellas no es posible atribuir significado físico a una ecuación. Las palabras y adjetivos aquí usados son los que Einstein usó.

Una de las cuatro publicaciones de divulgación de 1916 preparadas por el mismo Einstein tiene en la introducción el siguiente texto, que en ocasiones fue suprimido:

> *"La generalización de la teoría de la Relatividad ha sido mucho más fácil a partir de la forma dada a la teoría de la Relatividad especial por Minkowski, el matemático que primero reconoció con claridad la equivalencia formal de la coordenada de naturaleza espacial y la de naturaleza temporal e hizo uso de ello para una construcción de la teoría. La estructura matemática de la cual aprovecha la teoría general de la relatividad aparece ya completa en el `Cálculo Diferencial Absoluto´ basado en las investigaciones de Gauss, Riemann y Christoffel ..."*

Y eso, más lo del molusco es por ahora todo para Minkowski; es decir el abrupto paso a la frase sobre la estructura matemática señala el adiós al matemático que no era físico; ese que se ocupó, si acaso apenas es lo que parece insinuar Einstein, de la equivalencia formal entre espacio y tiempo. Recuerda uno eso de la invasión de la teoría especial por parte de los matemáticos. Años después Einstein fue mucho más explícito en reconocer las ventajas formales aportadas por la presentación de Minkowski. Y quizás también haya sido de importancia el reto que consistió en mencionar en estos contextos, antes que Einstein, a la fuerza de la gravedad. De la descripción que para interesados hace Einstein, aparecida en 1916, destaco:

> *"... de acuerdo con la teoría general de la relatividad, la ley de la constancia de la velocidad de la luz en el vacío, que constituye una de las dos asunciones fundamentales en la teoría especial de la relatividad y que hemos mencionado frecuentemente, no puede reclamar una validez ilimitada. Una curvatura en un rayo de luz solo puede ocurrir cuando la velocidad de propagación de la luz varía con la posición... Concluimos que la teoría especial de la relatividad no puede reclamar un dominio de validez ilimitado; sus resultados son válidos solamente si se deja de lado la influencia que el campo gravitacional tiene sobre los fenómenos (por ejemplo, la luz)."*

Es decir, no hay que sacar conclusiones definitivas solamente a partir de la teoría especial de la relatividad; y esto debe aplicarse también al estudio de la noción de tiempo, puesto que por advertencia del mismo Einstein la validez de la teoría especial es bastante limitada. Se suele decir que para efectos prácticos el sistema solar, y más allá, es un sistema inercial válido para efectos de la teoría especial. Eso quizás estaría bien para efectos prácticos, pero aquí interesan más los conceptos.

En general, Einstein expresó repetidas veces su crítica a la teoría especial, en cuanto no podía decirse que era aplicable irrestrictamente a cualquier situación, por estar restringida al movimiento uniforme no acelerado. Explica el caso de relojes situados, uno en el centro de un disco que gira, otro en el extremo de un radio del disco, es decir en la circunferencia: el que gira en la circunferencia marcha más lento que el del centro, y las distancias marcadas sobre la circunferencia, en el sentido del giro, son más cortas, de modo que por ejemplo la conocida relación entre el radio y la circunferencia no se cumple siempre, ni siquiera tratándose de dos dimensiones. Esto es suficiente para que Einstein declare:

> "... por esta razón no es posible obtener una definición razonable de tiempo basada en relojes situados de tal manera que se consideran quietos respecto de un cuerpo de referencia".

Lo acaba de señalar Einstein y resuelve un problema presente en la teoría especial. En esta, un observador mira su reloj, y calcula lo que ha de mostrar otro. Y si el cálculo se hace desde el otro, los resultados cambian simétricamente. Eso había que aceptarlo, pero entonces resulta necesario decir que es una cosa de cálculo apenas, y que para cada uno el reloj marcha igual que para cada uno, si es que esta frase se entiende. En la teoría de gravitación no es posible que dos relojes similares marchen al mismo ritmo. La teoría lo predice y lo explica, los experimentos lo confirman, incluso con relojes separados entre sí unos pocos milímetros. Y es una diferencia conceptual muy grande.

Ahora cada reloj ejercerá su dictadura individual, solitaria, opresiva sí pero esclava de sí misma. Una diferencia fundamental, en cuanto a relojes, entre la teoría especial y la general. El reloj ideal no funciona. Lo reconoce quien lo ideó. Y explica.

Continúa Einstein:

> "...De acuerdo con lo dicho en la Sección XXI, la teoría general de la relatividad no puede retener esta [velocidad constante de la luz en el vacío] ley. Por el contrario, se llegó al resultado de que de acuerdo con esta última teoría la velocidad de la luz tiene siempre que depender de las coordenadas cuando un campo gravitacional está presente. En relación con un ejemplo específico en la Sección XXIII encontramos que la presencia de un campo gravitacional invalida la definición de coordenadas, y la de tiempo, que nos habían llevado al objetivo en la teoría especial de la relatividad".

Invalida la definición de coordenadas ... y la de tiempo ... según la teoría especial.

Inútil pretender que hay marcos de referencia privilegiados por el solo hecho de escogerlos o señalarlos arbitrariamente. Este era un principio metodológico esencial, el sistema inercial escogido arbitrariamente como punto de referencia, a lo que Einstein se refiere aquí como definición de coordenadas. Nótese: ahora también las coordenadas mismas son flexibles, la definición de tiempo, se supone que de relojes, queda sin valor.

Se suele pasar por alto: la teoría general de la relatividad no sirve para definir el tiempo, no es útil para dar una definición plausible de lo que sea el tiempo, o más precisamente, en ella el uso de los relojes no sirve para eso. Pero Einstein de alguna manera lo dijo, su fantástico reloj de luz en la teoría especial ya no es tan fantástico, se vuelve un aparato más, otro que no regula a la realidad sino que es regulado por ella. Aunque se suele utilizar en los laboratorios haciendo caso omiso de quién regula a quién. Y sobre todo, no hay que olvidar que sin la lectura inicial del reloj adherido al molusco, la cosa no puede empezar. Ese reloj adherido al molusco es llamativo, notorio. Y es el que falta en el mundo de Minkowski.

Muchos conceptos han variado rápidamente: Einstein muestra que el tiempo de los relojes es elástico, trata o logra dar rodeos convincentes a su relación con ellos, imagina al más ajustado de todos solo para advertir que se trata de una suposición, de una definición; Minkowski toma la bandera y la agita, el tiempo y el espacio ya no son lo que son, la realidad está como expandida y siempre presente, así no esté al alcance de todos; Einstein tiene emocionadas palabras públicas en las cuales se despide del tiempo como asunto real; la teoría de la relatividad general es incompatible con las ideas de tiempo y de relojes que hay en la relatividad especial, sea versión Einstein o versión Minkowski; y finalmente, en la relatividad general, se abandona la idea de la velocidad de la luz en el vacío como constante, por lo menos en el sentido más absoluto, y por lo tanto Einstein se queda sin relojes, y sin tiempo, salvo que tiene que aclarar casi como forzado por la costumbre, tiene que dejar como suposición más o menos implícita: ahora tiempo es lo que marquen los relojes, aunque no sirvan, y a los relojes los imagina como en la pared del laboratorio, siempre adheridos a algo. Porque sin relojes marcando algo no hay ni relatividad especial ni relatividad general. Extraño que este tiempo de relojes y de ecuaciones, ese tiempo sin el cual no se pueden teorizar los agujeros negros ni el origen del universo, sea declarado irreal o ilusorio.

Lo que definitivamente no está claro en la teoría es qué pasa, si es que algo pasa, si es que algo ocurre, si es que hay algo para describir, entre las oscilaciones que cada uno de esos relojes cuenta o marca, sean ellos un fotón entre espejos, un péndulo, sean ellos la vibración que agita a un átomo de cesio, o de estroncio. Y lo que sí está claro es que si hay alguna respuesta para eso, no está ni al parecer puede estar en el contexto de la teoría general de la relatividad, y tampoco en el de la especial.

Un reloj relativista, todos lo son, cuenta intervalos, pero no dice nada de los intervalos mismos: ha sido solo una inveterada costumbre asumir o suponer que los intervalos son iguales. Esto no demuestra que sean desiguales, pero deja claro el punto de principio. En la práctica se promedian los relojes, y se usan métodos estadísticos para intentar eliminar discrepancias, o se usa, con mucho éxito, a las teorías de relatividad, para hacer los cálculos y ajustes. Pero el problema es fundamental, no es un asunto técnico: sin intervalos no hay tiempo, y no hay tiempo para los intervalos, es decir, no hay medida de tiempo para los intervalos, porque aparecen entonces otros.

Lo que está más allá de la teoría, en el sentido de que se trata ya de una comprobación más que cotidiana, es que los relojes alteran su marcha, y la alteración depende del entorno físico en el que el reloj se encuentre, y eso se puede calcular, tanto como verificar.

Quien no se interese por los detalles de la exposición sobre relatividad podría sin embargo conservar este dato: los relojes efectivamente se afectan con la velocidad y con la distancia a un centro de gravedad, eso ha sido comprobado hasta el cansancio y con precisiones impresionantes. Cada vez que el teléfono en el bolsillo calcula la localización geográfica por medio de GPS se comprueba la teoría, para bien de navegantes, especuladores, vendedores, ejércitos y espías de toda clase.

8.6 EL EXTRAÑO MUNDO DE SUBUSO (Mr. MUM).
BERKELEY LAB LASER ACCELERATOR.

Y de pronto el lector encuentra esto del todo razonable, y desde el punto de vista científico actual, sin duda lo es. Conviene entonces presentar algunos ejemplos adicionales para mostrar lo que esta razonabilidad implica. En los siguientes párrafos se puede vislumbrar el devastador efecto que la teoría de relatividad tiene sobre el concepto tradicional de tiempo. Se tratará apenas de unos ejemplos, muy expresivos, y desconcertantes. Con ellos se quiere señalar, un poco, que si bien la teoría funciona, quizás hace falta mucho trabajo en la interpretación física de algunas de sus aplicaciones.

Hay casos en los que parecen encontrarse, satisfactoriamente, la teoría especial de la relatividad y la mecánica cuántica, teorías exitosas e incompatibles, si eso es también un éxito. En uno de esos casos se trata de explicar cómo es que partículas subatómicas originadas lejos de la tierra y que según la teoría tienen una vida media muy corta, tan corta que no tendrían tiempo para llegar desde el exterior hasta el detector, son sin embargo detectadas, es decir llegan. Pues bien, se calcula desde el laboratorio cuál es la dilatación del tiempo para la partícula en movimiento. Y resulta: el tiempo dilatado para la partícula, medido desde el laboratorio, es más que suficiente para el viaje recortado en distancia. Esto ha sido establecido desde 1941 y se confirma repetidamente en experimentos universitarios. El nombre de la partícula, pero podría ser otra que viaje a esa velocidad, o podría ser una galaxia entera, o más, es: muon. Relatividad especial.

No se puede negar que algo que la mecánica cuántica denomina muon es detectado en la tierra, muon que se presume llega a su destino después de un largo viaje, que sin embargo no es largo ni en distancia ni en tiempo. El muon llega, y la explicación queda ahí.

La teoría de la relatividad enseña que eso del movimiento es más eficiente de lo que antes había parecido: no solo se avanza en la distancia sino que la velocidad ayuda haciéndola más corta y agregando tiempo para la tarea. ¿Algo de interés aquí para el amigo Aquiles? ¿Alguna estrategia relativística para su competencia? En el Berkeley Lab Laser Accelerator a cargo de la University of California hay un aparato bajo el acrónimo BELLA. De algo menos de diez centímetros de largo, puede acelerar un electrón hasta una velocidad cercana a la de la luz. Si se apunta el aparato a una estrella, Sirio, y se dispara un electrón en esa dirección, el cálculo dice que la distancia hacia el objetivo, medida para el electrón desde la silla del experimentador, es una milésima de año luz; mientras que esa misma distancia medida desde la silla de quien conduce el experimento es de algo más de ocho años luz, en los cálculos muy aproximados para este ejemplo. Los detalles, una fotografía del aparato, los cálculos y la explicación se pueden ver en *Now: The Physics of Time*, de R. A. Muller, quien ha conducido repetidamente los experimentos.

Eso es teoría de la relatividad, pura y simple, es el caso del muon repetido en un laboratorio, con una única diferencia: no hay ningún detector en el destino, no hay verificación de que el electrón efectivamente llegó a la estrella, ni la estrella o parte de ella se introduce en el laboratorio o en el instrumento, ni el instrumento en ella, ni en el laboratorio es detectada. Es un cálculo apenas. Y lo del muon es otro cálculo, más una detección aquí en el planeta, pero en el caso del muon el origen del viaje es el que se calcula. Nadie lo mide.

Y aquí se puede ver entonces una razón más de la importancia de entender, sobre todo en relatividad especial, qué es lo que se observa, y qué es lo que se calcula, y no olvidar que en física el medidor y árbitro final no es el cálculo, sino la observación, denominada experimento.

¿Cómo es que una distancia se reduce tanto como para que la estrella Sirio tenga que introducirse en el aparato que dispara el electrón? ¿Y si no es así, qué significa entonces reducción de la distancia en el sentido del viaje? ¿O es el acelerador de electrones el que se sumerge en Sirio? ¿Todo, sin que el experimentador se entere? ¿Sin que la radiación electromagnética originada en Sirio lo destruya, o al aparato, antes de que el electrón llegue al destino? ¿Le basta al experimentador hacer el cálculo, y resignarse a seguir confiando en su aparato, que parece desafiar los cálculos? Ni siquiera cambia la temperatura en el laboratorio. No se menciona, ni se propone como explicación, que Sirio reduzca su tamaño, y de ser así, solo sería en una dirección. Y no tendría por qué perder energía, es decir no tendría por qué enfriarse.

En efecto, el experimentador confía, y elude más o menos lo que acaba de decirse. Pero eso no es un experimento más allá de la medición de la velocidad impresa al electrón, lo demás no es verificable. Una respuesta inmediata, esperable, podría ser: esas preguntas implican que quien las hace no está en el marco inercial del fotón, sino en la silla, muestran que salta arbitrariamente de un marco inercial a otro, la teoría especial de la relatividad predice reducciones de medida longitudinal y dilataciones en la medida temporal, si se mantiene muy cuidadosamente la distinción entre localizaciones. Se supone que eso es satisfactorio. Muy sutiles explicaciones dicen que en eso no hay ningún problema.

Puede proponerse otro experimento: supóngase, en lugar de uno, dos BELLAs, uno al lado del otro, apuntado en paralelo a la estrella Sirio. Cada uno de los aparatos acelera o dispara un fotón, en el mismo o casi el mismísimo instante según el marco de referencia de relatividad especial, apropiadamente definido para poder hablar así. En la práctica, uno al lado del otro. Uno dispara su fotón o electrón casi a la velocidad de la luz, el otro a la mitad de esa velocidad. Una posible pregunta: ¿se hace necesario hablar de dos estrellas Sirio? ¿O de dos localizaciones para la misma estrella, al capricho de la velocidad que el experimentador haya decidido para el electrón? De solo pensar un poco en ello se concluye que el problema no cambia, no se necesita duplicar a BELLA.

Una respuesta posible, mejor que las especulaciones sin freno del tipo de las que acabo de presentar, sería: se hace necesario pensar el concepto de medida de una manera diferente, nadie pretende que la estrella Sirio, aplanada o no, pueda instalarse de repente en el laboratorio en donde está BELLA, menos en el aparato mismo. Aún conservando la distinción teórica entre el marco inercial que corresponde la silla y al experimentador, y el del electrón, semejante transformación física tan absolutamente radical, entendida en el sentido usual de medidas de distancia y tiempo, ocurrida en las inmediaciones de Berkeley, más exactamente en un laboratorio, no se puede comprender.

La realidad no puede depender del capricho del operador de BELLA, ni el hecho de que existan varios aparatos y operadores puede obligar a la conclusión de que también existen varias realidades. Si es así, la física ha renunciado a la explicación y al entendimiento de los fenómenos.

El experimento o medición del arribo del muon al detector es una cosa, en el sentido de que sí, un muon es detectado. Pero el origen del muon es un cálculo, una suposición, una hipótesis. La verificación física de la distancia siempre arrojará, para el verificador, la distancia máxima, porque para él el tiempo corre también a la velocidad máxima. De esta perplejidad surge la idea de que quizás la solución está en pensar mejor qué es lo que significa, de veras, medida. En el experimento del muon se juega con el origen y se detecta en la meta; en el de BELLA se establece el origen y se juega con la meta. Desde un punto de vista muy riguroso se puede decir que esos no pasan de ser experimentos a medias: lo medido no se calcula y lo calculado no se mide.

Hay que pensar en otras cosas radicales, que podrían estar relacionadas, como por ejemplo el entrelazamiento entre partículas. Esas partículas funcionan o se comportan, desde cierta manera de entenderlo, como si fueran una única partícula. O como si no se aplicara ningún intervalo temporal que medie la acción entre ellas. O como si se prescindiera del concepto de distancia, salvo que es necesario medirla o calcularla, precisamente para señalar de qué se ha prescindido. Ese fenómeno también espera interpretación. Y eso ha sido comprobado experimentalmente, es decir, hay experimentos compatibles con esa forma de describirlo.

No hay una interpretación de esos fenómenos, nadie va más allá de hacer de insistir en que se trata de marcos inerciales diferentes, y en calcular la vida media del muon y repetir que el detector lo ha detectado. Al fin y al cabo, de eso se trata. Pero lo que sí está claro es que en este momento de la historia de la ciencia hay una crisis fundamental en el entendimiento de lo que físicamente implican las teorías hoy vigentes. En el caso de la mecánica cuántica tradicional puede decirse sin exageración que el intento de explicar ha sido radicalmente abandonado, parece mejor eso que hablar de infinitos universos que son creados no se sabe a qué ritmo o velocidad cada vez que el operario del aparato medidor se distrae encendiendo un cigarrillo. O se distraía. Eso de los infinitos universos se ha intentado como explicación. Y hay toda clase de otros intentos.

Ejemplos como el de BELLA, el muon, la amenaza armada intergaláctica, todos tienen un grave problema: hablan de dos realidades diferentes y separadas, hablan de marcos inerciales o de referencia, de uno o de otro, pero son mundos desconectados, porque al conectarlos se trataría de otro marco de referencia, el unificado, único en donde el evento o la defensa o la batalla puede tener lugar.

Anticipado entonces declarar la muerte del tiempo porque ninguna de las teorías, la especial, la general, o la mecánica cuántica, prescinden del tiempo en sus ecuaciones, aunque a veces se afirma lo contrario. La simetría temporal es un principio muy querido, pero la posibilidad de que no sea cierta teóricamente está empezando a aparecer desde las espesuras del espacio tiempo.

Algunas de las ecuaciones funcionan igual hacia adelante y hacia atrás, en el sentido elemental en el que la velocidad de un móvil es la misma si se calcula en un sentido o en el opuesto. Si se pretende que eso demuestra que el tiempo no existe, la réplica es fácil: las ecuaciones lo necesitan, sea hacia atrás, sea hacia adelante, y sin un dato para tiempo, no funcionan. Si las ecuaciones funcionan en sentido inverso, eso no implica que la realidad pueda hacerlo.

De hecho, hablar de sentido inverso es muy, muy complejo y no debe hacerse con ligereza. Todo movimiento es relativo; esa palabra, inverso, parece abrir la puerta hacia un mundo de espacio absoluto en el sentido tradicional, un concepto que parece ya, con razón, proscrito por el avance de la ciencia. Lo que va hacia la izquierda también va hacia la derecha, todo según el cristal con el que se mire.

8.7 LA TEORÍA COMO SUSTITUTO DE LA REALIDAD. HAWKING. ALGO DE SENSATEZ. PENROSE.

Es interesante ver como los más brillantes físicos a veces necesitan llamar un poco la atención hacia la sensatez, y eso lo hacen mediante el recurso de presentar una interpretación personal de lo que las teorías científicas, implican, o para qué sirven; generalmente lo hacen por fuera de la academia y ya avanzada su carrera. Eso empezó con la mecánica cuántica, cuyos principios no tienen explicación sino solamente representación matemática, una brillante pieza de confección tejida y cosida para ajustarse a las medidas y a los usuarios, es decir objetos o conceptos, que se fueron presentando. En otras palabras, y eso está claro en el mundo de la ciencia, la mecánica cuántica no es una teoría, no es una explicación, sino un conjunto de recetas para predecir mediciones, observaciones; en casos fundamentales se tuvo primero el dato, luego la receta.

Hace extrañas predicciones, sí; y hasta se verifican de manera precisa. No puede explicar ninguna. Por ejemplo, Schrödinger tiene su famoso gato, y se supone que lo que quería mostrar es un planteamiento para corregir. Hawking se disculpa en que no le interesa saber qué pueda ser la realidad. Quizás luego moderó un poco esa declaración: la realidad es vista según la teoría que la explica. Eso no parece un gran adelanto en materia filosófica, al fin y al cabo las cosas son vistas tal como son vistas.

Este escrito se encuentra ya a medio camino de llegar a la primera conclusión importante sobre una idea acerca del tiempo, y depende muy fundamentalmente de cómo haya de entenderse lo que Poincaré, y luego Einstein, y luego Minkowski, y de nuevo Einstein, pero sobre todo Riemann antes que todos, dijeron. Porque sí hablaron de la realidad, sí intentaron comprenderla.

En un debate o ciclo de conferencias por Hawking y Penrose, Cambridge, 1994, dice Hawking en la primera que su punto de vista es el siguiente: una teoría física no es más que un modelo matemático y no tiene sentido averiguar si corresponde a alguna realidad; de la teoría no se puede ni debe esperar más que la concordancia entre lo que predice y lo que se observa. A esta manera de ver las cosas la denomina positivista. En la conclusión del ciclo insistió: no sabe qué es la realidad, y por eso no está en situación de pedir que una teoría corresponda con lo que es real.

Es aparente que detrás de esa posición defensiva se encuentra una gran perplejidad, algo demasiado simplista y filosóficamente primitivo. Esa manera de entender a la ciencia conduce a un exitoso círculo vicioso de predicciones restringidas y confirmaciones casi que esperables y predefinidas, y la ciencia así se encierra en sí misma. Es el extremo opuesto a la visión de Galileo. Suena algo excesivo decir que los agujeros negros emiten radiación, que no esconden ni destruyen información, o que el universo colapsará y durante el colapso la flecha del tiempo se invertirá, y luego cambiar la tesis por una contraria y al mismo tiempo afirmar a secas que no se sabe ni se dice con eso nada sobre la realidad. Y hacer predicciones por definición no observables. O confiar en la observación sin definir qué es observar y qué es confirmar.

Menos problemas y menos exageraciones se presentan si se atiende a una mirada un poco más sensata de lo que es la ciencia y de lo que son las teorías; por ejemplo la versión que presenta Penrose, una que está en su libro *The Road To Reality*, 2005. Texto académico de mil cien páginas en donde se trata a fondo tanto la relatividad como la mecánica cuántica, ecuaciones, principios, problemas, incompatibilidades, y por supuesto indiscutibles éxitos. Ninguna persona que se tome la molestia de dar un vistazo a esas teorías echará de menos un símbolo para tiempo, que en ocasiones aparece con signo negativo, y también encontrará que en muchas otras ecuaciones no está, y leerá que las fórmulas de gravitación de Newton funcionan igual hacia adelante y hacia atrás en el tiempo, en fin. Y los físicos están divididos y publican libros de divulgación a favor y en contra de la tesis que afirma que el tiempo es real, o es irreal, o es esto o es aquello.

Tomo lo que dice Penrose, como una voz especialmente autorizada. En el capítulo 27 el primer párrafo se titula lo que puede traducirse como Simetría Temporal en la Evolución Dinámica, en nueve renglones señala: las teorías físicas exitosas, desde Galileo, son teorías dinámicas, es decir, especifican cómo un sistema físico se desenvuelve en el tiempo, dada una también especificación del estado del sistema en otro tiempo particularizado. Estas teorías no dicen cómo es la realidad, sino que dicen: si la realidad era esto y aquello en tal y tal particular momento del tiempo, entonces será esto y esto en un determinado tiempo más adelante; esa teoría no dirá cómo está formado el mundo, si no se le indica o incluye primero como estaba formado.

Esta especificación del estado inicial para los cálculos es esencial para todos los aspectos de la teoría general de la relatividad, o mejor, teoría de gravitación, incluyendo el que interesa en este escrito: uno de los datos iniciales sobre la conformación del mundo es el dato temporal, la hora o lo que sea, provista por un reloj puro y simple.   Uno al que, como a todo, el tiempo se le escapa irremediablemente.

No faltan ejemplos de situaciones en las que la descripción del uso de las teorías científicas tal como lo presenta Penrose no funciona si no se llenan primero los huecos con suposiciones o hipótesis.   Por ejemplo, quien encuentre las fichas de ajedrez dispuestas en un tablero en una cierta forma más o menos razonable y avanzada en el juego no podrá determinar, con las reglas del juego de ajedrez, los movimientos anteriores.   O no podrá saber si están simplemente dispuestas como ejemplo de un problema para resolver, ni incluso si todo eso fue resultado de una arbitraria disposición que, casualmente, se ajusta a las reglas de posición.

Si la respuesta para esto es que hay que mirar el estado físico de los cerebros de los jugadores, y para saberlo hay que hacer un trabajo detectivesco, médico y otras mediciones, y que así entonces se conocerá la cosa, habría que decir que eso es lunático, o que es una petición de principio, o que falta una explicación para el caso de que alguno de los cerebros ya no funcione, víctima de la termodinámica, y que no es del caso suponer que necesariamente había jugadores.   Para conocer la información faltante hay que encontrar la información faltante.   De una huella de calor ya disipada no se construyen las reglas del juego de ajedrez, ni, si están dadas las reglas, se reconstruyen, necesariamente, las jugadas.   Situación semejante se puede presentar en algunas versiones y desarrollos del Game of Life de J. Conway. Esto no refuta a Penrose, pero señala algunas de las dificultades.   Y el sentido del argumento tal como acaba de parecer no tiene nada que ver con la mal llamada flecha del tiempo, se trata solamente de un ejemplo en relación con las dificultades que el concepto de información plantea o revela.

8.8 ESE (MOLESTO) ESPACIO QUE CONTINUAMENTE SE CONVIERTE EN TIEMPO. WEYL.

Está lo dicho por Einstein y por Minkowski, y por los que han pensado como Eddington y como Weyl y muchos más: todo está ahí, pasado, presente, futuro. Pero si el pasado, tanto como el futuro están ahí, y cualquier visitante los modifica con su presencia, han dejado de ser pasado o de ser futuro, en el presente de la modificación. El visitante no puede estar en tanto que no está: ese el problema para todas las teorías de viajeros en el tiempo, que dependen de la validez de la teoría del universo en bloque.

Dice Eddington en su libro de texto sobre relatividad general publicado en 1920: *A. S. Eddington, Space, Time and Gravitation: An Outline of the General Relativity Theory*.

> "... el pasado y el futuro bien pueden considerarse como disponibles extendidos y organizados [mapped out], y disponibles para la exploración actual, tanto como lo están las partes distantes del espacio".

Pero también pareció entrar en razón años después, y escribió en su libro de 1928, *Naturaleza del Mundo Físico*, del inglés del título original, que:

> "... lo extraordinario del tiempo es que transcurre...".

Y aclara, o reprocha, que es un asunto que la ciencia suele dejar de lado. Es mejor tener a Eddington presente, en estos temas, por lo menos en esta cita que parece oponerse a las emocionadas y frecuentes frases de Einstein sobre la mera idealidad del tiempo. Ocho años después de su famoso texto sobre relatividad, Eddington se toma la molestia de señalar que el tiempo transcurre, y que la ciencia suele dejar de lado el asunto.

H. Weyl, en *Philosophy of Mathematics and Natural Science*, 1949, parece que está entre los que dejan de lado el asunto, al menos en esta cita:

> "El mundo objetivo sencillamente es, no ocurre. Solamente la mirada atenta de mi conciencia, gateando hacia el frente por la línea de vida de mi cuerpo, hace que una sección de este mundo aparezca como una pasajera imagen en el espacio que continuamente se convierte en tiempo".

Extraña frase, bonita figura: el espacio que continuamente se convierte en tiempo. Queda por explicar por qué eso no es evento, es decir una ocurrencia, objetiva, que forma parte de un mundo objetivo: tiempo sin espacio, espacio totalmente convertido en tiempo, y el camino de todos los puntos intermedios.

El tiempo de la conciencia es tan inexplicable como el otro, descartar al segundo, o negarlo, deja al primero frente a las mismas preguntas: fue parte de lo sucedido a Bergson.

La cita de Weyl, transcrita aquí de la manera en la que se le suele encontrar, está incompleta, y lo que le hace falta apunta a un problema muy específico para toda teoría científica, el problema del observador o experimentador. Weyl lo vio con toda claridad, lo dice, y no queda claro si considera satisfactorio eso que dice. De la segunda edición, en inglés, Princeton University Press:

> "El mundo objetivo sencillamente es, no ocurre. Solamente la mirada atenta de mi conciencia, deslizándose hacia el frente por la línea de vida de mi cuerpo, hace que una sección de este mundo aparezca como una pasajera imagen en el espacio que continuamente se convierte en tiempo. Así, el estado objetivo de lo que ocurre contiene todo lo que es necesario para las apariencias subjetivas. No hay diferencia en la experiencia personal a la cual no corresponda una diferencia en la situación objetiva subyacente (una diferencia que, por lo demás, es invariante respecto de arbitrarias transformaciones de las coordenadas). Ese estado objetivo contiene, con toda naturalidad, como objeto físico, al cuerpo del respectivo ego. La experiencia inmediata es tanto subjetiva como absoluta..."

Weyl parece apuntar aquí al problema de la representación geométrica de lo que ocurre en el espacio tiempo, en donde sin duda no hay diferencia conceptual entre lo que queda antes y lo que queda después en la línea que representa el acontecer espacio temporal particular de cada cosa. Quien dibuja el diagrama de Minkowski para la relatividad especial o su transformación para la general, o quien intenta especificar la figura del molusco de Einstein se sitúa al frente y no parece encontrarse descrito o situado. Y para ese sujeto no hay relatividades, su experiencia personal es absoluta al mismo tiempo que inevitable, su pasado y su futuro tan problemáticos como siempre. Weyl oscila aquí muy claramente: habla de experiencia subjetiva que es también absoluta, pero las mantiene separadas.

R. Geroch, *General Relativity from A to B*, 1978, con la misma idea de la primera parte del párrafo de Weyl:

> "*El mundo objetivo nada más existe, no ocurre; como totalidad no tiene historia. Solamente frente a la mirada de la conciencia que trepa en la línea que describe a mi cuerpo, una sección de este mundo 'nace a la vida' y la deja atrás como una imagen espacial ocupada en su transformación temporal*".

El mismo Einstein; bastará una cita muy bien conocida, escrita a la esposa de su muy buen amigo desde las épocas de la oficina de patentes en Zurich, M. A. Besso, quien murió el 15 de marzo de 1955, Einstein el 18 de abril. Einstein quizás ya esperaba para pronto su propia muerte debida a un aneurisma abdominal diagnosticado tiempo atrás:

> "*Ahora él, un poco antes que yo mismo, ha dejado este extraño mundo. Nada significa. Para aquellos de nosotros que creemos en la física, la distinción entre pasado, presente y futuro es solamente una obstinada y pertinaz ilusión.*"

Es mejor dejar la cita en el contexto de honra fúnebre.

Newton debe seguir sonriente desde su tumba y también desde su escritorio y frente a su horno de alquimista, según algunos teóricos del tiempo, pese a que en ese entonces no habían aparecido estos motivos para su sonrisa, ni por ellos haya sonreído: la desaforada producción de relojes y el impresionante avance técnico no han logrado mostrar nada distinto a que, dijo Newton, tal vez no exista tal cosa como un movimiento regular por medio del cual el tiempo pueda ser medido con precisión. Pero de ahí no se sigue que el tiempo tenga que ser absoluto, matemático, parejo o medible. En realidad, pese a la inveterada práctica de la humanidad desde su más antigua prehistoria, la posibilidad o imposibilidad de medirlo no forma parte del concepto, como tampoco la regularidad de su paso, que solo importa en materia de relojes, como asunto técnico, o para el paso de las estaciones, o los cruces de trenes, el sistema económico, por ejemplo.

Se puede especular que para el prehistórico agricultor las estaciones eran su reloj. Fácilmente se cae en cuenta de que esta imagen es inadecuada, el prehistórico agricultor no necesita nada distinto de comparar los ritmos, sin que se requiera la idea adicional que se expresa con la palabra reloj. El cambio de estaciones recuerda la siembra o la cosecha pendiente, eso es todo. Hay un ritmo marcado por la siembra y la cosecha, tanto como las dos estaciones que se suceden marcan otro.

Puede imaginarse que no habría tanto debate en contra del tiempo absoluto de Newton de haber insistido él solamente en su falta de esperanza en la aparición de un reloj verdaderamente preciso. En eso tuvo la más completa y accidental razón, no los hay, por definición, los diferentes ritmos pueden ser calculados, siempre serán diferentes. Solo un ritmo inicial no es calculado y se cambia por otra cosa: por el número que se toma de un reloj, para insertarlo en las ecuaciones.

La intuición de Newton se puede parafrasear hoy así: tal vez no exista una cosa como un movimiento regular para medir al tiempo con precisión, porque ni los relojes, ni el tiempo, ni el espacio, son regulares. Claro, se dirá que esto es anacrónico, que el tiempo y el espacio de Newton son absolutos y telón de fondo fijo para el desenvolvimiento de los fenómenos físicos. Y así es, eran para él un telón de fondo. Hoy se cuenta con otro entendimiento, pero no se trata más que de otro telón de fondo, esta vez es una geometría, una que por supuesto es también absoluta, matemática y pareja en el sentido de que sus reglas son siempre las mismas. Este asunto no se enfatiza, ni acaso se menciona, tal vez Weyl sí lo hizo con claridad. Esta geometría es exitosa, ha dado lugar a que se teorice sobre materias y energías desconocidas, a que se postule que la materia visible y detectable del universo, supuestamente del universo visible, no es más del cinco por ciento de la que se calcula, o algo así, y para lo demás falta explicación. Y esto es lo menos extraordinario o lo menos increíble en cosmología, hay otras cosas inexplicables por ahora, al parecer detectadas, es decir, como un resultado que aparece en una pantalla en lugar de aparecer en un cálculo.

¿Hasta dónde se puede decir, sin traicionar a la lógica, que por el hecho de que los relojes funcionen disparejos, el tiempo no existe? Aún si se acepta que tiempo es lo que los relojes miden, no tiene por qué aceptar que si los relojes lo miden, si es que lo miden, cada uno de acuerdo con las peculiaridades de la localización física, entonces el tiempo no existe. No es más que un prejuicio antiguo y elemental presumir que los relojes agotan lo temporal.

Que no exista un tiempo absoluto en el sentido definido por Newton, esto significa que el énfasis debe desaparecer de lo absoluto. Se ha pretendido que debe desaparecer de lo temporal. La velocidad a la cual haya de transcurrir el tiempo, si eso tiene sentido, incluso alguna dirección, todo eso es un problema menor, secundario, frente al principal que consiste en intentar determinar qué es, cuál es el concepto de tiempo, si es que tal cosa que el concepto intenta captar existe.

La obsesión de la física con los relojes, es inconcebible un laboratorio sin uno de ellos, finalmente ha mostrado que esos aparatos no son gran cosa, no son de ayuda para entender lo que el tiempo sea, y son indispensables para reemplazarlo, quizás olvidarlo. Son aparatos de laboratorio que traídos a la vida diaria se utilizan para ocultar el verdadero asunto, la edad y la muerte, y cambiarlo por el cálculo de las hipotecas y por los horarios laborales, y otras veces con resultados generalmente mediocres, para coordinar las luces de tráfico. O extraordinarios, como el cálculo del perihelio de Mercurio, los agujeros negros; o inexplicables, como el cálculo de la materia o la energía oscura o la desorbitada, curiosa palabra aquí, expansión del universo.

La relatividad puso en el centro del asunto la idea de los relojes; desde los solsticios para planear las cosechas, pasando por el ritmo del corazón de Galileo o por la lámpara oscilante, la clepsidra o la inquisidora y muy eclesiástica gota de agua, el tiempo ha sido medido, o atendido, o sufrido, con distintos resultados. Esa larga búsqueda del reloj perfecto finalizó ya, en términos prácticos al menos, y el reloj perfecto no controla su ritmo, y su ritmo depende de su localización en el conjunto de la distribución de la materia y de la energía, y de ahí se concluye inmediatamente que ningún reloj, por más idéntico a otro, marchará igual que su vecino. Y ya no se trata de medir o de contar oscilaciones de fotones entre espejos, se trata de la geometría estudiada por Gauss, Riemann y sus compañeros matemáticos, y en esa geometría ni siquiera hay que decir tiempo como tampoco hay que decir espacio, y es el físico el que interpreta cierta evolución matemática de sus conceptos, funciones y variables, el que la interpreta en términos físicos.

Y sin embargo en la mecánica cuántica no hay una forma sensata de hablar ni de espacio ni de tiempo, y así como se puede aceptar que lo grande, la distribución de materia y energía en el universo, modifica al espacio y al tiempo, y viceversa, también hay que aceptar que lo pequeño ha escapado a las ecuaciones que rigen lo grande, y lo grande a su vez ha escapado a las ecuaciones que rigen lo pequeño.

Si se mira la marcha de la ciencia esa debería ser una situación pasajera, en el sentido de que es propio de la ciencia, como en general en la vida, que toda solución traiga consigo nuevos problemas.

Hay unas conclusiones que han estado quedando por ahí desordenadamente en este escrito, y que se pueden mencionar sumariamente planteadas como hipótesis, así: hay que abandonar el concepto de flujo parejo del tiempo, hay que dejar de pensar que para que sea tiempo tiene que fluir parejo; antes de decidir si el tiempo fluye o tiene una dirección, es mejor saber qué es lo que fluiría o tendría dirección; hay que abandonar el concepto de que el tiempo es lo que los relojes miden, y dejar a los relojes en los laboratorios de los físicos y en los escritorios de los banqueros y los capataces, en esos lugares pueden continuar con su arrítmico y pragmático transitar; hay que aceptar que entre las oscilaciones del oscilador algo ocurre o transcurre, ese es el verdadero tiempo, que ya no resulta medible; hay que dejar de pensar al tiempo como divisible en forma análoga a como los números crecen y crecen y siempre hay otro entre ellos y siempre hay otro adelante y otro atrás y otro que ni siquiera es posible terminar de calcular ni de escribir y otro y otro; hay que dejar de pensar al ser como cosa, como cuando el que habla confunde a la palabra con la cosa y a la cosa con la palabra o con el todo; hay que intentar pensar el cambio por fuera de las estrechas fórmulas de llegar a ser y dejar de ser; hay que abandonar el concepto de instante, concepto del todo contradictorio, que no tiene realidad física, que no permite entender qué sea el presente ni qué sea el tiempo; hay que extraer las consecuencias de la diferencia entre magnitud y medida; y aceptar que el instante, que es real en tanto que concepto, no tiene otra existencia.

Y de pronto desde algunas o todas de esas perspectivas resulta posible intentar pensar al presente como algo que dura, y al pasado y al futuro no como el ámbito de lo que ya o todavía no es, ni tampoco al pasado como archivador de la realidad y al futuro como proveedor, sino simplemente como el ámbito de un mundo conceptual, sin agregarle más adjetivos, que reflejan o esconden la angustia que nace de añorar o de esperar lo que aún no es para que reemplace a un insatisfactorio es, uno que es distinto de lo esperado y que desaparece del presente para que la angustia tenga siempre su espacio, siempre presente.

8.9 RELATIVIDAD ESPECIAL, TORTUGA Y AQUILES.

Russell se ocupó, entre tantas cosas, con las paradojas de Zenón, habló con bastante seguridad, afirmó que la idea del continuo matemático las resuelve. Luego cambió de opinión y sustituyó el continuo por la teoría que considera a lo físico como discreto. En esta oscilación hay un profunda discusión técnico matemática y al mismo tiempo sobre la naturaleza del conocimiento, los métodos para identificar la realidad física, y la posibilidad misma de una geometría en el sentido original de la palabra, aunque no necesariamente la de Euclides, y también se ocupó de cronometría. No sería justo pedirle una solución inmediata para todos estos problemas, pero sí se le debe reconocer que identificó con claridad las consecuencias de la adopción de un punto de vista sobre el continuo o sobre lo discreto, y la honestidad intelectual en el cambio de opinión. Pero no se ocupó del asunto central, la relación entre matemáticas y realidad; siempre trató de presentar explicaciones matemáticas para asuntos físicos, en esto sin otras consideraciones propiamente filosóficas, y al menos en estos contextos no parece haber dado importancia a la distinción entre magnitud y medida.

En el centro del reto de Zenón está la necesidad de aclarar lo que Russell pasa por alto. Una vez que la ruta de la flecha o el camino de Aquiles se asumen como la recta numérica, y una vez que lo mismo se hace con el tiempo, se suele creer que si las matemáticas pueden explicar el movimiento, entonces el avance victorioso de Aquiles tanto como el aparentemente simple movimiento de la flecha están explicados. Pero en matemáticas no hay movimiento: este es tratado como un conjunto de reglas que explican cómo un objeto matemático, por ejemplo un número, puede ser cambiado por otro, y, según la especialidad, cómo tanto los extremos de ese cambio, como la ruta, pueden ser representados, mental o formalmente, en una ecuación o en una gráfica. En general, lo que hay aquí es el concepto de función, y en la realidad física no hay funciones. En este sentido la sola recta de los números naturales es apta para representar un movimiento, si se supone que a la manzana en el árbol se le asigna el número uno, y una vez en el suelo se le asigna el número dos, por ejemplo. En esta interpretación se puede decir que hay una especie de función entre los extremos que, utilizada como metáfora, expresa ese cambio de lugar. Se trata de la regla que dice: arriba el número uno, abajo el número dos. Ninguno de esos números, ni el paso del uno al otro, explica qué es el movimiento ni cómo es posible. Lo representa en tanto que lo supone, ni siquiera lo ha medido en términos de distancia, para eso hay que empezar a recorrer el difícil problema conocido como métrica. Y en realidad ni siquiera lo representa, puesto que al identificar en el tablero cartesiano dos puntos, nada dice que haya que imaginar o medir una distancia. Ese es un paso posterior, y es sorprendente la cantidad enorme de exigencias conceptuales y teóricas que llegan con ese paso. Los movimientos ocurren en el espacio físico, no en el mundo formal de la representación, que sin suponerlos no puede representarlos.

En el espacio o el tiempo de las paradojas de Zenón intervino Philoponus con un punto válido, mostró más precisamente el cruce imposible de caminos entre el infinito conceptual y el actual, físico. En eso tuvo razón, y el asunto prosiguió luego la marcha hacia la solución, y más precisamente la identificación de los límites de la solución, con Riemann.

A veces aparecen otras propuestas para, por ejemplo, el asunto de Aquiles y la Tortuga. El procedimiento consiste en definir la distancia como una serie infinita, lo mismo que sin el académico nombre hizo Zenón, y manipular los dos lados de la ecuación hasta eliminar el infinito, lo que es un procedimiento matemático común y normal en esos casos. Pero esa eliminación no es sino una petición de principio, puesto que el problema planteado por Zenón no es el de manipulación formal de series infinitas, sino el de la posibilidad de actualización física, real, de una serie infinita, que es un concepto y como tal no puede ni tiene que llegar a la meta mediante pasos sucesivos ejecutados en el suelo del estadio.

Otra nota aquí para Zenón. Valdría la pena calcular sus paradojas con las ecuaciones relativistas. Una distancia que se contrae en la dirección del viaje, y que más se contrae en tanto que aumenta la velocidad en el recorrido, ¿ayudaría a Aquiles? ¿Lo perjudica? ¿O solamente en tanto que sea tranquilamente observado por la Tortuga? El tiempo se torna más lento para Aquiles, de modo que cuando llega a la línea ya ni estadio hay para la tortuga que eones antes cruzó la meta, no queda rastro alguno, al menos en el presente de Aquiles. Pero esto exige que la tortuga inexistente siga observando. Con la dilatación temporal, el viajero que se desplaza a velocidades cercanas a las de la luz envejece lentamente, mientras es observado. Pero el observador habrá de morir primero, eso por definición. ¿Y entonces? Entonces esto: se ha utilizado muy inadecuadamente la palabra observación, con olvido de que se trata de un cálculo.

La relatividad general da la razón a Zenón de la manera más inesperada: la competencia no es posible porque las reglas que la definen no son físicamente posibles.

El tiempo de los relojes, el tiempo de Galileo, de Huygens, de Newton, es un tiempo oscilante, uno de ritmos, de péndulos y palpitaciones, de días y noches, uno que esconde una distancia y una repetición bajo la forma de un número. Lo que cuentan los relojes, los péndulos, es ese cambio, el número de los cambios, el número del ritmo. No cuentan nada entre uno y otro, ninguna lectura, como la denomina Einstein, es una lectura de tiempo. Es una lectura de reloj, y la del reloj es una lectura de oscilaciones.

De esta manera resulta que Zenón siempre triunfó: el tiempo y el movimiento no se pueden analizar con números, con aritmética, salvo de manera aproximada; luego con el paso de los años se creyó por un rato que se podía analizar con el cálculo diferencial. Tampoco.

Lo que Zenón muestra, interpretado con los conceptos de hoy, es que la realidad no es una simetría de lo matemático. Claro está, si se acepta como real un mundo en el cual el movimiento, entendida esta palabra como un sinónimo de actividad de lo real, es algo objetivo. Un mundo de esta clase no es como el de Parménides, no es como el de Platón, ni el de Berkeley, no es como el de Kant, ni el de Hegel. Pero no tiene que ser uno como el de Heráclito. La realidad es única, está formada por todo lo que es real, y sin embargo hay un sentido en el que es activa, no está paralizada; pero tampoco llega a ser ni deja de ser.

9. LA HORA DEL TIEMPO.
9.1 EL INSTANTE, AUSENTE.

El presente tiene un lugar privilegiado, inmediato; y el problema de que no se entiende cómo el tiempo pueda transcurrir mediante alguna relación con él, o cómo algo pueda atravesar al presente desde el futuro y hacia el pasado, y el más complicado, un instante no es tiempo.

Y sin embargo, únicamente desde el presente se puede pensar o imaginar a sus compañeros y vecinos. Incluso una conciencia actual en el pasado solo lo podría vivir desde un presente localizado en el pasado. Como decir: en su presente, que ya es, para otro, algo pasado. El problema es que eso no es pasado, si es que alguna cosa es. Desde la relatividad se diría que se trata de algo real ya explicado, debate concluido. Para un sujeto siempre se tratará de un presente, el suyo. Siempre destinado al conocido final, siempre repetido, y disponible por partes que se pueden seleccionar, si es otro el que mira o calcula. Infinitos de esos, se pretende, y todos desconectados e inaccesibles para el que los vive o desvive, que tampoco es uno sino muchos.

Un pasado calculado desde el presente no tiene problema, uno invadido desde el futuro que le corresponde, es un pasado que ha cambiado, que no existía, que no había sido invadido.

Hay un sentido claro, o por lo menos instalado casi irremediablemente en la tradición que ha pensado al tiempo, según el cual el presente no existe, o si existe es algo que no es afectado por el tiempo: no transcurre ni ocurre, menos en el tiempo. La negación de este tipo de presente debe conducir a la aceptación de la eternidad, siempre que quien lo niegue, o lo acepte, se excluya.

La dificultad de explicar el presente ha generado esa variedad de teorías sobre el pasado y el futuro. Si se encontrara una explicación plausible para el concepto de presente sería visible casi de inmediato que son superfluas, que no es inevitable tener que aceptar tanta paradoja ni tanta imaginación desmesurada.

El río que fluye está todo él en el presente, no tiene partes pasadas ni partes futuras. Sería un avance encontrar un concepto para ese tipo de presente que incluya la existencia del río tal como es, en lugar de dividirlo, al río del tiempo o al río que fluye, en partes que existen y partes que no, y en ciertas versiones, partes que pueden pasar de la inexistencia a la existencia y viceversa. O, tampoco, esa otra división más extraña aún, la de la bicicleta dividida por partes entre pasado, presente y futuro, o toda ella situada, como si se dijera simultáneamente, en esas tres localizaciones temporales.

Y para terminar esta breve sección: presente instantáneo, no hay dificultad en aceptar que esa idea no es sostenible, un instante no es temporal ni se puede situar en lo temporal. Un instante no es una especificación muy breve para lo temporal, sino la idea matemática de punto transportada en forma de metáfora. Si se olvida que se trata de una metáfora, el concepto de presente se torna incomprensible.

9.2 ¿PASA EL PASADO? ¿POR DÓNDE, A DÓNDE, DESDE DÓNDE? ¿QUÉ ES LO QUE PASA? ¿CÓMO Y POR QUÉ?

Pasado a secas, en el sentido usual del ayer, de la referencia para lo que ha dejado de ser, para lo que ha existido y ya no existe, el pasado de lo recordado o de lo que deja alguna huella en el presente, en donde dejar es apenas otra metáfora. Ese es un sentido natural para el concepto de pasado.

O el pasado como la caneca que acumula a la realidad, en donde todo lo que ha sido está archivado, superpuesto, como congelado, pero real en algún sentido, casi como estorbando, o para otros como un consuelo, es otra tesis muy común. O el pasado, simplemente como si el presente para unos se desplazara a una especie de velocidad variable y a la medida del consumidor sin opciones, de tal manera que unos observadores tienen como real lo que para otros es ya el irremediable pasado, disponible para los demás incluso como futuro.

Lo que es no puede dejar de ser, las condiciones de la existencia son incompatibles con el dejar de ser; o de otra manera, las condiciones para la existencia de lo que existe han primado ya sobre las condiciones para la inexistencia. Esto último en el sentido de que si algo cambia, la realidad de lo que cambia se desplaza hacia el pasado, en lugar de desaparecer. Por eso entonces lo que sale del presente queda en el pasado: existir en el pasado sería solamente algo así como dejar de existir en el presente. Este es el principal argumento de tipo verbal o sofístico, a favor de la existencia actual del pasado, y expresado con alguna simetría vale también para lo futuro.

Pero no basta con afirmar que lo que ha sido o lo que es ya no puede dejar de ser: es una simple afirmación que, pese a la ilustre tradición, carece de justificación, es un juego de lógica formal desconectado de lo real físico.

Si se trata de una naranja, está claro que muchas han dejado de ser y, todas aquellas de las que se especula que no han sido y más adelante serán, todas dejarán de serlo, si el mundo es mundo y si se trata de naranjas. En este tipo de conversación se pasa de lado por un problema mayor: la definición del concepto y la identificación de la realidad de lo que se quiere identificar con la palabra ser. Quien sienta un poco de incomodidad o desconcierto cuando se habla de ser para sustantivos está en el camino adecuado. La naranja no es un ser, ni hay ser de o para la naranja. Una vez que se tiene una en la mano, o a la vista, o simplemente suspendida en el árbol, o en el suelo o en la canasta, de eso se trata.

La oposición natural al asunto sobre el llegar a y dejar de ser encuentra su argumento más sólido en la figura del universo en bloque, versión moderna de la eternidad. Todo se ajusta, la realidad, está ahí dispuesta tal como una película está toda en la cinta o medio grabado. Esta última es la imagen que ha ofrecido M. Tegmark, físico que por lo demás es decidido partidario de la tesis que afirma no ya que las matemáticas describen a la realidad, sino que simplemente la realidad es matemática, no hay nada más que decir ni agregar, repetirlo tal vez. Sea lo que sea lo que eso haya de significar para un pez que acaba de morder el anzuelo, o para quien prefiera explorar otros axiomas.

El problema del ahora, presente, se quiere resolver como si se tratara simplemente de lo que ocurre a una conciencia. La linterna o rayo de luz del cual se ocupó Broad es una conciencia. Solución bastante cruda, consiste en tomar partido por solipsismo acompañado de una teoría física de la que se pretende objetividad.

Para ir sin prisas debe concederse que el argumento sobre el llegar a ser y el dejar de ser, el argumento de Parménides tal como está presentado en su forma original, y no ya como juegos del lenguaje, es irrefutable en los términos en que está expresado, basado en sus premisas tácitas. Eso obliga no a negar que la realidad es activa, afirmarlo o negarlo es actividad, sino a entender de otra manera el cambio, no como aparecer y desaparecer. Según Platón la capacidad de asombro es condición para el origen de lo propiamente filosófico; pero de ahí no sigue que las soluciones que propone la filosofía deban desbordar toda capacidad de asombro.

La lógica que haría pensar que lo desplazado al pasado continúa en la existencia de una manera tan completa como una existencia presente, pero esta vez presente en el pasado, implica una regresión sin fin, puesto que lo que existe en ese pasado estaría también sujeto a su propio futuro, presente y pasado. Y entonces si se quiere eludir este punto hay que intentar toda clase de aclaraciones sobre lo que pueda ser existir en el pasado, pero si no es un existir semejante al que se da en el presente, la cosa tampoco tiene sentido.

Y si los mundos se multiplican de esa manera, queda aún una pregunta complicada: ¿cuántos futuros para lo que existe actualmente en el pasado? Porque lo que se ha desplazado del presente al pasado tiene, tendría un futuro que es también del pasado, más real que lo que aún está en el presente y por eso no tiene futuro sino que está destinado a habitar el pasado; y allá recuperará el futuro. La tesis de la existencia actual del pasado implica que un tiempo transcurre en el pasado, e implica la repetición individual de todo lo que ha sido presente, luego desplazado al pasado, y que continuará hacia su futuro. Continuación que desde el presente le sea negada.

Si se pretende evadir esto con la afirmación de que en el pasado no hay tiempo, habría que situar al pasado en otro universo fuera de este en donde el presente se manifiesta; el problema es que no hay múltiples universos, ni hay forma de explicar ese paso, ni el traslado de la realidad, de un universo a otro. Una multitud de universos reales, originados en uno cuya existencia es irreal y ocurre sin ocurrir en el presente efímero y nulo, eso no debería ni debatirse. El problema, y la sorpresa, es que sí se debate, y mucho.

Y si el contenido del pasado crece, en este universo o en otro, no hay forma de entender que ese crecimiento sea intemporal: el tiempo reaparece, con los mismos problemas, en ese nuevo pasado.

En eso la tradición parece haber olvidado algo: en relatividad especial, el observador que mira pasar al veloz astronauta hace una observación en su presente, y el observado también se encuentra en el suyo, que no pueden denominarse simultáneos porque los relojes marcan distintos números, si alguien mira uno y calcula el otro; y en esto no hay discusión, así son los relojes, ya está más que demostrado y explicado; en realidad no hay problema en quitarle importancia a la palabra simultaneidad referida relojes, si no se pierde de vista que en todo caso forman parte de lo real, de la misma realidad, no importa a qué paso marchen.

Si se diera el caso de que lo único temporal es el presente no susceptible de medición, ámbito de una realidad no solo para relojes sino también para ideas y para todo lo demás, se diría que la realidad existe de manera actual y no por partes y turnos. Y sobre todo, si existe objetivamente no se modifica ni por observaciones ni por cálculos. En el terreno científico y en general pragmático, son siempre las observaciones y los cálculos los que se modifican, porque dependen de condiciones, particularidades y premisas. Es lo sensato, cambiar las premisas en lugar de postular distintas realidades para variados conjuntos de postulados y axiomas.

Ese presente de uno es el presente del otro; y si no es así, alguno de los dos es o fue una fantasmagoría. O ambos, para ser rigurosos. La única manera de salir del problema de la fantasmagoría es postular otro universo, o admitir que ambos relojes son reales. No hay más disyuntivas. Es más económico, en el sentido de Ockham, multiplicar los relojes y sus lecturas que multiplicar los universos. Pero no es necesario siquiera multiplicar los relojes, basta aceptarlos con sus distintas marcaciones.

Una respuesta podría ser que el universo es único y sus tiempos locales son distintos. Respuesta presumiblemente oficial y válida para el tiempo de los relojes. Se da el caso de que un reloj apoyado sobre otro marcha a un ritmo diferente. Ese tiempo de los relojes es distinto, pero para poder decir que es distinto los relojes necesitan algo en común, que por supuesto no puede ser otro reloj, sino algo tan simple, o tan extraño, como formar parte de la misma realidad.

Si dos relojes no forman parte de la misma realidad interconectada e indivisible, no tiene sentido decir de sus marcaciones que son distintas, ni que son iguales.

Solamente mediante un esquema o fórmula o experimento que de veras ponga a los relojes uno en relación con el otro se puede decir que tienen marcaciones diferentes.

La diferencia de la marcación es lo que, en cada caso concreto y en una medida concreta, los une conceptualmente. La diferencia de marcaciones entre relojes construidos con la mejor técnica disponible, uno al lado del otro, es un hecho físico determinable, y una predicción teórica calculable. Eso ya no tiene discusión.

Otro problema usual en las exposiciones de la idea de universo en bloque: lo que se denomina corrientemente ser se extiende espacio temporalmente, de tal manera que el ser de la reina Ana es algo extendido en esa región compuesta, y la extensión comprende desde el nacimiento hasta la muerte, se dice. No es lo mismo que las partes de la bicicleta extendidas o repartidas en el tiempo, en este caso se trata más bien de intentar acomodar la palabra ser con inclusión de todos los cambios. El ser de la naranja se extiende desde antes del estado de semilla hasta después del estado de naranja exprimida. O quién sabe.

Se pretende así desalojar del tablero el tradicional argumento sobre la evidencia del cambio, sin éxito: ese ser así extendido también implica un cambio en la realidad, el hecho mismo de que hay regiones que lo contienen, y otras que no. La única forma de resolverlo es: solo se puede considerar a la totalidad del espacio tiempo, no sirven divisiones ni paréntesis. No se ha logrado nada, se está de nuevo en el punto de partida, con un problema nuevo: la teoría general de relatividad, o de gravitación, explica y describe configuraciones espacio temporales definidas a partir de una distribución de materia, pero el concepto de distribución de materia para la totalidad del universo no es manejable por la teoría, porque ese dato no existe, sino solamente totalidades en el sentido de definiciones arbitrarias, es decir mediante selección de funciones y fijación de las variables. Es decir, no se trata de totalidades sino, en el mejor de los casos, de subconjuntos.

La Reina Ana, tan misteriosa como una naranja; conviene a veces recordar que la realidad asombra. En cualquiera de sus versiones.

Atrás se ha mencionado ese pasado sensato y mesurado que aparece en *The Road To Reality*; parece ser el pasado, el que ya no es, el verdadero, el que se calcula desde el presente, así el físico no se comprometa con ninguna definición de presente. Lo pasado tanto como lo futuro surge en este caso de un cálculo que se hace a partir de un momento y condiciones que ya han sido seleccionadas, se hace según unas reglas que dicen: esta vez hacia adelante en el tiempo, o también pueden decir esta vez hacia atrás en el tiempo. Este es un Penrose sensato. Y en el entendido de que con esas reglas hay o pueden darse problemas difíciles o imposibles de calcular, particularmente en mecánica cuántica. En todo caso el tiempo usado en esos cálculos es un número, o una diferencia entre números. Ese cálculo del pasado sería semejante al futuro, en los procedimientos y en los resultados simétricos, se diferenciaría en lo que al tiempo concierne en que el número que marca el tablero del reloj es menor que otro usado antes. En esta interpretación no es indispensable concluir sobre la necesaria existencia actual del pasado y el futuro. Se puede aceptar, si se evitan equívocos: el tiempo no existe en los cálculos, el tiempo es una variable numérica provista inicialmente por un aparato de laboratorio denominado reloj.

Hay otro pasado profundamente especulativo, que reúne todas las paradojas sobre viaje en el tiempo, y las reúne en un solo concepto: el borrador cuántico. Se supone que en ciertos y muy controlados experimentos una partícula viaja al pasado, lo modifica, y salta de nuevo al futuro, que en este caso es el presente en el laboratorio y los sensores. Y esa modificación explica el resultado del experimento. El asunto es altamente técnico, y es también algo que la lógica no permite, mejor estudiar un poco más las interpretaciones sobre tan elevado reclamo excesivamente prematuro para una disciplina que no ha definido sus relaciones con lo temporal.

Por fuera de los impresionantes laboratorios y los magníficos telescopios y demás aparatos y sensores: tiempo pasado, el lugar conceptual de lo que, en el sentido coloquial, ha sido y ya no es. Una idea desde el presente, siempre desde el presente. O lo que el olvido abriga, y el olvido es un fenómeno del presente, tanto como el recuerdo. Ese es el pasado que este texto propone, como ya lo hicieron algunos de los antiguos, pero sostenido en una idea que apareció hace poco, y separado de lo que los relojes dicen. Es necesario en primer lugar aceptar que es del caso abandonar las descripciones basadas en el llegar a ser y el dejar de ser, hay que entender a los relojes tal como Einstein los propuso, es decir no más que como contadores de oscilaciones, y se debe estar cómodo con la idea de que el tiempo no es medible. Hay que dejar de entender a las matemáticas como descriptoras suficientes o completas, aceptar que la realidad es más amplia; eso quizás permita abandonar, sin necesidad de demasiadas explicaciones, la idea de que el presente se compone de instantes, y por este camino ya no es necesario concluir que el pasado y el futuro o uno de ellos, tiene existencia actual o de otra clase, no es necesario pensar que algo temporal fluya o sea un medio para ese hipotético fluir, se puede aceptar que la existencia es temporal y que únicamente lo temporal existe, que el tiempo no se produce ni se consume, ni llega ni se despide, y que la eternidad no existe en ninguna acepción de interés, porque la realidad es activa y actividad se opone a eternidad, salvo en el muy poco informativo sentido que dice que la realidad actúa durante o por toda la eternidad, lo cual solo puede significar: siempre.

De lo contrario se impone la fijación en el instante, se está entonces obligado, por razones estrictamente lógicas, a negar el presente, y desde este peñasco la caída es libre y veloz.

La existencia de la cosa, evento o ser, estrictamente en el pasado, no puede ser una existencia actual, y lo que no existe actualmente no existe, no tiene mucho sentido explorar más esta contradicción. En este sentido nada existe en el pasado. El flujo del tiempo, si es que fluye, no mueve lo que es real en el presente hacia una realidad en el pasado, ni el tiempo mismo pasa al pasado. Con las mismas razones, no hay nada real en el futuro esperando habitación en el presente. Y si son las cosas las que fluyen en el tiempo, no se trasladan del futuro al presente y al pasado. En la forma en que una idea de tiempo empieza a aparecer en este escrito, se vislumbra que las cosas no fluyen en el tiempo, que no hay un tiempo para recorrer como se recorre un camino o como fluye el agua por el cauce; ni nada que lo recorra. Se empieza a comprender que el pasado es una idea que ocurre en el presente, y se empieza a barruntar que quizás sea lo mismo con el futuro, que quizás quienes ya lo dijeron así están más cerca del acierto. El pasado y el futuro, ambos cálculos. Todo esto, sin embargo, en un sentido diferente a aquel a partir del cual se afirma que el tiempo no existe.

Esto circunscribe el asunto: si el pasado y el futuro no existen en el sentido de que no hay cosas o seres con existencia fuera del presente, ¿cómo es posible el cambio en el presente, cómo es posible hablar, así sea metafóricamente, de flujo en o del tiempo sin incluir pasados ni futuros? ¿Es posible entender al presente como la actualidad de lo real, en lugar de entenderlo como algo provisorio, que más que fugaz es ilusorio y sin duración, o su duración una ilusión?

Y sin olvidar que, como ya fue dicho desde la antigüedad, el presente no contiene en sus extremos un anticipo del futuro ni un rezago del pasado; o quizás deba decirse que se trata de un rezago del presente.

¿Por qué se recuerda el pasado? Se puede decir, primero, que el pasado es una huella. ¿Pero no implica la palabra huella una idea circular, una petición de principio, puesto que todas las huellas son del pasado, dicho esto en el sentido de que no hay huellas futuras? El pasado es una huella en el presente, una cicatriz o una buena seña, con eso es suficiente para comprender la idea. Una analogía con la memoria digital, debería ilustrarlo: todo lo que ocurre en un computador ocurre en el presente, su estado es siempre presente, y sin embargo necesita de algo que no por casualidad lleva el nombre de memoria, tanto como necesita de un programa al cual accede por partes, en una especie de recorrido, sin que se pueda decir que en un computador hay cosas futuras, o pasadas. El estado físico del computador siempre es actual, incluso si es obsoleto.

Claro está que no se ha adelantado gran cosa: cada uno de los estados anteriores del computador ha sido trasladado al pasado, es lo que se espera oír de quien afirma que en el pasado se dan existencias actuales, existencias tan reales como las existencias presentes. A quien así lo diga le quedará sin embargo muy difícil presentar una idea clara de lo que pueda ser una memoria electrónica: todos sus ejemplos caerán velozmente hacia un pasado que queda mucho más atrás por el solo hecho de intentar describirlo, y solo un aparato estático y apagado podría, más o menos y con muchas condiciones, sacarlo de algunas dificultades, si logra también conservarlo en el presente.

Esa visión sobre la realidad y actualidad del pasado pide aceptar demasiadas cosas a cambio de rechazar una pocas: que la realidad se multiplica infinitamente a cada instante, y que son infinitos en número, que los hay en el pasado tanto como en el futuro, que la realidad no cambia sino que de una vez ha provisto todos los cambios, y no obstante o a pesar de eso, en cada punto en donde hay provisión de un cambio o su apariencia de cambio, se vuelve a multiplicar infinitamente, y sin embargo, cada uno de los puntos o pivotes de esa multiplicación es del todo estático, e invisible.

Una memoria electrónica, de un ordenador en funcionamiento, es un registro del estado actual de una parte del ordenador, tanto como la silueta de un árbol es el registro del estado actual de un cierto contorno del árbol; y tanto como en el caso de la salud, o de la enfermedad, se trata de resúmenes.

Real: lo que es y está en el tiempo. Las ideas son reales, y los errores también, porque son ideas. Para que no sea circular, hay que agregar o precisar: el tiempo que ha dejado de ser, si es que esta frase tiene algún sentido, ese al que se le denomina pasado, no es real, en el sentido de actual, y en un tiempo que ha dejado de ser nada es ni puede ser, y está tan desaparecido como lo que no es actual. Lo mismo para el futuro. Esto deja un problema, o mejor, señala una verdad: lo que es eterno en el sentido usual de la palabra, no sería real, en tanto que el concepto de eternidad excluya el de tiempo. Se puede vislumbrar que el concepto de eternidad incluye contradicción, implica también una multiplicación exponencial e imparable de lo real, y esa multiplicación es temporal; y el concepto de eternidad no es compatible con una multiplicación que se suspende, o que no.

Si no se admite que el pasado es la memoria o huella o incluso olvido de lo que fue presente y ha dejado de ser, no hay en este asunto conversación posible por fuera de los extraordinarios reclamos del solipsismo, y eso en gracia de discusión. Solipsismo del tipo al que Boecio ha condenado a su dios conocedor, o de ese que Plotino describe para su uno que a falta de otra cosa y de otro quehacer está condenado a contemplarse a sí mismo. Y que en la física moderna tiene una expresión clara y teóricamente plausible en la academia: cada cual vive solitario en su propio y único espacio y en su propio y único tiempo de reloj, es decir en su espacio tiempo, que es suyo y solo suyo, y para cada cual hay por lo menos un universo presente, e incontables pasados, y futuros, movibles, fluidos, pero no para él sino desde el punto de vista de los demás. Pero todos solitarios.

Las Formas platónicas no son eternas, si por eterno ha de entenderse una existencia que no es temporal. No son eternas porque no hay eternidad. Las ideas existen en el tiempo, por fuera del tiempo no es posible pensarlas, no hay entidades pensantes por fuera del tiempo, ni ejemplos de ideas fuera del presente, o que no estén siendo pensadas en el momento en el que se habla de ellas. Y en tanto y hasta donde sean pensadas, eso incluye los errores y las equivocaciones. Y una idea que no es pensada no es una idea. Ni lejanamente es posible dar un ejemplo, el asunto es absoluto, está incluso fuera del alcance de la metáfora. Una ecuación escrita en un tablero es una idea, si es vista como ecuación, o es un extraño conjunto de trazos de tiza; y hasta puede ser las dos cosas. Porque ambas cosas son ideas, en tanto que ideas, no en tanto que huellas de tiza. El pensamiento es una actividad. No hay actividad sin transcurso, no hay ideas estáticas, necesitan del tiempo para tener presencia en lo real. Más importante, la realidad no es divisible, y el concepto de eternidad no es sostenible porque obliga a pensarla dividida entre lo que piensa y lo pensado, entre lo temporal y lo supuestamente intemporal. Pensar es una actividad que se da en la realidad, sin duda por lo menos en el sentido mínimo e inevitable en el que el ser humano que piensa es parte de la realidad. Hay otros sentidos filosóficos mucho más profundos, pasan por el monismo estricto y desde algunos puntos de vista se pueden encontrar en la corriente que dice que el ser es el pensar. Pero cualquiera que sea el alcance que se acepte para la actividad de lo que es pensante, lo que es claro es que sin pensamiento no hay idea, y sin idea no hay pensamiento, y las ideas no son cosas que aterrizan al final de un viaje desde otro mundo o universo, ni entran por un pasadizo o desde la apertura de una cueva se anuncian o esperan. Las Formas platónicas están por estos lados, porque no hay otros, y en estos lados no hay ideas esperando pensamientos que les den vida. No hay forma de separar una idea del hecho de que está siendo pensada, porque al final se trata de lo mismo.

El concepto de espacio tiempo es un gran adelanto en ese proyecto de explicar una realidad sin divisiones, pero a ese proyecto se le atravesaron unos relojes, y un tablero: el físico que observa necesita de su reloj, y ambos se sitúan frente a la realidad o tablero como si no formaran parte de ella. El tiempo ha sido cambiado por un número, y todo número representa algo estático en el mismo sentido en que cada número es lo que es y no lo que va a ser, porque no va a ser nada distinto de lo que es, lo más que puede hacer el observador es cambiarlo por otro, cambio que en física generalmente se hace después de aplicar ciertas reglas conocidas, en el caso del tiempo, como lectura del reloj. Y entonces el tiempo, en física, resultó confundido, equivocado, sustituido por unas lecturas tomadas de unos muy sofisticados mecanismos físicos, o conceptuales, los relojes.

El espacio tiempo es un concepto matemático, eso no significa que el tiempo se extiende espacialmente ni que el espacio se extienda temporalmente, salvo en el sentido trivial que dice que las cosas están en el espacio y en el tiempo. Sin espacio o sin tiempo no hay espacio tiempo, así como no hay verde sin azul o sin amarillo.

Tiempo para medrar en la existencia, tiempo para vivir y tiempo para morir, dice el *Eclesiastés*. La existencia matemática del espacio tiempo no es lo mismo que la existencia vívida del tiempo, no lo espacializa, de la misma manera que no temporaliza al espacio. Ese espacio no se modifica al ritmo de un reloj: el ritmo del reloj es uno de los factores que indica como modificar al espacio en la teoría especial de la relatividad; en la general el esquema resulta invertido, o más aún: cada parte depende de la totalidad de su entorno. En la teoría general de la relatividad la materia organiza su propio espacio, y en ella los relojes aparentemente son algo secundario, pero algo que hay que añadir desde afuera y al principio, si ha de seguirse la interpretación que de eso hace el mismo Einstein. En cuanto a relatividad especial, los diagramas de Minkowski no incluyen el tiempo sino el resultado de un cálculo, implícito ya en la representación gráfica: cada punto en el tablero es un punto de espacio tiempo visto desde otro.

Esta situación ha enturbiado cien años de discusión sobre lo que el tiempo, desde el punto de vista de la filosofía, pueda ser. En cuanto a los relojes en la teoría general de la relatividad, estos simplemente funcionan a sus ritmos, calculables como se quiera, pero una vez calculados resulta que son cálculos que coinciden con contadores de ritmo, en un sistema que ya no agrega nada, es tautológico en el sentido en el que las matemáticas pueden serlo. Por más general que sea la teoría, en ella no hay relojes de espacio tiempo, hay relojes, y en ellas el tiempo no queda excluido sino definido como lo que el reloj diga, o lo que del reloj o para el reloj se calcule. Eso no es tiempo, en esa parte se puede conceder algo de razón a Einstein, la física no ha encontrado algo mejor, por el momento al menos. La física, especialmente la astronomía relativista está tan ocupada de sus extraordinarios descubrimientos, sorpresas e interrogantes sobre lo lejano, que es como si hubiera dejado de trabajar con igual intensidad sobre sus fundamentos. Es una tesis con larga tradición, y curiosamente sigue al pie de la letra lo dicho por Poincaré: la convención ha sido muy útil y sigue siéndolo, y todavía con razón se espera mucho de ella.

En física el tiempo no es aquello que define, o que explica, la diferencia entre el ser y el no ser, ni el pasado tiene relación con el cambio del estado de ser al estado de no ser, y tampoco es el cambio del estado de ser ahora al estado de haber sido. En eso la física ha sido consistente, y está del lado de una cierta corriente filosófica; el cambio en física es algo natural, bien distinto de aparecer o desaparecer. La totalidad de la realidad es lo único que existe, y existencia implica actualidad; por ahora al menos no se espera de los laboratorios que se extiendan a la totalidad del universo, eso todavía se deja a la teoría.

Entonces de una vez, el pasado, sea lo que sea, no es el lugar real o ideal o formal de lo que ya no es. En el pasado no se definen lugares ni se encuentran existencias, como tampoco en el futuro. No existen ni el pasado ni el futuro, salvo como nombres para cálculos o investigaciones que se hacen desde el presente.

La contradicción más básica que tiene la idea de la existencia y realidad actual del pasado y de las cosas, eventos, llámense como se quiera, acumuladas en el pasado: su crecimiento no se puede actualizar en el presente, tiene que hacerlo en el pasado. El pasado se convierte en el presente de la actualización del pasado. Estas ideas ya no son sostenibles. Crítica semejante para el caso del futuro, con un problema adicional: si el futuro es la despensa que por medio el presente permite llenar los anaqueles del pasado, también debe tener alguna fuente de modo que no se agote. Pero esa fuente no puede localizarse en un futuro más allá del futuro, y no hay otras opciones. Frente a esto, la idea de universo en bloque, más la linterna iluminadora del presente, es una idea menos compleja, menos problemática.

Se puede intentar cambiar el uso de la imagen del río como imagen del flujo del tiempo, pensar que el cambio fluye como el agua del río fluye sin que el río desaparezca, que el cambio es el acontecer, sin agregar nada a este mínimo conceptual: la idea de pasado o de futuro para la realidad, o para sus partes, no cabe aquí.

Un reloj no puede señalar, mostrar o marcar el pasado. Ni el presente. Ni el futuro.

El río, o el mar, sirven como metáfora para negar la realidad del pasado: el río es un concepto y el río no deja de ser porque el agua corra por el cauce o porque sea olvidado, lo que se olvida es la idea. Al contrario, en que el agua corra por el cauce, en eso consiste el asunto: un río no es una piscina con trazado de carretera. El mar no deja de serlo porque una ola se apague en la orilla, una detrás de otra. No es que el pasado sea irreal porque las cosas dejen definitivamente de ser, sino que las cosas no dejan de ser lo que son, y lo que son siempre es algo arbitrario, algo mental, no en el sentido de ilusorio sino en el sentido apropiado de arbitrario: sin límites la mesa deja de ser mesa y su continuidad es la del universo. La mesa es también el fuego que la consume, el mar el río y este el mar. Todo ocurre en el presente, si se logra salir de la prisión meramente conceptual del instante. Habría que intentar explicar cómo es eso posible; no basta con apresurarse a afirmar que el o lo presente es constantemente arrojado al pasado.

Se baña el bañista en el mismo río, en las mismas aguas, y el bañista no es más que otra metáfora de sí mismo y del río, que son también metáforas, y por eso se puede decir que son, y que no son. Metáforas de la realidad, de una muy empobrecida y minúscula realidad, eso son las cosas. Con el agravante de que en ciertas corrientes lo que se entiende como sujeto humano no se incluye como parte o metáfora de la realidad, sino como el generador y contenedor, o en ciertos casos espejo apenas, aunque espejo fiel, se pretende. Lo que no existe es el río exclusivamente, y no es estático tanto como ninguna parte de la realidad ni ningún hipotético bañista o sujeto lo es, ese es un sentido para la afirmación de Heráclito.

Totalidad de la realidad siempre cambiante, sin dejar de ser, en eso consiste, así ha sido el intento, promisorio y todavía muy crudo, de lenguaje apropiado. No se trata de inventar un forzado giro del lenguaje para intentar una explicación: se trata de abandonar uno que no explica nada y confunde mucho.

No pueden pertenecer al pasado las condiciones necesarias para que el presente sea o haya sido posible, esas condiciones se requieren en el presente, y si el presente es posible, es necesario. Porque lo que es posible es necesario, en el sentido de que si falta algo para que sea posible, no es posible, y si no falta nada no se entendería por qué no es necesario. Y si el presente es necesario, no puede ser concebido como inexistente. Es eterno en el sentido de Spinoza.

Lo único eterno es el presente: un largo y complejo juego de ideas, conceptos y palabras permite ya este retruécano, que no puede soltarse por ahí si las palabras que lo forman se entienden de la manera usual. El tiempo sí fluye en el sentido de que la realidad es activa, así su actividad no sea sino el permanecer en la existencia; pero no fluye desde el futuro hacia el pasado, ni a la inversa: fluye siempre en el presente: y esta manera de decirlo es del todo extraña e invita el rechazo. El tiempo no puede fluir hacia el pasado, ni puede venir desde el futuro, porque el tiempo no es ni una cinta transportadora, ni el movimiento de la cinta. El tiempo es actividad, realidad, duración: no es ritmo ni movimiento de algo distinto a lo que se mueve. Tiempo es existencia, lo que no existe no deja espacio para otra cosa. El tiempo fluye, en el sentido de que es fluido en lugar de rígido, no en el sentido de que sea algo que se mueve entre zonas a veces visibles, a veces escondidas. Tiempo fluido significa: bulle, no es rítmico, regular, absoluto, matemático, no camina, no se traslada, no tiene nada que ver con flechas. No está al alcance de ningún medidor concebible: no es medible.

Es superfluo afirmar que el tiempo fluye; y esto es del todo claro si se niega la existencia física, objetiva, actual, de pasado, o de pasado y de futuro.

Que algo sea eterno en el sentido de que su existencia no pueda ser concebida sino como necesaria, no significa que lo concebido tenga que ser estático, eso es un prejuicio nacido del hipostático concepto de ser en el sentido de cosa. Un concepto para la totalidad de lo real como unidad indivisible no implica que deba considerarse estática. Y una vez concebida la realidad como unidad no es necesario postular un recipiente en el cual se acumule, denominado pasado, ni un peaje denominado presente, instantáneo o no, ni menos en la difusa y gaseosa situación de existencia no existente y a la espera, denominado futuro.

Que la información sobre un evento depende de un reloj, o la oportunidad de experimentarla depende de un reloj, o de un cálculo, eso es una restricción de índole teórica válida en su ámbito; afirmar que porque algo se pueda calcular existe es como decir que la nada existe porque el cero la representa. Lo que depende de un reloj es la información que ha sido diseñada o determinada para que dependa de un reloj, lo cual requiere del contexto altamente técnico y precisamente limitado conocido como física matemática contemporánea. Lo que se puede calcular tiene sin duda al menos una cierta forma de existencia, así sea como idea, pero de ahí no se sigue, como se pretende a veces, que lo que no es calculable se deba tener por inexistente. Hay cosas que están por fuera de los cálculos, y no solo el arte o un atardecer, también está el ejemplo de las fichas en el tablero de ajedrez, y en esos casos está más que claro que la ignorancia no es sabiduría.

Forma parte del conjunto de objetos mentales que pueblan la idea de pasado todas las cosas que fueron correctamente concebidas como existentes y ahora son concebidas, correctamente, como inexistentes. La historia del pensamiento muestra que si se conciben como totalidades indivisibles los subconjuntos denominados pasado, presente, futuro, siempre se llega a contradicciones. No son subconjuntos, el presente ocupa todo el espacio conceptual para lo que existe.

Einstein demostró que la palabra simultaneidad no tiene ese sentido absoluto que normalmente se usa en la vida cotidiana. Ya lo había dicho Poincaré. Pero en 1905 y en los años siguientes la humanidad estaba tan fascinada con los relojes que al fin empezaban a funcionar con alguna confiabilidad, que se estimó que lo que para unos es presente para otros puede ser pasado y también futuro para unos terceros. Aquí todavía está muy difusa la diferencia entre información y realidad, y todavía se da un valor absoluto o absolutista a los relojes, y con ello se cambia el concepto de realidad; bastaba solamente acostumbrarse a recalcular números de tableros de relojes, y luego, con los relojes atómicos, bastaba anotar el resultado, comparar las diferencias.

Todavía tiene sentido una frase de la siguiente estructura: mientras el reloj que está en el avión marca una cierta hora, el que está en tierra marca otra; y viceversa, si de lo que se trata es de calcular. Esos relojes no tienen un tiempo de relojes que les sea común, pero no dejan de formar parte de una realidad que les es común: porque están en este universo y no en otro. Por más entidad o realidad que se quiera asignar a lo pasado, no es válido llevar lo pasado a otro mundo, a uno que no es de este. Sobre todo si ambos relojes permanecen en este, tanto que sus lecturas son corroborables, sus diferencias se calculan y comprueban, hasta el punto de que de la lectura que se hace en uno depende el resultado del cálculo para el otro.

Pasa lo mismo con los relojes del sistema de posicionamiento global, aquí la ingeniería no teoriza a favor de corrientes filosóficas, ajusta los relojes y los considera a todos como parte del mismo sistema, en el sentido natural del término, sin negar que la información toma su tiempo.

El sistema de GPS es un buen ejemplo para mostrar que los cálculos de relatividad general no son esotéricos, ni simplificaciones o aproximaciones para facilitar las cosas. Es algo real y tangible, de lo cual un conjunto de relojes que siempre marcharán a ritmos distintos forma parte de mecanismos de comunicación que trasmiten entre sí distintos números temporales tanto como distintas posiciones espaciales. Y ninguno transmite espacio tiempo, aunque sin el concepto no servirían para lo que hoy se usan.

Si alguien insiste en que unos de esos relojes están en el pasado y los otros en el futuro, en relación con alguno de ellos arbitrariamente seleccionado definido como en el presente, quizás no valga la pena discutir. Para esa manera de entender la realidad, siempre están llegando mensajes del futuro, no solo al presente sino directamente al pasado, y de este al presente y al futuro. Presente, pasado y futuro sí, pero de relojes.

El presente existe y es temporal. No pasa ni fluye, ni es el camino para que algo pase o fluya. Esto no quiere decir que sea estático: bulle, se agita, ocurre, y eso exige duración. A secas.

Lo real no existe ni en el tiempo, ni con el tiempo, ni al tiempo de nada. El tiempo, la temporalidad, es un aspecto de lo real, visible en el hecho de que la realidad no es estática, y su actividad tiene duración, sin la cual no es posible la existencia. El tiempo no dura, duración y tiempo es lo mismo. No tiene sentido hablar de existencia sin duración o de duración sin existencia. Se puede agregar la palabra tiempo en la descripción, si se quiere. No es necesaria, pero de ahí no se sigue que algo denominado tiempo no sea un concepto válido aunque difícil; sin olvidar que la dificultad no justifica el paso que lo declara irreal.

9.3 ¿LLEGA EL FUTURO? ¿A DÓNDE Y DESDE DÓNDE? ¿QUÉ ES LO QUE LLEGA?

Si se acepta que el pasado no es un contenedor de existentes actuales en el pasado, no hay que dar otro paso para rechazar la idea de que el futuro es un contenedor de existentes que no existen, o que sí. Toda existencia es actual y no hay actualidades pasadas, ni futuras.

El futuro. No uno a la espera de que el presente le ceda un puesto, el turno. El imaginario mundo de lo que aún no es, todavía no es. Suponiendo que algo que no es pueda llegar a ser. O el mundo real de lo que es, pero, como se dice, todavía no. Si eso tiene sentido. O lo que espera al reloj o el reloj espera. O lo que llegará, o llega, al presente: lo que todavía no y sin embargo irremediablemente será presente, y pasado, y hoy es aún futuro. En este caso último no existe el futuro de lo que no llegará a ser, el futuro está poblado, no hay espacio para nuevas cosas, seres, como se les llame. Es decir, la idea de futuro, si se intenta poblar más allá de lo meramente trivial de la definición de diccionario, implica la existencia, diferida según unas tesis, o actual según otras, de la realidad. Por eso los argumentos a favor o en contra de la existencia, cualquier clase de existencia, de lo futuro, son parcialmente semejantes para el caso del pasado. Y aunque se suele decir en ámbitos no relativistas que el futuro está de alguna manera abierto, si se compara con el pasado que ya es definitivo, esa figura implica que el futuro es algo que no existe, o de lo contrario ninguna posibilidad quedaría.

Eso de que el futuro existe abierto y el pasado existe cerrado y fijo no es más que una confusión en la cual existencia abierta es lo mismo que inexistencia.

El futuro no está abierto, solo hay presente, y en este se presenta lo que es libre o aleatorio, o determinístico, o necesario, pero eso es otro problema.

No tiene sentido un concepto de futuro abierto cuyas posibilidades no se definen en el futuro sino en el presente. Tampoco se pueden definir en el futuro porque eso lo hace presente o actual de alguna manera opuesta a lo que con la palabra futuro se quiere significar.

Si la existencia actual del pasado puede parecer un concepto contradictorio, la existencia actual del futuro es algo más incomprensible. ¿Por qué razón lo que es, no lo es todavía? ¿Qué o a qué espera? ¿Al reloj, al sol? ¿De qué se habla entonces? Esto para plantear el asunto en los términos tradicionales de llegar a ser y dejar de ser. O una de las posibles bases para el sueño del eterno retorno. O lo futuro existe en forma tal que no es futuro, está apenas pendiente de cálculo por parte de un observador, en el mismo rango que el pasado salvo el signo positivo o negativo para el tiempo, ese no es el tiempo que aquí interesa, ese es otra vez el de los conos de luz, o el cálculo en la pizarra.

Si lo futuro no existe, no es del futuro de dónde resultará una explicación para una posterior existencia, puesto que allá por definición nada existe. Menos del pasado llegará la explicación, puesto que eso implica que el pasado retorna al futuro, que el presente es el futuro del pasado o que el pasado tiene su propio futuro, es decir su recorrido inverso para salir de algún momento pasado, o de la totalidad de lo pasado si no existen momentos pasados. Esos intentos de explicación multiplican los problemas. Si el presente no sirve para explicar o justificar la existencia actual de lo futuro, menos habrá de servir el pasado.

Si algo ya existe desde el futuro, resulta bastante extraño negar que exista en el presente, en alguna forma de presente, y con la misma lógica se tiene que llegar a que existe en el pasado. Otra vez universo en bloque.

No se puede considerar que lo existente futuro tenga como una especie de ancla en el presente, una conexión que permita explicar la causalidad, o la trayectoria de un móvil que avanza en el espacio tiempo; o a secas, el hecho futuro que habrá de convertirse en presente. Esta idea convierte a algo que inicialmente se pensó como futuro, en presente; el problema sigue igual, hay que seguir aferrados al futuro, desde el presente. Pero entonces eso no es futuro. Y si la conexión no existe, no es posible hacer ninguna predicción sobre lo futuro, la ciencia como sistema de reglas para hacer predicciones no sería posible, el presente sería algo mágico, o aleatorio de la manera más fundamental. Es decir: el argumento sobre la existencia actual de lo futuro se hace a costa de perder la realidad presente, y en el caso menos grave, a costa de hacerla totalmente incomprensible.

P. Davies, en *Space and Time in the Modern Universe*, 1977, además del curioso título que traduzco como Espacio y Tiempo en el Universo Moderno, dice que para la física no existe un ahora, que el pasado, presente y futuro parecen cosas más de naturaleza lingüística que física, que el ahora es un asunto personal, que el aquí y ahora hay que buscarlo en la mente más que en el mundo físico. Y aquí ya no se le puede seguir, la mente es con toda claridad un asunto del mundo físico. Y termina el párrafo:

"Jamás se ha llevado a cabo en física un experimento dirigido a detectar el paso del tiempo. Tan pronto como la realidad objetiva del mundo está bajo consideración, el paso del tiempo desaparece en la noche, como un fantasma."

Quizás no hace falta el experimento, porque para eso se tiene el aparato, y a falta de aparato el concepto: un reloj. En física al menos.

Para seguir la idea de Davies basta repetir el experimento mencionado por Agustín, con una ligera modificación: recítese el texto de *Tyger*, de Blake; otra persona lo hará con *Les Chats*, de Baudelaire. El objetivo es determinar las razones por las cuales si los declamadores empiezan justo al momento en que una campana suena, si conocen bien su tarea, y la campana ha de volver a sonar cuanto uno o ambos terminen, al final se oyen dos campanadas. Se trata de explicar por qué se oyen dos al final, en lugar de una, y analizar si el concepto tiempo ha de estar presente como parte al menos de la explicación.

Claro, se puede estar de acuerdo con Davies, nadie espera que eso sea un experimento o que valga la pena hacerlo. Sin embargo el suyo es un extraño argumento, la falta de experimento no demuestra la inexistencia de aquello que no es objeto de experimento. Se puede sí aceptar que en física no se trata del paso del tiempo sino que se establecen y utilizan para los cálculos las diferencias entre números observados en tableros de relojes. Y es que el tiempo no tiene a dónde pasar, ningún tiempo ha pasado a parte alguna, el tiempo es la duración del presente. No deja de durar. No empieza a durar ni termina.

El experimento que propone Davies no se puede hacer con relojes, puesto que ningún reloj mide al tiempo; y si esto parece extraño, basta pensar que no se puede medir al presente.

Una vez que el laboratorio fija la realidad en un esquema, la relatividad general puede escoger distintos presentes para sus análisis, fijar el pasado en el origen del rayo de luz, y el futuro en la dirección del viaje, o partir simplemente de lo que muestre el tablero de un reloj, y puede incluso conectar un extremo con el otro, se trata de una geometría y del análisis del movimiento dentro de los límites impuestos por la geometría. Poco a poco se ha comprendido que se necesitan otros límites, ha aparecido el límite de la lógica por ejemplo, y ya no se especula sobre viajes en el tiempo como si fueran fantásticos viajes en carrusel o en escalera mecánica.

Gödel, también precursor en eso del viaje en el tiempo, desarrolló las ecuaciones para un universo en rotación, según las cuales el tiempo entonces es cíclico, en el sentido de que el rayo de luz pasa por su origen y repite el camino. ¿Universo en rotación? ¿O apenas una parte? Para salvar la relatividad se dice que rota de una manera peculiar, y de una manera general no rota. Porque la totalidad del universo no puede ser considerada desde un marco de referencia que le sea exterior, eso es contradictorio, ni desde uno situado en su interior, porque si la relatividad ha de ser cierta, alguna geometría impondrá una limitación espacio temporal.

De nuevo: la geometría y sus ecuaciones, y el tiempo de los relojes. Eterno retorno versión Gödel. Los mismos fantasmas, se ha quedado sin explicar cómo es que el reloj se transforma en esa extraña máquina cuyos números siempre suman y que, sin marchar hacia atrás vuelve, en un sentido temporal que se supone relevante, al punto de partida. El reloj relativista resulta aquí del todo imposible de comprender. Quizás eso era lo que quería mostrar Gödel, algunos comentaristas lo han interpretado así.

En fin, si se acepta que el pasado no existe actualmente, ni tampoco en el pasado, cae de su peso con toda naturalidad que tampoco se acepta la existencia actual del futuro, ni en el futuro. Ni los viajes en el tiempo, cosa enteramente de la ciencia ficción: ni siquiera todo el universo funcionando como si se dijera, hacia atrás, viajaría al pasado, porque ese evento es posterior a aquel en que funcionaba en sentido inverso, aunque no se disponga de un reloj para hacerlo notar. Sería un reloj construido a la inversa, y las mismas hipótesis que permiten esa construcción obligan a pensar que funcionaría, es decir marcaría un tiempo de relojes, un ritmo para contar.

9.4 AUSENCIA DEL PRESENTE.

Quedaría entonces el presente, que si es o dura un instante, no es presente ni es tiempo. Ese es el problema inmediato e insoluble que tiene toda tesis que pase de lado o que intente evadir el problema del instante.

Presentismo: lo que es o está en el presente existe, es lo único real. Sencillez inmediatamente arruinada para quien intente consultar la situación actual en el mundo académico. De repente se verá confrontado con lógica modal y sofisticados juegos de palabras. Esos caminos puramente formales dejan a un lado el hecho simple de que las ideas no están pegadas de las formas lógicas tanto como las palabras no están adheridas a las cosas.

Entonces, se dice, no existe sino el presente; o mejor, no existe sino lo que es presente, actual. Pero no se explica qué es el presente o lo presente. Quizás porque es el punto de partida que no es posible evadir. Suposición apenas, está el ejemplo de Aristóteles, que negó existencia al presente con un argumento bastante llamativo aún vigente: si dura un instante, no transcurre, no es tiempo, no puede ser medido, no puede tener número, en fin; y si es extenso, no es presente porque tiene entonces una parte pasada y una futura. Esos argumentos son válidos, un tiempo sin duración es una idea para desechar; pero del abandono de esa idea no es prueba positiva de algo más.

La idea del presente instantáneo ha conducido a más de un pensador a concluir que no existe el presente pero sí, o si acaso, el pasado, o este más el futuro.

Mejor pensar un poco en esa condición, antes que aceptar una conclusión por lo menos desproporcionada: el pasado y el futuro existen, pero no actualmente, no aquí ni ahora, pero de alguna desconocida manera sí.

Si no se trata de eso que rechazó con razón Aristóteles, la situación puede resultar un poco distinta. Es decir, si por presente extendido no se quiere significar extendido en el pasado y en el futuro. Habría que determinar si es posible concebir un presente de esa clase. El argumento que niega la existencia real del pasado tanto como la del futuro, debe aún explicar qué es el presente, sin convertirlo en un presente pasado, un presente actual y un presente futuro. La sola afirmación de la existencia real del presente, sin más calificaciones ni restricciones iniciales, si se quiere caracterizarlo como temporal, como algo con una sombra al menos de significado, implica que no puede ser un instante. Pero parece que no ha sido posible pensarlo así.

En el presente se recuerda en ocasiones al pasado, se espera al futuro, eso ya lo dijo Agustín.

En el presente se vive la realidad del envejecimiento tanto como la del crecimiento y la fortaleza previa a la decadencia, todo eso en el presente. Esa bisagra del tiempo que otros declararon imposible, inexistente, ya no es bisagra, es la única realidad, dice el presentismo, confiado en que será igual de obvio para el interlocutor. Pero no puede ser así, el cambio no es posible: cómo podría ser definido frente a algo que antes no existía y ahora tampoco existe, porque existe solo el presente y en él lo presente. El cambio en un presente que no transcurre no es pensable; el cambio implica por lo menos dos puntos de referencia: el estado actual, y el que ya no es o está. En el instante no es posible determinar esos extremos. Los teóricos del presentismo no parecen preocuparse mucho por eso, ante la inmediatez del presente, una realidad más básica que cualquier argumento, se supone.

Han aparecido dos tesis para enfrentar la objeción de Aristóteles sobre tiempo presente con límites presentes en el pasado y en el futuro. El asunto no exige más que unas pocas líneas. Se trata de perdurantismo, y endurantismo, a las que antes se ha aludido aquí con el ejemplo de la bicicleta. Ambas tratan de explicar cómo es que las cosas están en el tiempo, y en ese debate el tiempo sigue por ahí sin explicación. Se dice que lo que perdura tiene partes temporales, en el mismo sentido en el que un objeto se extiende en el espacio. Significaría entonces que el perdurantismo sostiene que la identidad de la cosa está dividida en tres, una parte para cada una de los usuales pasado, presente y futuro. Fácilmente se objeta enseguida: la misma división habría que hacer para cada uno de esos tercios, sin fin. El endurantista sostiene que las cosas no tienen partes temporales, lo que supuestamente obliga a la conclusión de que las cosas duran en el pasado, en el presente y en el futuro, iguales, sin cambio, con el mismo tipo de actualidad. Es decir, el objeto es una unidad, completo en el pasado, completo en el presente, completo en el futuro. Mejor hablar de eternidad. Por este camino del debate no se llega siquiera a plantear qué pueda ser el tiempo, porque el asunto queda atascado en un problema de identidad con origen no muy lejano en el viejo debate del llegar a ser y el dejar de ser.

Un famoso argumento en favor del presentismo es el dolor de cabeza, o la visita al dentista. Se puede agregar el pago de la hipoteca o la declaración anual de impuestos, y eso no funciona. Pero, para seguir el argumento original: No duele el dolor de cabeza que dolió el año pasado, no es lo mismo el transcurso de esa visita que el recuerdo, o la anticipación, de la misma. Si el dolor de cabeza existe en el pasado, debe sentirse en el presente, es lo que se dice, y se afirma que eso es una contradicción, o que es un hecho que el dolor no se siente. Este es un buen ejemplo para mostrar qué se querría decir con existencia actual en el pasado, o en el futuro, para mostrar que la palabra actual no tiene sentido en ese contexto. El argumento no es convincente, supone que el dolor pasado, si duele en el pasado, ha de sentirse en el presente, y deja de lado lo que literalmente debe atacar: que el dolor pasado, precisamente, no se siente en el presente, aunque se haya sentido en un presente ya pasado; o aunque se sienta actual en un pasado extraño. Y la tesis tiene un problema insoluble que suele pasar de lado: no explica cómo ha de sentirse un dolor que aún duele, en o desde el pasado. Porque la naturaleza de lo pasado consistiría, precisamente, en eso, en no existir en el presente, y su no existencia en el presente no implica ni su no haber existido, ni su existencia actual pero pasada, si es que eso significa algo.

Suponiendo que ese tipo de argumentos en contra de la existencia actual del pasado sean razonables, queda el problema del presente instantáneo, del instante presente.

Otra perspectiva que altera el ámbito del análisis aparentemente sencillo de la idea de presentismo, es el debate sobre entidades que existirían atemporal o extratemporalmente, dios por ejemplo sería un caso sencillo, o la idea de regla de tres un caso más difícil.

No se puede argüir contra el presentismo el hecho de que Marie Curie, el ejemplo usual, realmente existió, y eso es una existencia temporal, aunque no ya en el presente. Eso no niega el presentismo, que consiste precisamente en señalar que lo temporal es el presente, que el presente fija o sostiene en la existencia a lo que es presente, en ello se agota el asunto. Marie Curie murió, eso fue un presente, hoy es un dato, una información, no una existencia, no un hecho o evento que siga ocurriendo, y que haya ocurrido no niega que su puesto en el tiempo, el único que podría tener, su puesto en el presente, ya no exista, y evento sin lugar físico o conceptual de ocurrencia no es evento. Solo quedan huellas, si acaso y mientras queden, y esas siempre en el presente. O datos a partir de los cuales calcular.

Hay un cierto juego de palabras en defensa del presentismo, cuando se define estar en el presente como equivalente a existir, ser real, ser. Eso no es un argumento, es una definición que, precisamente, otros no aceptan, porque sostienen que todo lo que ha sido es real en el pasado, en fin. El que no es presentista dirá simplemente que no se ha demostrado que algo no puede existir en el pasado, o en el futuro, o eternamente. Incluso podría decir que lo que existe eternamente existe también en el presente porque, ¿si no existe también en el presente, como podría decirse que existe eternamente? Argumento también contra Agustín, en el caso de la idea de eternidad; idea también analizada por Poincaré.

El análisis suele caer en el más absoluto verbalismo. Por ejemplo, a partir de la premisa que afirma que si una proposición es verdadera, entonces existe, se llega a concluir, presuntamente, que Sócrates existe, quien sabe dónde o cómo. Viejo error. Si una proposición existe, existe a secas, no se ha adelantado nada sobre aquello respecto de lo cual la proposición existe. Existen los unicornios, eso es una proposición, y existe hasta donde se pueda decir que las proposiciones existen; proposición que trata sobre la idea que se tiene sobre unicornios desde el punto de vista de la definición, vaga o no, para afirmar que eso definido existe. Pero no existen, tanto como no existe Plinio. Para el presentismo, con razón, el argumento no vale. El presente existe como existe, y el presente contiene la información, o ausencia de ella, sobre el evento o hecho denominado existencia de Plinio. No tiene nada que ver con la verdad o la falsedad de proposiciones: analizarlo así, para sustentarlo o para mostrar sus problemas lógicos sería tanto como analizar las reglas del juego de ajedrez en lugar de contar las casillas para calcular exponencialmente el número de granos de arroz, como en la narración clásica.

Otra objeción al presentismo se origina en el problema del cambio; se asume como natural que el presentista no lo niegue porque pasaría a eternalista; sin ese paso los clásicos problemas sobre la idea de cambio surgen. Para el presentista el cambio, si lo hay, tiene que ocurrir en el presente; no está compelido a negar que el tiempo fluye, en el sentido de que aparece y desaparece en y desde el presente. El presentista tiene a su favor la evidencia inmediata, subjetiva, la fuerza sicológica del presente; y tiene en contra a la lógica, que advierte que un instante no es temporal, y sin embargo la idea de cambio tiene la misma o más fuerza como impresión sicológica que el presente mismo.

Problema general antes mencionado para cualquier teoría que pretenda definir qué es el presente: no puede tener duración, ni transcurso, porque en tanto se abra un intervalo, aparecen el antes y el después. Este asunto sí es intratable: el presente tiene que durar, y una vez que se traza su duración, tiene un antes y un después medido por relojes, dentro de su mismo presente, y aquí todo el edificio cae en ruinas. En síntesis: mientras el presentismo requiera del instante como la esencia misma del presente, no es sostenible. Y si alarga el instante, si lo entiende como duración medida o para medir, se le inmiscuyen el pasado y el futuro.

A menos que se pueda forjar una teoría creíble que afirme que el instante no tiene nada que ver con lo temporal, lo excluya y a partir de ahí se construya una nueva idea de presente.

9.5 ETERNIDAD, OTRA VEZ.

La lógica del lenguaje conduce fácilmente a la tesis del eternalismo. Primer paso, negar el cambio, eso no es posible, basta mirar a Parménides y seguir esa línea de pensamiento, en la historia y en el argumento. Pero no hay que negar la realidad. Luego todo existe, todos los cambios están ya dados, tanto el pasado, como el presente, como el futuro, todos existen con los mismos derechos, con la misma realidad, sería insensato pensar que la realidad sale de la nada para seguir creciendo, como insensato es pensar que lo que es no será y lo que no es llegará a ser. Existen, quietos, sin transcurso. Este argumento olvida al argumentador, ese olvido de toda clase de sujeto central era muy propio de los presocráticos, y es muy propio de la ciencia moderna. Los primeros lo olvidaron por razones culturales y por una válida moderación personal, la segunda porque es un entrometido impertinente. Y ese olvido del argumentador, de la necesidad de aceptar que el argumento tiene un tiempo, un transcurso, hace desaparecer la magia.

La lucidez de Boecio consistió en no olvidar ni al que argumenta ni al que observa; su propuesta de solución falla como todo lo que se desliza en lo teológico, y también por lo que dijo Philoponus, o Poincaré. La ciencia moderna tiene un ejemplo magistral de intento de tratamiento de este problema, en la presentación de J. Von Neumann sobre mecánica cuántica, en la cual enfrentó directamente la pregunta sobre qué hacer con el experimentador, qué tanto forma parte de la función de onda misma, qué tan inmerso está en lo que pretende medir.

Lo eterno no es consuelo alguno, y bien mirado puede ser hasta amenazante, y hasta ahora la única definición sensata de eternidad ha sido la de Spinoza: es eterno aquello cuya existencia surge de su sola definición, o lo que es lo mismo, de su esencia.

La versión tradicional, teológica, del eternalismo, reúne en un único concepto todos los problemas: la existencia del pasado y del futuro junto con la del presente, la existencia actual de lo que no es junto con la de eso mismo entendido como que sí es; un ejemplo fácil para mostrar la dificultad del concepto, la vida o no vida antes de la concepción y después de la muerte, todo eso está o es eterno, todo ahí, coexistencia de lo incompatible, de lo contradictorio, en fin. El eternalismo niega a secas toda posibilidad de cambio, sin explicar cómo es que todo cambia, o todo parece cambiar, sin explicar cómo es posible esa apariencia de lo temporal, que no requiere de tiempo; y vuelve con subterfugios a lo temporal cuando no puede explicar la coexistencia de lo contradictorio o lo incompatible, con la de lo eterno.

La única posibilidad consistente con el eternalismo resultaría del universo en bloque, bajo la condición de que se excluyan observador, observación, y pensamiento.

9.6 MÁS FLECHAS. CARNOT, BOLTZMANN, OTROS.

El invento de la flecha del tiempo es de Eddington, basado en ideas de antecesores y sucesores de Carnot. Idea superflua basada en razonamiento circular: si los fenómenos no pueden ocurrir sino en una dirección temporal, el tiempo no puede sino fluir en la dirección del acontecer de los fenómenos, porque los fenómenos no pueden ocurrir de manera contraria a como transcurre el tiempo.

Se puede saber que la copa está rota, en el suelo, se puede deducir con cierta razonabilidad que esos pedazos antes formaban una copa, eso si antes han sido definidos como parte de una copa, está a salvo el pie, se puede reconstruir la mancha del líquido que contenía, las paredes rotas se pueden reunir, al menos en la forma en que antes eran una unidad y ahora son un rompecabezas. En este sentido se puede decir que hay una línea del tiempo, inclusive se puede decir que la entropía ha aumentado, para quienes consideran, es decir definen, que hay más desorden en eso que en una copa antes de romperse. Pero no es posible determinar si la copa ha caído con ocasión de un viento fuerte que la ha empujado, o por un ligero movimiento de la mesa cuando alguno se acercó. Como no se puede deducir el juego anterior, ni siquiera si hubo juego anterior, de una cierta disposición de las fichas de ajedrez. El especialista en relatividad especial dirá que basta preguntar a alguien en el marco de referencia apropiado, y ese podrá aún saber qué ha ocurrido: podrá incluso ver la copa antes de caer, luego cuando es empujada o movida, luego mientras cae, y luego mientras se intenta la reconstrucción, o cuando la copa fue fundida, o la marcha del juego. Y cambiando la dirección o la velocidad podrá repetir la película, si es que tanto le interesa. Este argumento también es circular, porque depende del sentido, es decir la dirección u orientación espacio temporal del viaje observado.

De eso no se concluye ninguna necesidad de que el tiempo, que aquí se supone que fluye, no lo pueda hacer sino en una también supuesta dirección, entendiendo por dirección un orden desde el futuro hacia el pasado.

Es un lugar común decir que las leyes de la física no distinguen una línea o flecha del tiempo, y más precisamente, que esas leyes ni siquiera incluyen al tiempo en sus fórmulas o ecuaciones. Pero eso a veces está escrito en una página diferente a aquella en donde aparecen las ecuaciones, salvo la que describe a la termodinámica; se habla de entropía siempre creciente, de flecha del tiempo, y cuando se menciona flecha del tiempo pareciera que se dice no solo una dirección, sino también un tiempo esencial, que fluye en el sentido de la flecha. Toda esta insistencia en copas y fichas pretende mostrar que no es ni evidente ni definitivo eso de que las leyes de la física, es decir las que se conocen tanto como las que aún no se conocen, funcionan lo mismo hacia adelante y hacia atrás en el tiempo. La radioactividad es un ejemplo fácil: el material radioactivo se difunde, no es el caso que las partículas irradiadas se reúnan de nuevo para encontrar su disposición anterior. Y lo que marca la diferencia entre las dos situaciones es el tiempo, entendido como la vida media de la partícula radioactiva. O una vez que se ha medido, por ejemplo, la posición de una partícula bajo las reglas de la mecánica cuántica, ya no hay vuelta atrás.

Hay un grave problema escondido en la afirmación de que las leyes de la física funcionan igualmente hacia atrás y hacia adelante en el tiempo, o más precisamente, que la línea del tiempo se puede invertir y las leyes de la física mantienen la misma validez. Y ese problema es el siguiente: puede que una ecuación admita que se cambie el signo para la variable tiempo y aún así arroje un resultado simétrico, pero eso no quiere decir que la naturaleza, por definición, pueda invertir su funcionamiento. Por ejemplo, el mecanismo de escape de un reloj no funciona sino en un sentido; un motor de combustión interna, regido por las leyes de la física tanto como cualquier otro objeto en el universo, no podría, girando a la inversa y con todos los demás ajustes recíprocos, convertir sus gases de escape en combustible y aire atmosférico. Clausius, Boltzmann, Carnot. La tensión entre los principios de la termodinámica y esa ilusión sobre la desaparición del tiempo no ha sido resuelta y tal vez no tenga solución. Pero tampoco la termodinámica parece una base sólida para afirmar la existencia de lo temporal, mientras no se resuelvan los profundos problemas conceptuales y filosóficos en los que el asunto está inmerso, y mientras no se defina cual de entre las varias concepciones sobre termodinámica ha de tenerse por establecida.

Al fin y al cabo, que unas partículas encerradas en una botella cambien de posición, es decir, que se muevan, es un caso simple del problema general del cambio, del supuesto llegar a ser y dejar de ser, y en este contexto lo que pase en la botella es tan complejo como lo que pasa fuera del laboratorio, y la botella ha logrado ocultar, momentáneamente, que la realidad es más compleja, que incluye a la botella y no obstante la botella es una parte mínima, casi despreciable, como dicen a veces los químicos.

De que los fenómenos físicos tengan una cierta estructura u orden explicativo según el cual lo que se conoce como causa está siempre antes de lo que se identifica con el nombre de efecto, de eso no se sigue que, suponiendo que exista algo que corresponda al concepto de flujo del tiempo, eso dependa del orden causal de los acontecimientos. Es una petición de principio. Ninguna estructura temporal externa define el orden causal, ni el orden causal define nada más allá de sí mismo; ni el tiempo es efecto, ni causa, del orden causal.

Si la hipótesis es que el tiempo no fluye, se resuelve el asunto de la flecha. Está primero decidir sobre esa hipótesis.

Flecha del tiempo es una manera innecesaria para decir antes y después. Sobra la flecha. Cuando el argumento no es circular, suponiendo que pueda no serlo, no diría más que esto: el tiempo fluye en la dirección en la que fluye. Si es que hay algo que fluya.

Se nota inmediatamente que en los diagramas de Minkowski no hay lugar para entropía. El análisis de lo que ocurre con el movimiento de la luz se hace en la dirección del movimiento de la luz, y de ninguna otra forma. Solo lo causal determina un sentido, y la segunda ley de la termodinámica, en cuanto se defina esencialmente probabilística, puede verse en conflicto con la causalidad. A menos que diga simplemente: lo más probable ocurre con más probabilidad que lo improbable. Caso en el cual probablemente no ha dicho nada. En esos diagramas no hay flecha del tiempo, en el sentido en que no hay una dirección privilegiada para la luz. Tampoco la hay en los relojes ideales de Einstein, puesto que los fotones van de un lado a otro de manera repetitiva, y no hay forma posible para un concepto de oscilación hacia atrás o a la inversa.

Tampoco hay flecha del tiempo en el ejemplo de la copa rota, a menos que ya se haya supuesto: si con la copa empezara un proceso de reconstrucción, sea por virtud de algún artilugio mágico, o aún de la manera más absolutamente aleatoria o por permiso estadístico o por espontaneidad pura, nada de eso implica que la marcha del tiempo se invierta, ni que la realidad empiece a marchar hacia el pasado de manera opuesta a como se supone que marcha hacia el futuro.

En general no interesa aquí ninguna idea de flecha del tiempo: el análisis intenta primero una especulación sobre lo que el tiempo pueda ser, sobre la idea de flujo del tiempo, y lo de la flecha interesa solo para el análisis de la posibilidad de que un tiempo, alguno, corra algo así como inverso de sí mismo, idea que es más que fantástica.

Algunas versiones de las ideas de la termodinámica son incompatibles con la teoría de gravitación, porque la geometría del espacio tiempo no se modifica probabilísticamente: la distribución de materia determina la geometría, tanto como, recíprocamente, esta a la distribución de materia. Y de la termodinámica, entendida probabilísticamente, no puede surgir una flecha del tiempo que no sea meramente probabilística, y eso tampoco es una flecha.

9.7 UNA OCASIÓN SIN TIEMPO.

Con las observaciones de E. Hubble en 1923, a partir de las cuales se comprendió que Andrómeda es en efecto una galaxia no muy distinta de la Vía Láctea, y luego con otras, a saber que la luz de galaxias distantes se observa desviada hacia el extremo rojo del espectro, o la constante y acelerada separación entre sí de los grandes conjuntos de cuerpos celestiales, la humanidad pudo por primera vez imaginar sensatamente qué tan minúsculo es el lugar que ocupa en el universo; y luego con la medición posterior, más o menos reciente, de la radiación de fondo de microondas, y todo eso sumado a ciertas interpretaciones, o soluciones a ecuaciones de relatividad general, todo el mundo habla confiado de un origen para todo, tiempo y espacio incluidos. Las corrientes que ponen eso en duda existen, marginales.

Y ese acontecimiento, que no se sabe dónde tuvo lugar, no había lugares, es decir no se sabe si ocurre u ocurrió en una especie de todas partes, tiene hoy unos catorce mil millones de años de edad, pese a lo que hayan dicho Dionisio el Exiguo, o Beda el Venerable, o los rabinos. El inmenso tamaño del universo hace pensar que ese lapso es algo corto. Y es muy corto para quienes han pensado que el tiempo se extiende de manera infinita o indeterminada hacia ambos o hacia alguno de los lados del presente. Es del caso mencionar al menos algunos aspectos de esta visión, porque los libros de divulgación suelen tomar partido con mucha facilidad por una de las tantas interpretaciones que compiten, y dejan de lado que estas teorías parecen estar en su límite posible y que en lugar de extrapolaciones que empiezan a parecer absurdas mejor sería despejar un poco la mesa.

Hay que empezar a aceptar que eso de la inmensidad del universo es una metáfora, si también se acepta que un muon está preso de su velocidad y no puede recorrer distancias significativas si no logra ocultarse del ojo fisgón. O que el electrón es la única partícula que realmente existe en el universo, descrito por la ecuación para una onda sin límites. O que lo que viaje a la velocidad de la luz no se entiende hacia dónde viaja ni cuánto dura el viaje.

Que el universo se esté expandiendo actualmente no prueba que siempre lo haya hecho; si la teoría se admite como cierta, esa certeza no le permite mayor dignidad ni alcance que la que pueda tener un evento local, parcial, incluso minúsculo, en el ámbito del universo observable; y esto incluye la radiación residual de microondas, eso también puede ser un evento local. Esa explosión primigenia, y la existencia de un universo por definición inobservable en su totalidad, ambas tienen fundamento en la misma teoría.

La teoría del origen explosivo del universo es una extrapolación curiosa: así se pretende dar sentido a las ecuaciones cuando, llevadas fuera de sus límites, no tienen ya sentido. Y tiene otra peculiaridad bastante llamativa: suponen que lo que ocurre hoy en esta área del barrio que ocupa la humanidad se puede de una vez generalizar para toda la realidad física.

Es hoy una práctica ya inveterada que, si por un lado se presenta la hipótesis como si fuera el origen de un único universo, inobjetable en su descripción e indiscutible, observable en su integridad o solo parcialmente, por otra parte cada vez que un parámetro arbitrario o sospechosamente calibrado resulta necesario para que la teoría más o menos sobreviva, de una vez se postulan diversos y separados universos para cada una de las posibles nuevas y nuevamente arbitrarias magnitudes; es decir, en lugar de aceptar que hay varias teorías para un único universo, lo que implica que no todas son correctas, o de pronto ninguna, se concluye que hay varios universos reales: no varios sino infinitos en número, y lo que es más sensacional por lo inesperado, ese número de universos crece a velocidades constantemente aceleradas, sin límites, también de manera ilimitadamente exponencial, y cada uno de ellos también. No son los infinitos de Bruno. Tenía razón Nietzsche cuando dijo que el científico desplazó al sacerdote. El científico, quizás deslumbrado por la maravilla en que ha consistido el avance predictivo de la ciencia en los últimos siglos, intenta dotar de objetividad a las más inesperadas extrapolaciones, y deja de lado que sí predijo la posibilidad de destrucción del planeta, y ha previsto los medios que el desaforado público exige.

La cosmología puede ofrecer un modesto universo originado hace unos pocos millones de años, uno que al parecer crece frenéticamente, como si la explosión continuara, como si cada minúsculo espacio tuviera su propio origen y así otro nuevo en el espacio minúsculo creado de la nada, todo a la más frenética de las velocidades, una que antes no se consideraba ni teóricamente admisible ni posible en la práctica, sería más que el máximo para la luz, por lo cual ya no se le considera velocidad, es la solución que se ofrece.

Reaparece Philoponus con una sonrisa: como si el universo intentara liberarse de la cadena de fuerza que es el máximo para la velocidad de la luz, lanzado frenéticamente a la creación de espacio; el relativista cuidadoso dirá que es también creación de tiempo, o mejor, de espacio tiempo; y sin embargo, el universo no puede alcanzar el infinito, el verdadero infinito de lo real, si se supone que lo ha de alcanzar por medio de alguna velocidad o desplazamiento.

La mecánica cuántica no se queda atrás, y tiene otra figura para ofrecer y para competir: cada vez que una partícula es observada o una de sus propiedades medidas, o tiene una cierta interacción con otra, se produce inmediatamente un universo duplicado, cuya única diferencia es que en uno se conoció, por ejemplo, la velocidad de un electrón, y en otro, en ese mismo instante se conoció, de ese mismo electrón, no la velocidad, o momento, sino la posición. Y así el universo se multiplica a cada instante dando lugar a un número de universos que, salvo ciertas salvedades matemáticas, se puede calificar de infinito, creciendo siempre de una manera exponencialmente infinita, si así se pudiera decir. O creciendo a una velocidad y proporción que quizás ni las matemáticas puedan describir, salvo que sean apropiadamente inventadas. Pero el límite encontrado por Philoponus también aparece por estos lares.

Ese es un menú, bastante incompleto, de lo que el estado actual de la interpretación de las teorías científicas vigentes ofrece al comensal curioso. En este contexto la negación de la existencia del tiempo aparece apenas como una curiosidad más. Y la afirmación de las características de lo temporal también puede ser una curiosidad más, porque aquí las hipótesis se multiplican a la misma velocidad que los universos que suponen.

De las teorías de relatividad de Einstein surge también esta enseñanza: en astronomía, en física, los relojes son aparatos en cuyo tablero se registran números para incluir en las ecuaciones. Esos números no proporcionan ninguna indicación temporal sobre lo que ocurre, temporalmente hablando, entre uno de ellos y el que sigue, y al físico no le interesa ese problema que en el extremo teórico es insoluble. El físico ha comprendido perfectamente que sus relojes marchan a ritmos que dependen de la situación o lugar en donde funcionen, tiene los instrumentos para calcular esas diferencias, las ha explicado, y eso es un logro extraordinario. No significa, sin embargo, que por ello lo temporal, el tiempo, sea algo imaginado e irreal, ni tampoco significa que haya quedado definitiva y exclusivamente confinado a los relojes.

Imaginar que el reloj rige al tiempo es como suponer que las fichas juegan con el ajedrecista.

En la mecánica cuántica la situación de lo temporal es aún más indeterminada, descripción muy apropiada en ese terreno. Se dice a veces que el tiempo no se considera en ella, que da lo mismo calcular hacia adelante, el futuro, que hacia atrás. No obstante, por ejemplo, uno de los fenómenos más extraordinarios por lo aparentemente indeterminados, espontáneos, la radiación, está tamizada y domada por las ecuaciones, y el tiempo, por lo menos uno apto para laboratorios, se inmiscuye con derecho propio bajo el concepto de vida media de las partículas. Se habla de simetrías en el tiempo, hay famosos teoremas, se pretende que es decir lo mismo si se calcula hacia adelante que hacia atrás, en otras ocasiones se habla de violaciones de esa simetría temporal. Se interpretan a veces ciertos fenómenos como de ocurrencia instantánea, otras veces no. Si el tiempo no se puede medir con certeza se entendería que una partícula pueda estar en dos lugares bajo la misma marcación del reloj. Es decir, nadie afirma que lo esté, muchos dicen que, sin embargo, se podría afirmar válidamente; pero eso requiere de un nuevo concepto de tiempo en general, y de presente. El fotón que se mueve a la velocidad del fotón, en realidad no se mueve, según la relatividad, y se mueve, o está, sin separación temporal, en todas partes y lugares, según ciertas interpretaciones. Pero siempre viajará a la velocidad de la luz, para quien no viaje con él. De eso no se podrá construir una teoría sobre lo que el tiempo pueda ser. No sirve para afirmarlo sin condiciones, no sirve para negarlo sin condiciones. Tampoco con ellas. Probablemente no tiene sentido hablar de tiempo en el caso de un fotón, que no puede huir de sí mismo, entonces tampoco de espacio, y aquí todo se torna en una especie de singularidad, para usar el término que se aplica en el caso de los agujeros negros o en el de la teoría sobre el origen del universo.

10. VOLVER AL PRESENTE.
10.1 LA LINTERNA DE ALADINO.

C.D. Broad, inglés, inició su carrera académica en las matemáticas y las ciencias físicas, con éxito que no le satisfizo porque consideró que sus capacidades no eran suficientes para ocupar un puesto de primera línea. Y así sus intereses cambiaron hacia la filosofía, no se sabe qué pudo considerar de sí mismo en esa nueva ocupación, lo cierto es que ejerció una distinguida carrera académica. Murió en 1971. Su contemporáneo Eddington verificó la desviación de la trayectoria de la luz al pasar cerca de una masa importante, tal como predijo Einstein. Todo esto para señalar que Broad estaba más que capacitado para saber de qué se trataba en las dos teorías de relatividad, así sus matemáticas no fueran de la primerísima línea que él se exigía a sí mismo.

En una publicación de 1921 apoya una tesis usual: pasado, presente y futuro son asuntos mentales, no son características de ningún objeto, tampoco hay un objeto que corresponda al nombre tiempo, y el engaño proveniente del lenguaje es fácilmente analizable. Llueve, dicho en tiempo presente es lo mismo que: es simultáneo que llueva y que se diga que llueve; llovió es lo mismo que afirmar que está lloviendo en un momento que es anterior al momento en que se dice; y ya se puede intentar imaginar la otra manera de Broad para decir que lloverá.

Exceso de confianza en las palabras; también se puede decir: en el momento en que se dice que llovió ayer, ayer ya ha dejado de llover. Es una extraña e inútil reaparición, algo modificada, del problema de la batalla naval futura, algo comprimido.

Primero el universo en bloque, tesis que Broad sostuvo y luego abandonó. Argumenta de manera definitiva contra la tesis que se suele mencionar como la luz o linterna que con su movimiento ilumina el presente y así discrimina entre el pasado y el futuro, siempre desde el presente que tiene una inmediatez inevitable, y corresponde al punto en donde la luz se encuentra. Otra forma de mencionar la conciencia. Dice que no puede ser cierto que lo que ha sido iluminado es el pasado, y lo que aún no ha sido iluminado es el futuro, y que el acto mismo de iluminar es un evento, algo que está en la cadena de eventos y no por fuera de ella.

De esta manera sencilla y lapidaria refuta lo que en emocionadas palabras dirá Weyl años después: la conciencia ante su presente inmediato es algo evidente, y es necesario incluirla en la pintura, en lugar de postular otra clase de idealismo o de absolutismo de la conciencia. Ni conciencia particular ni nocturno o sereno vigilante o distraído.

En una etapa intermedia de su carrera se deshace del futuro; lo que está en el presente pasa al pasado sin desaparecer, y así existe tanto en el pasado como existió en el presente; y al final lo que ha existido no podrá jamás dejar de haber existido, aunque no exista en el presente, es una de las teorías. Hace sin embargo una distinción importante, aparece en *Scientific Thought*, edición de 1923, página 68. Lo que llega desde el futuro, en el análisis de Broad, llega a la existencia, no existía antes.

Es una suposición, es algo que en el texto da por hecho, es el caso simplemente. Es curioso que en ese momento del desarrollo de sus ideas sobre el tiempo, no le llame la atención la enormidad de implicaciones y de problemas lógicos y filosóficos, desde muy antiguo conocidos, que tiene la simple afirmación de que algo llega a ser; y llega a ser desde un futuro que no existe sino como una metáfora para explicar cómo es que, no el presente sino lo que llena al presente, es empujado hacia el pasado. En ese texto al menos, lo que llega a la existencia ahí se queda, y el papel del llegar a ser, y es la realidad toda la que llega a ser, consiste en empujar a los hechos, y a los eventos, y a las cosas, distinción importante para Broad, hacia el pasado cuya realidad o cuyo contenido de realidad está siempre en aumento, que crece a la velocidad del tiempo. La realidad nace en el presente y se acumula en el pasado. Inmediatamente el lector puede preguntar: ¿si no es ya suficientemente misterioso que algo aparezca de la nada, qué hace pensar que luego no desaparezca del presente, sin necesidad de afirmar que se tiene que conservar en el pasado?

La realidad entonces está, en esta visión de Broad, en constante creación, que ocurre en el presente y se archiva en el pasado sin perder un ápice de realidad. Se puede notar aquí un cierto intento de eludir el problema del cambio, que dependería entonces, solamente, de lo que ocurra en los bordes de ese incierto límite entre el presente que no dura y el pasado que siempre dura. Y esos bordes destruyen el argumento y la imagen en la que aparentemente se sustenta. Uno de los problemas de esta tesis es que lo que pasa al pasado quedaría paralizado, y el proceso de la paralización queda sin explicación, no se sabe cómo lo que no está paralizado porque es del presente, de pronto queda congelado, estático.

Y luego está otro bien conocido argumento en forma de pregunta respecto del tiempo: si algo se mueve, ¿a qué velocidad se mueve? Es decir, por ejemplo, ¿cuánto tiempo hay en un segundo? Unos pocos años antes Einstein había logrado, con la magistralidad que hoy se le reconoce, eludir esta pregunta, certera, no se puede saber cuánto tiempo hay entre los extremos del viaje rítmico de un fotón entre espejos, pero sí se puede definir una distancia apropiada para el viaje, que es de ida y vuelta, y decir que el viaje dura lo que dura, y basta una letra para representar esa duración. O definir el segundo respecto de lo que serían oscilaciones en un átomo de cesio; u oscilaciones de luz en un reloj de estroncio, mucho más preciso, puede detectar cambios relativistas para movimientos de unos pocos centímetros. Un reloj de esos, como otros relojes que son adornos o exhibidos como joyas, puede calcular tiempos, velocidades, aceleraciones, frecuencias, mediante marcas apropiadas en el tablero. Si se dice que un reloj de estroncio tiene un error de menos de un segundo cada quince mil millones de años, aún así Broad puede insistir en su pregunta, y los estudiantes de relatividad pueden calcular otros ritmos y tiempos también.

La idea de flujo de algo se impuso, y una objeción aparece. La realidad, en esta imagen de Broad, fluye hacia el pasado. La tesis de Broad no puede contestar esta pregunta: ¿Pero si el río fluye hacia el futuro, cómo puede terminar en el pasado? O para expresarlo más claramente: ¿dónde está la frontera entre lo que queda fijo en el pasado y lo que, en cambio incesante y solamente por virtud de ese cambio, está en el presente? Y se sabe que para esta tesis no hay futuro, pero no hay explicación para ese otro extremo de lo presente, lo que está en la frontera del llegar a ser.

En ese presente que es como el Maelström que describió Poe ocurre algo que la física no puede aceptar, algo que es el anatema máximo: la materia o energía total del universo está en constante aumento, creciente, de magnitud prácticamente inconmensurable, y ese material surge constante, e instantáneamente, de la nada. Es muy extraño, no puedo barruntar por qué el muy sensato y brillante Broad no lo explica. O la física sí explica y acepta: dice que la materia creada en el universo es una forma de préstamo, y el acreedor lleva las cuentas en forma de antimateria. Los libros contables, sin embargo, aún en esta forma de verlo, están ligeramente fuera de balance. Cosa más que generalizada por estos tiempos. Pero, en física y en cosmología, ligeramente es ya demasiado.

Entonces, para ser justos, quizás no es tan grave; ahora se dice que el universo se expande a una velocidad inimaginable, expansión que es algo más, es la creación de espacio, y si el espacio tiempo es una unidad, eso es lo creado o aparecido. No es que Broad haya pensado así, ni que deba haberlo pensado, ni que las dos ideas sean semejantes. No hay que ser excesivamente exigentes, eso de la materia y la energía oscura puede tratarse por el momento, el de la cosmología, como un detalle pendiente.

Pero al final tampoco tenía Broad por qué explicarlo, puesto que abandonó la teoría del universo en bloque creciente. Pasaron otros inviernos, y Broad se opone ahora al pasado, como en la etapa intermedia se opuso al futuro. El tiempo es el absoluto llegar a ser, de lo que llega a ser, y lo que llega a ser es lo único existente, mientras es; sea lo que sea, ocurre en el presente, único espacio temporal que existe, único espacio temporal para lo que existe. Parece que ya no le preocupa el asunto de la velocidad, porque ya nada pasa al pasado, ni viene del futuro, ya no hay que preguntarse a qué ritmo ocurre eso. Pero el asunto del instante ronda por ahí, y en él no se puede hablar de causalidad.

Es extraño: no parece posible explicar que lo real existe, y se postula entonces que se crea a cada instante, creación que es lo mismo que desaparición.

En este contexto Broad señala que le parece que la idea de que el agente moral es causa de sus actos morales es ininteligible, y eso de manera absoluta e insalvable, cosa por lo demás bastante clara; el argumento que presenta es válido igualmente, porque es el de la relación que habría de existir entre el acto libre, que no tendría causa, y el efecto que sí es causado, y por ahí toda clase de contradicciones, como por ejemplo un individuo libre que actúa sin causas que expliquen lo actuado, y que sin embargo espera confiadamente en los efectos de sus actos. El libre albedrío no es libre ni es albedrío cuando, desaparecida toda forma de causalidad, inclusive explicativa, todo es entonces mágico e incontrolable. Tiene Broad, sin embargo, una teoría de la causación, que no se tratará aquí.

Broad no se dejó seducir sino muy fugazmente por el universo en bloque, o lo que es lo mismo, por la interpretación de los conos de luz como una representación correcta de la realidad temporal entendida como un mundo homogéneo actual congelado. Los pasos que dio pueden verse desde hoy como del todo consistentes: primero el universo en bloque, luego desecha el futuro, que es el paso más inmediato, y luego desecha el pasado, abandonos que empiezan a ocurrir naturalmente en el desarrollo de la idea.

Queda el problema de explicar el presente, dejarlo vigente solo de una manera residual no es lo mismo que entender en qué consiste.

La pregunta de Broad tiene una respuesta, estaba dada por sus olvidados amigos matemáticos, y ha sido mencionada en este escrito, al menos como un anuncio, y de manera general. Aquí la respuesta sin evasivas a la pregunta concreta de Broad: no es del caso preguntar a qué velocidad pasa el tiempo, porque del tiempo no se puede decir que pase, o que no pase, ni se le puede imponer una medida. Pronto aparecerán en este escrito las razones exactas en las que esta afirmación pretende tener bases sólidas.

10.2 FATALISMO, PARA PROFETAS.

Fatalismo es la tesis según la cual una proposición o afirmación sobre un evento futuro es necesariamente cierta, o falsa, una vez que se tiene una ya todo es inevitable.

Es el ejemplo de Aristóteles con la batalla que habrá de tener lugar mañana. El concepto de fatalismo está demasiado recargado de otros conceptos implícitos, es inútil. ¿Qué es la verdad de una proposición? ¿De qué manera está conectado el presente con el futuro, ambos cuya existencia está dada y presupuesta en el argumento mismo del fatalismo? ¿De qué manera puede el futuro resolver sobre el pasado, es decir sobre la verdad de una proposición emitida en el presente?

Por supuesto que si la realidad es causal, determinística, el futuro habrá de ser lo que será, o es lo que es, y eso no depende de proposiciones sobre el futuro, que no tiene nada que ver con la estructura de una proposición o su funcionamiento, porque el futuro o algo en él, si existe o depende, eso lo define la realidad, a secas. El argumento a favor del fatalismo es un error de juicio que aparece con la consideración de que si algo es o bien cierto, o bien falso, el acontecimiento depende de la verdad o falsedad de la proposición.

Salvo en mecánica cuántica, disciplina en la que ciertos experimentos se explican como si el futuro, existente en el futuro, afectara al pasado, experimentos intrigantes sobre los que no hay acuerdo ni siquiera en la descripción. Son tantas las discusiones previas necesarias para explicar qué es lo que se quiere decir, tantas las opciones y desacuerdos fundamentales en cuanto a las bases de una teoría que todavía no es teoría, que no vale la pena intentar tratar eso sin saber antes si el futuro existe para esa misma teoría.

La mecánica cuántica es una receta para hacer predicciones, por ahora es lo más que se puede decir. Que se sepa no incluye una receta para borrar el pasado, acto de borramiento que habría de ocurrir en el presente, acto determinado desde el futuro, todo eso en una teoría que suele decir que ni siquiera considera al tiempo.

El pasado ya está borrado, el pasado no está disponible en el presente, tampoco en el futuro, menos desde el futuro.

Y el fatalismo es para profetas, ya estaba anunciado.

10.3 ¿CAPRICHO MATEMÁTICO, O SERVIDUMBRE DE LOS RELOJES?

Un tiempo para filósofos, para una corriente al menos, no para sicólogos, podría ser el que resulta expresado por el cambio, por el devenir, sin confundirlo con un número o contador de ritmo, y sin entender al devenir como llegar a ser o dejar de ser. Devenir no excluye ritmo, ni en lo que este tiene de repetición, pero no implica una medida para el ritmo, ni la requiere. Sobra toda analogía con número, el tiempo podría ser el devenir, incontable, no numerable, no medible. Para la filosofía el problema inicial ya no es saber si hay un tiempo de Newton absoluto o uno relativo de Leibniz o de Einstein, incluso uno de Poincaré totalmente convencional. Mucho más difícil primero está la determinación, sí o no, sobre la posibilidad de existencia del tiempo, de algún tiempo, del que sea.

Porque la idea nebulosa que ha quedado a lo largo de la historia es que los negadores del tiempo tienen razón.

La discusión entre Einstein y Newton puede considerarse zanjada así: Einstein excluyó de la física al tiempo absoluto.

Newton en cierta forma también lo hizo, declaró conformarse con las efemérides o tiempo sideral, y manifestó su desesperanza frente a la posibilidad de la construcción de un buen reloj. Sí se pueden construir, pero, y la sorpresa y punto final se deben a Einstein, marchan a ritmos diferentes. No está claro tampoco que el reloj mental de Einstein funcione, por lo menos mientras se mantengan las interpretaciones vigentes en materia de incertidumbre y probabilidad en mecánica cuántica; o porque el reloj de Einstein es un postulado. Y él mismo aclaró que en relatividad general los relojes ya no son lo que eran en la especial. La relatividad general ya no acepta al reloj de la especial, y esto por lo demás está bastante claro. No parece posible construir el reloj perfecto, como anticipó Newton, ni porque sus ritmos puedan considerarse matemáticamente parejos, ni porque lo que pasa entre ritmos puede medirse, y por eso todos escapan a la ingeniería. Y eso que ya hay relojes asombrosamente bien construidos que, situados uno sobre otro, irremediablemente marchan disparejos, disparidad calculable con precisión.

No son construibles relojes en funcionamiento correcto y que marchen a ritmo similar, eso por razones explicadas en relatividad general; y además por una razón mucho más fundamental, si se quiere: porque el tiempo no es medible.

La filosofía debe tener claro que el tiempo relativista es una lectura de un reloj, de un tablero de un reloj, un aparato diseñado para producir y para contar su propio ritmo; y que lo más que se puede aceptar de esa interpretación es que ese tiempo no transcurre en la forma preferida y teorizada por Newton, que por supuesto pensó en términos de relojes, así fueran efemérides, a falta de otros mejores. No es en eso de la lectura en lo que es original Einstein, sino en las consecuencias de pensar un reloj como él lo pensó, uno que, para jugar con palabras, resultó ser al mismo tiempo absoluto y relativista. En realidad, eso de relatividad es un mal nombre para la teoría, en su origen no estaba ese concepto. El reloj de relatividad especial de Einstein es absoluto en el sentido de que es una definición basada en principios o axiomas o postulados. Se ha hecho mucho ruido con eso de la desaparición del tiempo absoluto de Newton, porque se sabe que no es parejo; pero el tiempo de la física sigue siendo matemático en el más completo sentido de la palabra, puesto que las ecuaciones permiten calcular lo que hacen y harán los relojes, con precisión extraordinaria.

En contra de todo lo que ha sido dicho durante todos estos años, los relojes de la física moderna ni siquiera prueban que entre oscilaciones del mecanismo las cosas transcurren de una o de otra manera. Lo que prueban esos relojes es que lo que ocurra en materia de precisión de un reloj no puede ser medido sino con otro reloj. Se puede trabajar, en el límite de la precisión de ingeniería, con promedios.

La ciencia puede en ocasiones demoler sistemas filosóficos pero está fuera de sus alcances tanto como de sus métodos construir alguno, la filosofía y la ciencia se separaron hace ya siglos. Corresponde a esos sistemas filosóficos aún no demolidos, aún no construidos, proporcionar una idea de lo que el tiempo y el espacio puedan ser, más allá del limitado alcance que los objetivos de las mediciones tienen. Esta función para la filosofía está reconocida de manera general por los más brillantes físicos, que declaran no tener problema, y a veces tampoco interés, en ella.

Dice Ptahhotep, máxima once, hace unos 4600 años:

"*En tanto que vivas que tus deseos te guíen, sin exceder lo que te ha sido ordenado, no apresures tu tiempo mientras los sigues, el desperdicio del tiempo es, para el espíritu, una abominación...*"

Si hoy se apresura el paso, se gana tiempo, si eso es lo que ha de entenderse por la marcha lenta del reloj. Pero no es posible apresurar el paso, no de manera útil o significativa, así es la vida. La prisa personal será vista por los demás como lentitud y ataraxia. Cosas de la física.

O para decirlo de manera técnica y en otro contexto, el paso que se apresura jamás modificará la velocidad espacio temporal del caminante.

En los Estados Unidos el National Institute of Standards and Technology informa la hora oficial en ese territorio, y de uno de los relojes que usa o ha usado, instalado en 1999, se dice que tiene una precisión tal que el margen de error es de un segundo cada 45 millones de años. Y de esa fecha a hoy se han diseñado o pensado relojes aún más exactos, como el de estroncio, está claro que su precisión no es comprobable, sino solamente calculable, en ese caso los cálculos sugieren cosas tales como edad del universo requerida para detectar una variación o error, tiempos así.

Lo interesante es que para confirmar ese nivel de precisión del reloj se requieren o cálculos teóricos, al final promedios, u otro reloj más preciso…como siempre.

10.4 EL PRESENTE, DURADERO E INEVITABLE.

¿Cuánto dura el presente? La pregunta no es si se puede medir el presente con un reloj, o si la medición se desvanece en el instante. Está claro que los relojes no miden ningún presente.

Tampoco se trata de estimar cuánto dura el presente sicológico, ese presente extendido o especioso del que hablaron W. James y otros y que sin duda existe como experiencia personal para la cual está pendiente una explicación, porque tiene todos los problemas lógicos que tiene la idea compañera que dice que el tiempo es un asunto sicológico. Observación hecha sin perjuicio de esta otra ya antes repetida: sigue sin explicación cómo puede darse un tiempo sicológico que no sea un tiempo real, un tiempo de una cierta clase de procesos físicos que se describen como sicológicos, o desde la disciplina que estudia esos fenómenos.

Se supone, en la visión tradicional del sentido común, que el presente es u ocurre justo entre lo que ya es pasado y lo que aún es futuro; y se supone, otra vez, que la duración del presente, o mejor no duración, es instantánea.

En esto el lenguaje induce a error. ¿Lo que ya es pasado, o aún no es futuro? Esta manera de hablar supone que el pasado existe, y parece suponer que el futuro aún no, aunque para ambos casos aparezca el casi omnipresente verbo ser en tercera conjugación. La observación es la misma si se admite la existencia de lo pasado como actual en el pasado, y lo futuro como actual en el futuro, si eso significa algo. Es decir, unas veces se supone que hay como una especie de receptáculo, el pasado o el futuro, otras veces se supone que es la cosa o el evento lo que es pasado o futuro. Pero los problemas son igualmente difíciles. Los amigos del argumento sofístico dirían: el pasado existe porque se puede hablar de él, y el futuro, se habla de él, entonces es porque existe también. Un caso de libertad de expresión.

Si se acude a la metáfora del tiempo como línea el presente es visto como un punto sin duración, así como el punto no tiene dimensión espacial. Si el presente no dura es claro que el cambio no ocurre en el presente, y que así no hay tiempo para quienes lo definen por el cambio, para quienes el cambio es el reloj, es decir para quienes la marcha del cambio entendido como ritmo es la misma del tiempo, cualquiera que sea el ritmo. Entre quienes no niegan el presente, la discusión es sobre su duración, si es que dura, o sobre su relación con el pasado y con el futuro, si es que existen ambos, o alguno de ellos.

Si se usa la idea de presente como instante sin duración quizás los argumentos de Zenón sirven tanto para afirmar el movimiento, como para negarlo: si la detención dura un instante, no hay detención; si la distancia se recorre en instantes, los instantes no suman y no hay movimiento. Tiene razón Zenón en un cierto sentido: no hay instantes de tiempo. Intentar razonar con base en ellos conduce a conclusiones absurdas, u opuestas con igual apariencia de validez. La solución de las paradojas de Zenón mediante el cálculo diferencial es un sofisma: el límite de la ruta de Aquiles se puede pensar también, no en la meta sino en el primer paso. Mientras no cruce ese límite no ha dado el segundo paso. Cuando se analiza la ruta de Aquiles desde el punto de vista de límite se da por hecho que Aquiles ya se ha movido, al hacer coincidir el límite matemático con el físico, con la meta. Es curioso, hay quienes han pensado que el cálculo diferencial refuta a Zenón.

Entender al presente como algo instantáneo, es decir como algo sin duración, es excluirlo de lo temporal, o negar su posibilidad. Los infinitos conceptuales entendidos como tareas, secuencias repeticiones jamás existen como infinitos actuales. Se puede decir que la realidad es infinita, pero esto en el sentido clásico que quiere significar: la realidad es lo que es, todo lo que es, está completa, no es divisible, ni finita ni infinitamente, toda división es más bien un subconjunto, un concepto, solo existe la unidad, para identificar una cosa hay que excluir a la casi totalidad de la realidad sin la cual no sería posible la ilusión de que existen cosas separadas.

Entre instantes no puede concebirse ningún flujo de tiempo, si el tiempo ha de ser considerado como algo real. La idealización matemática del tiempo como flujo sobre la línea recta tendría que aceptar que si el tiempo fluye puntual o instantáneamente, ya ha recorrido toda la recta, que se supone no tiene extremos. O entonces no existe recta y la idealización falla. Es el mismo problema para la idea de unidades discretas de tiempo: no explica cómo se pasa de una a la otra, ni explica como esa unidad discreta, es decir extendida, alberga a un tiempo que no transcurre en ella por partes, por definición. Porque ya hay una unidad mínima. Habría que recorrerla, o tendría que durar, un instante. De otra manera no es concebible una unidad mínima de tiempo, tanto como el instante temporal no es concebible. Una unidad mínima de tiempo exigiría pensar que hay un tiempo entre los extremos que la definen, sin que pueda decirse nada sobre el tiempo entre los extremos de cada unidad, ni entre unidades: no sería consistente.

Y así como algunos pensadores han negado que el presente forme parte de lo temporal, E.R. Kelly a fines del siglo 19, al referirse a la experiencia de lo temporal, señaló, o mejor volvió a señalar lo que ya otros habían dicho, que el presente, el de la sensación o de la conciencia, es en realidad un dato del pasado, de manera imprecisa situado entre lo que se suele denominar pasado, y futuro.

Es una idea intrigante y original, que no resiste examen: puede que el dato sea caduco, pero lo que lo hace caduco es que se percibe en el presente.

O puede ser la vieja idea que enseña que la luz del sol tarda ocho minutos en llegar a la tierra, sumada al tiempo que toman los procesos cerebrales. Como ejemplo se refirió a la música, cuyas notas o melodía se perciben como un conjunto presente; o el paso de un meteorito captado por la señal de la combustión, acontecimiento que puede experimentarse como una unidad que de repente está toda en el pasado. Dijo que, desde el punto de vista humano, bien puede considerarse que el tiempo está dividido así: el pasado obvio y evidente, que no existe; el futuro, que tampoco; el presente, que limita con ambos. No fue del todo fiel a su idea y pasó directamente al presente extendido, que para él es un engaño originado en lo sensorial.

La idea de presente extendido es también de Husserl, de 1887, o de un E. R. Clay. Estas ideas fueron estudiadas y desarrolladas tanto por W. James como por C.D. Broad, y todos tienen en común la relación entre esa sensación y lo que la palabra señala: es un caso de sensación, de sentidos, de percepción fisiológica tornada a veces en algo consciente. En la sucinta definición de James el presente extendido es la corta duración de la sensación del presente. Se puede describir gráficamente así: es como la regla, no el punto, que se desplaza sobre la línea que representa al tiempo. Pero es una regla irreal en el sentido tradicional para lo sicológico. Esta idea del presente extendido es anterior a las teorías de relatividad, y se puede considerar que después de ellas no tiene interés, como tampoco antes desde el punto de vista físico, dado que todo lo sicológico es en su origen y funcionamiento, físico, entenderlo como sicológico es una exclusión y una cuestión de método o de objetivo, pero no una licencia para obtener conceptos o conclusiones no compatibles con una visión más general.

Ese presente extendido, traducido a veces como especioso, en el sentido de denso, tiene que incluir una cierta anticipación sobre el futuro, como cuando se sigue una melodía correctamente estructurada. Es la idea de Husserl.

La experiencia personal del paso del tiempo jamás probará objetiva o públicamente que el tiempo exista: sirve para plantear la pregunta, pertinente, de cómo sería posible la sensación del paso del tiempo, sin paso del tiempo. La idea de Agustín sobre el futuro como una anticipación que ocurre en el presente, y el pasado como recuerdo es más sencilla, más clara, y no pretende dar el paso en falso que atribuye realidad a las sensaciones, o más exactamente, a lo que es objeto de sensaciones, solo porque en ocasiones sean insistentes o persistentes.

Tampoco hay que caer en los extremos filosóficos a los que se dejó llevar Einstein. Es cierto que él mismo afirmó que los requerimientos de su teoría eliminan del espacio y del tiempo las últimas trazas de objetividad, pero eso no es más que una emocionada afirmación, una exageración, contradice el hecho de que la teoría cambió profundamente la concepción del espacio y del tiempo, hasta llegar a confundir al último, en física, con los relojes, sin los cuales no se puede entender el espacio tiempo. Una dudosa multiplicidad, existen relojes, no existe el tiempo, existe el espacio tiempo, no se puede calcular sin relojes, hay que considerarlos como en o a alguna parte adheridos, así lo dijo, forzado por la realidad, aunque se disculpara por ceder.

Gödel preguntaba: si el pasado existe aún, ¿dónde queda el presente? Está claro que para él el tiempo es, ¿era?, una ilusión, e intentó probarlo a partir de la teoría general de la relatividad, si se acepta que para eso ideó sus soluciones relativistas para universos en rotación. Dos interpretaciones son posibles: la teoría falla si es utilizada en esos casos hipotéticos extremos entre los cuales funciona el ejercicio de Gödel; o la teoría no falla y como la conclusión es absurda, ese concepto de tiempo no es consistente o no es válido. Es difícil una conclusión, y más difícil insinuar que eso se le escapó a Gödel.

El asunto tiene otras complejidades: un pasado que incluya a un viajero que llega del futuro no es el mismo pasado; y una especie de eterno retorno o viaje circular incesantemente repetido incluye dos tiempos, el personal del viajero y el del calendario de la meta, y la idea de dos tiempos que de alguna manera corren en el mismo espacio tiempo no es consistente. Esto no es negar que los relojes funcionen de manera peculiar, cosa ya sabida; siempre en distintos tiempos, siempre en distintos espacios, quizás en el mismo espacio tiempo, que es un concepto, como todo. Pero no está claro cómo ha de funcionar el reloj del viajero en el universo de Gödel, porque no se puede saber en qué momento invierte la marcha, y si no la invierte no hay un sentido claro en el que se pueda decir que todo vuelve al principio. De quien da una vuelta a la tierra, por ejemplo sigue la línea del ecuador, y llega al punto de partida, no se puede decir que no ha dado una vuelta a la tierra, no se puede decir que si sigue, repetirá. No es lo mismo repetir que no repetir, lo mismo no ocurre sino la primera vez, la segunda vez podrá ser igual pero no es la misma vez.

El presente es la seña más directa del tiempo, si es que existe, con o sin relojes: es el presente sicológico, es el presente de la coincidencia entre las agujas del reloj y el sonido de las campanas o la llegada del tren, es el presente para un marco inercial de referencia, para el molusco en el presente de cada uno, que no es que sea privilegiado en el sentido técnico de esta palabra, pero privilegiado es en tanto que inevitable, las realidades de la vida cotidiana o las del laboratorio, es lo mismo, se imponen a todo lo demás.

Un cierto tipo de privilegio personal y exclusivo, cada uno con el suyo, inevitable, irremediable.

Y ningún marco inercial puede escapar de su propio presente, sea que ahí el tiempo transcurra, o que no transcurra. Y así, es la relatividad general, la idea de espacio tiempo, la que confiere al tiempo de los relojes una realidad física tangible: y eso lo hace por medio de un paso abrupto, que consiste en definir un reloj, y adherirlo al molusco.

¿Es posible que el presente, en lugar de ser ilusorio sea real? Si se quiere contestar que es ilusorio, la objeción es inmediata: una ilusión es un evento, si no se sitúa en el presente, hay que situarla en el pasado, o en el futuro, o mejor en la eternidad, sea lo que sea la eternidad. Pero la eternidad no tiene eventos, ni pasado ni futuro, en ella nada ocurre. Es otra cara del problema sin resolver de todo eternalismo: la conciencia de lo presente, o de cualquier cosa o clase, es actividad.

Se ha pensado que es insensato negar el presente, lo más evidente e inmediato. Y sin embargo, el presente entendido como instantáneo no es comprensible, y tampoco entendido y como formado por algo que limita con pasado y con el futuro, menos que incluye al menos una parte de ellos.

El presentista se encuentra con esta aparentemente implausible situación: toda la realidad está acumulada en el presente, lo que fue no podrá dejar de ser, no ha sido sino que es, una especie de eternidad comprimida en un instante, un instante en el que el pasado está presente sin estarlo, un instante en que todo el futuro tendrá su espacio disponible, pero espacio que hoy no existe y al cual nunca habrá de llegarle su tiempo de existencia: porque, se supone, existe el presente y no otros tiempos. Pero claro, el presentista no es eternalista, este es el punto de partida. El presentista no supone una realidad congelada, y por eso no es eternalista; pero no ha encontrado, entre los instantes, o en ellos, espacio para explicar cómo se instala la realidad y como puede cambiar sin llegar a la instalación, porque ya está, y sin abandonarla, porque no desaparece de ella.

Se objeta al presentista que la totalidad de la realidad no es comprimible en un instante, y la solución que se le ofrece es que está extendida en pasado y presente, y a veces también futuro. De los cuales se deja en el oscuro el grave asunto de definir si también están formados por instantes.

El presentismo seduce a primera vista: pero implica un mundo fantástico, frenético, en el que infinitas cosas ocurren en un instante menos que infinitesimal, en un instante sin duración, un instante en el cual la realidad dura sin transcurrir, pero en donde el cambio es incesante, en el que nada puede permanecer, porque el presentismo lo que menos afirma es que la realidad sea estática. Ese es el misterioso problema del tiempo, lo que a primera vista parece obvio resulta contradictorio.

Otra pregunta desde el presentismo: ¿existen otros presentes? ¿O se trata de un presente único extendido en la totalidad del universo? La pregunta sobre otros presentes no implica que esos otros presentes puedan ser vistos como pasados o como futuros para quien vive el suyo. Significa que existirían múltiples realidades temporales, cada una a su ritmo y de acuerdo con su reloj. La negación de la simultaneidad frente al problema de la unidad de la realidad es lo que ha dado lugar a la proliferación de universos. De esta manera se pretendería que el presentismo es compatible con la relatividad general.

El punto sobre la posibilidad de obtener información de eventos pasados, información accesible desde el presente, no requiere que el evento exista: a menos que se confunda evento con información sobre el evento. Es lo que Poincaré señala con el ejemplo de Cristóbal Colón, porque es fácil decir que no se puede confundir información con evento, pero no se puede olvidar que de un evento lo único que se puede tener es información. La existencia de eventos presentes, pasados y futuros, todos dados actualmente, implica que el universo ya ha ocurrido, no que el universo está ocurriendo; si la realidad es un universo en bloque, no hay en él ni velocidad de la luz, ni relojes que se muevan, ni rodillos elásticos, todo es rígido y quieto, luz incluida. Claro, eso no lo admite la teoría, pero eso es lo que implica en el límite, y así se ve dibujada en el tablero. Y no es posible una conciencia que se mueva, libre o constreñida, sobre esa realidad, superponiéndose a ella para mirarla y para sufrir la ilusión de lo temporal, y para estar al mismo tiempo en ella y fuera de ella. Si una tal conciencia existe en esa situación, se trata de una refutación de la teoría, o de teología o del más desenfrenado solipsismo.

¿Se mueve el presente, o fluye el tiempo en el presente, o fluye el futuro hacia el pasado por el camino del presente? ¿O es el pasado el que roe al futuro? Preguntas clásicas que el presentista ha resuelto negativamente, por lo menos en eso intenta una solución.

10.5 LA REALIDAD DEL CAMINANTE NO ES LA DE LA RELATIVIDAD. UN MODESTO PASO.

La teoría general de la relatividad no puede negar que algo es u ocurre en el universo en el momento en que esta frase es leída, ni que algo ocurrió en el universo en el momento en que fue escrita. El lector no debería tener problemas si distintos observadores no pueden ponerse de acuerdo sobre la hora que marca el reloj de su estudio. Al fin y al cabo esos observadores, si están separados, y siempre lo estarán de manera irremediable, tampoco podrán ponerse de acuerdo en una hora para ellos.

Que algo así descrito ocurre, quiere significar: no hay en el universo, no es posible que lo haya, lugar o espacio o espacio tiempo en el cual la realidad abandone su presencia, o se demore en llegar desde algún lado, o simplemente no exista.

Ante eso los relojes son aparatos de medición algo peculiares, nada más.

La información es parte de lo real, pero lo real no se agota en la información. No importa lo que muestren los tableros de los relojes: ya no se discute que sus marcaciones y tableros no coinciden, no coincidirán. Ya se sabe, además, que la señal tarda en llegar. Cualquiera, en principio, puede calcular en qué momento la frase fue escrita, y esa será su definición o determinación de momento en ese caso, pero la falta de sincronía de los relojes no divide a la realidad, no impide que se pase de una frase escrita a la otra, ni multiplica infinitamente a cada una, ni hace que estén escritas las que no han sido escritas, las que estén pendientes de escribir no están escritas, tampoco las que no serán escritas.

Penrose, o también Reitdijk y Putnam, imaginan atacantes contra la tierra, con base de operaciones en Andrómeda, y juegan con los tiempos relativistas para manejar la situación. Es ejercicio teórico militar de la misma manera que el viaje hacia el pasado calculado por Gödel, sin las distracciones: como un síntoma, no lo ven ellos así, de que algo no está completo, o no está bien entendido.

Los cálculos de Penrose muestran que con cambiar de acera, el que calcula toma una ventaja temporal que permite resolver el problema y puede evitar que un lejano ataque cause el final del planeta, si antes la humanidad no ha acabado con él.

Todo esto es una especulación del estilo de BELLA: se acepta como real el resultado de un cálculo, a falta de la posibilidad de verificar que el electrón llegó a Sirio. No es que el muon no llegue al detector, sino que su origen se calcula; no es que el electrón no llegue a Sirio, sino que su llegada se calcula.

No hay duda de los cálculos, pero sí puede afirmar que como en los universos de Gödel, la física parece estar ya en un terreno que exige un replanteamiento conceptual básico. La idea que flota en el ambiente parece ser esta: hay que pensar de nuevo el concepto de medida.

10.6 LEIBNIZ, REVISITADO. SHOEMAKER. LE POIDEVIN.

Hay un artículo de S. Shoemaker, de 1969, cuyo título se podría traducir como *Tiempo sin Cambio*, presenta un escenario imaginario de tres universos separados pero comunicables, supóngase que eso tiene sentido, y con ellos construye una secuencia de parálisis alternas que pueden ser deducidas porque es observable desde los otros dos no paralizados, y la combinatoria incluye la conclusión de que en alguna de las secuencias la quietud transitoria ha sido para todos, que se puede estimar la duración, y presenta las razones por las cuales eso se puede deducir.

Concluye que eso demuestra que puede existir tiempo sin cambio. La conclusión parece un poco apresurada: mientras la parálisis no sea para los tres universos de manera simultánea, hay cambio; y cuando la parálisis es simultánea se puede aceptar que no hay cambio, pero de ahí no se sigue que sí hay tiempo solo porque antes, en otras condiciones, lo había.

Le Poidevin retoma el asunto en un artículo que se puede traducir como *Tiempo sin Cambio (En tres pasos)*. Los tres pasos son tres etapas del argumento, resumidas aquí de manera abrupta: se tiene un universo del cual se van retirando objetos uno a uno, hasta que todos han sido retirados; esto lo supone finito en elementos, lo que no es descartable como hipótesis. A eso se le llama argumento por sustracción y es de T. Baldwin, cita Le Poidevin. En el análisis no se requiere la sustracción de todos los objetos, basta que quede uno, eso simplifica mucho el tema de las objeciones a la posibilidad de un espacio sin objetos, vacío. Quedan los clásicos problemas sobre la posibilidad de determinar si el objeto se mueve o si el tiempo pasa. De eso trata el artículo.

El punto débil del argumento es el siguiente: este objeto único, de cuya existencia trata el segundo paso, debe definirse como estático, que no cambia, congelado. El argumento sobre tal posibilidad, el que presenta Le Poidevin, es solo este: eso es posible porque el universo no es determinístico, las leyes del universo son tales que no hacen que un estado que sigue a otro lo siga necesariamente en una forma determinable. De esto concluye que es lógicamente posible que ese sencillo universo, de repente, pare. No se detiene a considerar si un universo así detenido puede volver a tomar vida, supone quizás el lector que precisamente por la indeterminación eso es posible Pero eso sería otro asunto, no el que ocupa a Le Poidevin.

Se tiene entonces un universo imaginado como compuesto por un solo objeto, uno estático, uno que en ninguna forma pensable o admisible cambia. Pero no se trata de concluir que ese sería un universo sin tiempo, esa conclusión, dice, no le interesa, o es muy poca cosa. A lo que quiere llegar es a demostrar que puede darse tiempo sin cambio.

Después de un ejercicio que intenta demostrar la posibilidad lógica de que no exista cambio en un objeto, es ocasión para el tercer paso. Primero un universo con un único objeto, segundo ese objeto no cambia, tercero, ¿puede decirse que en ese universo hay un tiempo que transcurre? Aquí el encanto del ejercicio desaparece. Le Poidevin estaba explicando asuntos relacionados con la causalidad, dice que antes del primer paso los objetos de ese universo de alguna manera estaban relacionados u ordenados o entendidos causalmente. De repente es muy importante ahora la causalidad, pese a que el argumento exige aleatoriedad para poder avanzar, pero dejo de lado este asunto. Y entonces, concluye, el objeto único que al fin permanece no puede dejar de exhibir esa estructura, o esa naturaleza causal, y por la vía de la causalidad, heredada, digamos, el tiempo ha quedado incluido en ese universo, aunque el objeto esté congelado, sin cambios. Causalidad e indeterminismo oscilan aquí según la necesidad del argumento. Causalidad que tendría que actuar desde el objeto y hacia el objeto, puesto que no hay sino uno. No está claro qué clase de causalidad pueda ser esa.

El argumento de Le Poidevin ha perdido toda su fuerza, y el asunto puede ser aún más complicado: las solas leyes causales no son en sí mismas nada temporal, son tan leyes como las de la aritmética, o menos, porque son explicaciones. Para que el argumento fuera consistente, si ha de admitirse que esas leyes acompañen al objeto congelado, estático, que no cambia, habría que considerarlas también congeladas, estáticas, fijas, es decir por fuera de operación. Y entonces el argumento también quedaría paralizado.

10.7 FLUYE LA LUZ, SE DICE QUE FLUYE EL TIEMPO.

No es posible ver o tocar el espacio, tanto como no es posible ver o tocar el tiempo, existan o no. O por lo menos así se dice tradicionalmente y con mucha frecuencia, y se pasa en silencio cómo sería la cosa con el espacio tiempo.

Para tiempo y espacio, nada de eso es cierto. Se tiene una sensibilidad física altamente desarrollada para las necesidades del espacio en el que se vive, y esto es cierto al menos para la casi totalidad de los organismos conocidos, la palabra tocar es bastante ruda y limitante; se tiene una sensación física muy precisa y directa, y del todo inevitable salvo ciertos estados de la conciencia; en cuanto al entorno espacial, hasta un árbol la tiene, por lo menos ante la luz y la humedad; en cuanto a lo temporal, la sensación es quizás más claramente inevitable porque está acompañada de los cambios en el cuerpo a medida que, como se dice, pasa el tiempo y esa capacidad fisiológica pasa también. No es necesario admitir que sin posibilidad de ir hacia el pasado, en el sentido en que por ejemplo se dice que hay posibilidad de ir hacia un lado, entonces por eso ha de quedar claro que el tiempo no existe. Sobre todo si uno de los elementos básicos del tiempo resulta ser, precisamente, que no se pueda ir hacia el pasado o hacia el futuro, ni voluntaria ni forzadamente. El espacio también es en este sentido igual de rígido, no es posible moverse fuera de las tres dimensiones de la geometría habitual. Y aquí ya se ha deslizado un error.

Lo cierto es que nadie ni nada se mueve en una geometría, salvo objetos matemáticos, lo que se mueve lo hace en el espacio, a secas. Dos mil años de geometría de Euclides han logrado que se confunda el espacio de la vida cotidiana con una geometría particular, individual, igualmente objetiva que subjetiva. Nada de eso es el caso, se trata de un error, no se necesita ni regla ni compás, ni plano cartesiano para apreciar la naranja en el árbol e ir a verla más de cerca.

¿Puede pensarse el tiempo como independiente de que sea percibido, y que su realidad no depende de una percepción? ¿Y lo mismo con el espacio? ¿Puede ser la percepción de espacio semejante a la de tiempo, salvo que sobre las dimensiones espaciales hay distancia física, de lo cual no hay analogía disponible en el caso del tiempo? En la historia de la filosofía se ha descreído de los sentidos, se les ha asignado el origen del error, se les considera engañadores de primera línea, se suele dar el ejemplo del tamaño aparente del sol, o de la vara a medias en el agua, que entonces parece doblada o quebrada. Y ahora se olvida esa larga tradición para señalar como argumento en contra de la existencia real del tiempo, o del espacio, que no es posible percibirlos sensorialmente y de una manera directa.

Los negadores del tiempo no suelen actuar tan seguramente para negar el espacio. Y el concepto espacio tiempo, firmemente establecido como herramienta conceptual que hace predicciones verificables, hace más difícil la negación total y absoluta de la realidad del tiempo. Pero esa frase se refiere al tiempo de los relojes. El tiempo de relojes es un concepto que permite preguntar por la posibilidad de tiempo por fuera de relojes, con lo que se quiere decir: por fuera de la medición, no medible. Incluso el análisis de la idea de tiempo de la física como sinónimo de tiempo de relojes invita a examinar si el tiempo de relojes sigue siendo tiempo.

La física ha reclamado para su uso el tiempo de relojes, quizás no tenga alternativas. No todo es física matemática. Cuando se piensa al tiempo es prudente no apresurarse con adjetivos.

Para Aristóteles el tiempo era, o es, número del movimiento. Se puede relacionar eso con su bien conocido motor inmóvil, una forma de eternidad activa, eso no pareció contradictorio. En el otro extremo de la historia de las ideas queda aquello de que tiempo es lo que los relojes miden. Y la síntesis engañosa que hace pensar en una concordancia salta a la vista: los relojes miden al movimiento por medio de la cuenta de oscilaciones, lo transforman en número en el tablero.

La conexión entre reloj y oscilación es irremediable, sin ella es imposible que aparezca el número. Para una clepsidra la oscilación es el agotamiento de su contenido, el giro para que el vaciamiento vuelva a empezar. El viaje de la luz para el reloj de Einstein es de ida y vuelta; la medición de un segmento mediante el uso de rodillo rígido es un sistema repetitivo que implica inmediatamente un conteo de superposiciones. No hay manera objetiva para predeterminar la distancia entre espejos, la longitud del rodillo; el reloj de Euler funciona con dos segmentos de línea, el tamaño del diseño es indiferente, la velocidad no y es la que genera el ritmo. El sol es visible y luego no lo es, como la luna, las estrellas.

Distancia es separación; movimiento es cambio o generación de distancia; velocidad es movimiento relacionado con tiempo; aceleración cambio de velocidad, vista desde el tiempo; tiempo aquí es: número provisto por un aparato. La mirada perspicaz encuentra algo del reloj de Euler. Al final se trata de comparaciones entre segmentos en movimiento relativo, y los números del reloj son ritmo, es decir cuenta del paso por los extremos de un segmento marcado en un dial o de alguna forma electrónica o mecánica o electromagnética.

Número del movimiento: nada significa, temporalmente hablando. El reloj puede marcar el medio día, pero no será medio día si es no es medio día. Síntesis engañosa porque ningún reloj mide al movimiento.

Aristóteles pensó profundamente los relojes, es decir al año solar, al día y la noche, a las estaciones, a la clepsidra, al reloj de sol, a todo lo que sirve para ser contado y poder entonces usarlo para asignar un número al movimiento, y se dejó engañar: el movimiento transformado en ritmo puede medirse con un número, eso no quiere decir que se haya medido al tiempo con números. El tiempo no es el número del movimiento, y que se pueda numerar al movimiento, es decir, que se puedan contar ciclos no significa que se haya medido un tiempo, ni tampoco significa de una vez que por eso no exista. A Aristóteles se le escapó esto: sin ritmo no tiene sentido hablar de número del movimiento. Cuando aparece el ritmo, el número será para los ciclos, no para el movimiento.

Distancia es velocidad multiplicada por tiempo: un metro cada segundo es la velocidad, un segundo es el tiempo, un metro es la distancia. De esta sencilla consideración, es decir, de entender que el asunto es totalmente circular, resultan varias cosas.

Para intentar salir de una vez por todas de esa situación, Einstein fijó uno de los tres términos de la sencilla fórmula que dice tiempo es igual a distancia dividida velocidad. Fijó la velocidad, la de la luz para su reloj. Así estableció un ancla, un punto de referencia fijo, un punto extraño porque no es un sitio sino una velocidad. Pero es una velocidad fija, irremediablemente fija, por definición. No hay puntos de referencia privilegiados para establecer velocidades o movimientos, y a cambio de eso se establece una velocidad privilegiada, constante, respecto de la cual todos los movimientos y las distancias y en consecuencia todos los tiempos han de variar.

Es por eso que, en una línea en el escrito original de 1905, Einstein define la velocidad de la luz como la distancia que recorre en un viaje de ida y vuelta, dividida por el tiempo empleado. No necesita números, y por eso puede usar como convención el número uno, o una letra.

La física ha cedido a la presión de la necesidad de encontrar un reloj, y ha entendido las consecuencias que la realidad impone a los relojes, es decir al espacio y por ahí a cualquier cálculo que incluya una distancia, y el tiempo de la física no existe sin distancias, y no existe entre las distancias, no puede medir el tiempo entre una oscilación y otra a menos que sea con otro oscilador más rápido. Ni siquiera puede medir cada una de las distancias que forman la oscilación: tiene que esperar el ciclo completo. No acepta entidades no medibles, y está en su derecho; pero desacierta cuando afirma que lo que no es medible no existe, o que el ritmo define al tiempo. El ritmo define al reloj, el reloj no define al tiempo.

Hay una diferencia objetiva entre el espacio tridimensional de la vida cotidiana, ese mencionado en los primeros renglones de este acápite, y el espacio matemático. Si ese espacio se entiende geometrizado en dos dimensiones, o en más, puede ser medido, objetivamente en sentido matemático.

El tiempo no es susceptible de ese tratamiento. No tiene dimensiones, se puede visualizar como si tuviera una, pero es una metáfora. El tiempo no es una línea, recta o no, ni transcurre sobre una línea, ni las cosas se mueven temporalmente. La física no acepta o no puede manejar entidades no medibles, y por eso en física el tiempo ha sido sustituido por un dato de relojes.

10.8 LO QUE DESPARECE NO CAMBIA, LO QUE CAMBIA NO DESAPARECE.

La humanidad tiene horror al infinito, Chronos devora a sus hijos, en un ritual sádico previsible en la figura amenazante y descompuesta con la que se le suele representar. De ese horror al infinito surgen las teorías que indican un origen para la realidad, sea ese origen una creación o una explosión que ya no merece mayúsculas, porque si acaso, sería una local, para la parte del barrio y vecindades que la tierra ocupa en el universo. Esta última teoría produce resultados bastante simpáticos, por ejemplo puede explicar el origen y evolución de galaxias y estrellas y agujeros negros, explicar la ordenada aparición de los elementos de la tabla periódica, informar cuál es el número de átomos que contiene el universo, puede calcularle el volumen y deducir la densidad; acompañada de la mecánica cuántica puede afirmar que de la nada que no lo es, del vacío que tampoco lo es, surge a la existencia la realidad, tanto como desaparece sin desaparecer, de manera constante, o casi. Las ecuaciones le prohíben hablar de nada, de vacío, eso sería como conocer todos los datos de algo inexistente, como si se dijera en ceros, algo que está prohibido por las ecuaciones e impedido, o imposible de lograr, por los instrumentos y aparatos de medición, que no pueden medir la nada. Aparatos, o sus posibilidades, que la física confunde con la realidad misma.

Así que se tiene un universo finito en el origen temporal, finito en la frontera de su expansión, pero expandiéndose, como si surgiera de la nada en una frenética competencia con la nada que lo rodea, pero la nada ni siquiera puede rodear. A todo eso se ha llegado como consecuencia del horror al infinito conceptual, que no se deja manejar ni en la mente ni en las ecuaciones, que solamente mediante la pirueta del concepto se puede enlazar por unos instantes, antes de que se multiplique en nuevos infinitos, que fue lo que le ocurrió al genio de Cantor. Y así a veces se describe la realidad de los cosmólogos y la de los mecánicos cuánticos cuando empiezan a hablar de infinitos universos, como si el universo no fuera ya la totalidad de lo que es.

La filosofía no puede aceptar como definitivas las teorías físicas que hablan de un origen y de un final para la realidad. Si la idea del infinito en sentido infinito, la que dice que todos los infinitos posibles existen, puede parecer abrumadora, la idea de la nada es impensable. Si Parménides acertó, entonces la física tiene que abandonar las teorías sobre el origen de lo real, lo real no ha tenido origen y tampoco puede tener fin. Y si Heráclito acertó, la conclusión no cambia.

La física de los últimos años ha permitido que se comprenda que el tiempo no tiene nada que ver con los relojes, sean ellos efemérides o átomos de cesio o iones de quien sabe qué, oscilantes con precisiones inimaginables, hasta que alguien los cambia de lugar o mientras se mueven, en fin, o relojes imaginarios, de luz, arbitrariamente precisos y que sin embargo se niegan a ser precisos, al final no hay más remedio que buscar un promedio, o calcular diferencias, o aceptar que cada uno marca lo suyo. Los relojes son contadores de oscilaciones, y el movimiento tiene un recorrido que se mide en distancia y las distancias cambian muy a pesar de los relojes, y ninguno es igual a otro, y ya no proporcionan a manera de tiempo al número del movimiento, aunque cuenten oscilaciones, que es lo único que podrán contar, es decir numerar, así el movimiento, por la vía del acortamiento relativístico de las distancias, se burle, también, de ellos.

Hipótesis: una reconciliación de las ideas de Parménides con las de Heráclito permitiría tener una idea o concepto adecuado de lo que el tiempo pueda ser. ¿De dónde surge esta hipótesis, que suena ridícula en cuanto pretende saber de dónde saldrá la idea de lo que el tiempo es, al mismo tiempo que admite que ni siquiera se barrunta qué es lo que eso pueda ser? ¿Qué sentido serio podría adjudicarse a una pregunta que parece no reconocer que durante dos mil quinientos años, si no mucho más, el asunto ha sido intratable?

Surge de esto: no ha sido posible refutar ni al gran negador del tiempo, a Parménides el gran afirmador de la realidad, ni al gran afirmador del tiempo, a Heráclito, el gran negador de la realidad. Valdría la pena dejar de intentar refutarlos. La especulación continúa. Se requiere una nueva visión o concepto de cambio, una menos fijada en la rigidez del concepto de ser o cosa como algo estático, inamovible, paralizado y presto a desaparecer si se toca, si se menciona, si se describe.

10.9 RELOJES, UNA PÉRDIDA DE TIEMPO.

El tiempo no transcurre, ni viene ni va, la realidad no se alimenta del futuro, el futuro es algo sin contenido, una noción relacionada con un cálculo en el sentido de proyección sobre lo que se tiene por conocido acerca del funcionamiento de la realidad física, o a partir de la experiencia de la vida personal.

Y como el tiempo no transcurre, el tiempo es, la realidad tampoco se almacena en el pasado, porque el tiempo no desaparece, ni se esconde, ni se paraliza, ni espera antes o después, y tampoco la realidad o parte de ella. No tienen sentido las contorsiones verbales o lógicas que hablan de existencias que no lo son, o que no son todavía, o que ya no son.

Actualidad y existencia se requieren la una a la otra, existencia sin actualidad, en las versiones sobre la naturaleza del tiempo, se tornan en una especie de idealismo platónico de orden inferior o inverso, como decir que esta realidad existe porque hay una idea de ella y no está disponible sino la idea.

La realidad, actúa, es o se desenvuelve en el presente, y el presente no puede ser considerado como un instante; pero para no considerar al presente como un instante se torna necesario descartar la idea de tiempo como algo que es numerado por el ritmo, es necesario descartar a los relojes, a los segundos, a los nanosegundos, femtosegundos, lo que sea, falsos instantes todos que no pueden mostrar qué hay entre ellos. Ese camino del presente como instante no ha logrado convencer: la mejor manera de perder el tiempo es pretender numerarlo, de repente se crea la ilusión de que hay una enorme cantidad de tiempo disponible, como esperando desde el futuro o desde un equivalente de la recta numérica, y se olvida que es el tiempo el que dispone, siempre en el presente.

Se puede debatir si el tiempo requiere cambio; pero está claro que donde hay cambio hay tiempo. Ese debate es meramente teórico, con el agravante de que depende de los denominados contrafácticos, y se convierte en un mero ejercicio de lógica. La realidad del cambio es innegable y es imposible sustraerse a ella, en tanto se trate de lo real y desde lo real. No es necesario definir si todo cambia, o solo algunas cosas, o no todo el tiempo. Basta, para el argumento, el hecho de que el cambio es innegable, cualquier idea sobre ello ocurre en el escenario de lo cambiante, así sea solo un proceso cerebral, o la idea que ocurre al solipsista.

También es indispensable considerar que un concepto de duración implica tiempo sin cambio apenas de una manera aparente, porque se mide la duración respecto de lo que cambia; y si de medir se trata, se mide con un reloj, el aparato que es ejemplo mismo de lo que no dura. La duración pareciera algo por fuera del tiempo, pero se trata apenas de una confusión: la duración está por fuera del tiempo de los relojes. En el presente dura lo que existe: lo real. Afirmar que el cambio dura es jugar con palabras: el cambio exige duración, así sea la duración del proceso de cambio. La duración es el tiempo mismo que dura en el presente, duración como persistencia de lo que es. Ni la duración ni lo que dura tienen extremos por fuera del presente.

El concepto de duración no es importante una vez que se determina que el tiempo no es medible. La palabra duración se vuelve algo así como un fuego fatuo, todo dura en tanto que es, si no es no dura, duración es una extensión de la existencia. Desligado el tiempo de los números, no tiene sentido ponerle números a la duración, esta se vuelve un nombre para la manifestación de lo temporal, es decir de la realidad.

Entonces, para empezar, se tendría un presente extendido, no en el sentido de expresado por Husserl o James y los otros, sino en el sentido de que, por definición, se ha rechazado pensarlo como instantáneo, y se pretende que este paso se sustenta en que un instante no transcurre en ningún sentido inteligible, y no puede entonces entenderse como algo que tenga que ver con el tiempo: en realidad el instante excluye toda idea, todo concepto o toda posibilidad de pensar lo temporal. El instante es la ausencia de tiempo, como ha sido comprendido por muchos, para negar al presente así entendido.

Excluidos del tiempo los instantes, queda el tiempo, para ser pensado sin instantes. Lo primero que aparece a la consideración es el presente. El presente es una duración, y lo que dura es la realidad, que dura eternamente, no en el sentido de eternidad de la duración, sino de necesidad de la existencia. Así, por ahora, una forma de presentismo, pero una forma distinta, una que niega tanto el instante como toda flecha de tiempo, y una que se opone a todo concepto de eternidad que intente escapar de cualquier manera a la duración, es decir actualidad estricta del presente.

Si se abandona la idea del instante, es más fácil intentar abandonar también la idea de transcurso del tiempo. El tiempo no puede transcurrir, para eso tendría que ser una entidad, una fuerza física, una sustancia, algo con una realidad física en el sentido más material del término. La idea de que el tiempo transcurre no es comprensible. Pero eso no quiere decir que no exista una característica de lo real que pueda ser denominada tiempo. Querría decir que no tiene nada que ver con los instantes, que los instantes son su negación, no porque no transcurran, como evidentemente no transcurren, sino porque no son nada, ni duran ni no duran, ni transcurren ni no transcurren, son un concepto equivalente, en su irrealidad física, al punto geométrico, que tampoco pasa de ser un concepto, una definición, un postulado, una idea formada por definiciones, axiomas, postulados.

El tiempo no transcurre, no se puede confundir eso con la negación del cambio, del acontecer, una mejor palabra de aquí en adelante. El acontecer acontece en el tiempo, y el tiempo es el acontecer, y acontecer es ocurrir, que es lo mismo que existir.

No se requiere la idea adicional de tiempo como algo separado, se trata de aspectos de lo mismo, no de que esa idea, por adicional, no existe o no denota un aspecto de la realidad. Acontecer no es que una cosa tenga en un momento una propiedad y en el siguiente otra propiedad que resulta, es presentada como o es incompatible con la primera, eso es lo que tradicionalmente aparece como idea o ejemplo de cambio. Esa incompatibilidad es casi el eterno juego de palabras, se menciona a la fruta antes verde y ahora roja y se dice que esas coloraciones son propiedades que se oponen de una manera tal que la manzana no puede ser la misma, o que por eso hay un tiempo en el que es verde, y el resto ya se sabe.

¿A quién se le ocurrió que no sea lo propio de esa fruta que es una manzana seguir, expresar, el ritmo propio de las manzanas? ¿Cuál es la verdadera condición que exige que infinitas de infinitos colores se mantengan en una realidad inaccesible, para así tener acceso a otra manzana que pasará instantáneamente al conjunto de las que se supone son igualmente reales y sin embargo, inaccesibles, pasadas, tanto como inaccesibles y reales las futuras? Y así entonces aparece otra, igual de misteriosa, para misteriosamente también desaparecer, sin desaparecer, claro, pues cambia un escondrijo en el futuro por otro en el pasado, sin ocupar el presente y sin que se explique entonces qué es lo que ha ocurrido.

Es inútil pretender que el asunto del cambio queda explicado si se denomina evento al hecho de que la manzana hoy es verde, y otro evento a que la misma manzana sea mañana roja. Porque queda por explicar cómo o por qué es que los eventos cambian, el problema sigue igual.

Ayer la manzana brillaba con un color verde intenso, hoy el verde se ve bastante pálido. ¿Qué ha ocurrido con la manzana, o con el verde? Mezcla de dos conceptos difíciles, la manzana como objeto público y el verde como sensación privada de un observador. Y también mezcla de ayer con hoy. Mezcla aquí utilizada para mostrar que eso de objeto público para la manzana y privado para el verde es una distinción sin valor. Al final tanto la manzana como el verde son registros en una retina y un cerebro ajeno, también. Como son también ajenas las observaciones que se hacen sobre registros en la balanza o la cinta impresa con los resultados de espectrometría, sin que por eso haya de concluirse válidamente que no existen.

La fruta verde brillante es una marcación de un reloj, el dial se ha interpretado así: ayer el verde pálido es la marcación del mismo reloj, ya en la memoria, ya fuera del alcance; hoy, la manzana con sus colores y el estado de madurez son las lecturas que indican el presente. De nuevo ha desaparecido el tiempo, el que se intenta medir con ritmos y con regularidades y con tableros o con colores de manzanas. Pero no ha desaparecido de la realidad, ha desaparecido de la medición, no se deja medir. Ha ocurrido lo mismo que con el más preciso de los relojes: la hora marcada ayer no existe, la hora marcada hace un instante, como suele decirse, tampoco. Nada marca, tampoco, en este instante, si así se habla. Se pueden hacer cálculos si se conoce bien el mecanismo del reloj, como cuando se dice por quien tiene algo de experiencia que esta manzana ha madurado demasiado, ya empieza a descomponerse, quizás lleva una semana sobre la mesa.

En ese interregno no medible, en ese intermedio en el que los relojes no reinan, la realidad actúa, expresa su esencia y su poder, algo que no se puede medir ni comprender como aparecer y desaparecer, una idea en el sentido más filosófico del término, uno que incluye a los relojes, que en nada reinan. Idea, no en el sentido de algo no real, no en el sentido de algo ideal, sino idea en el sentido de aspecto de la realidad pensante. Y no en el sentido de algo que emerge, sino en el sentido más absolutamente monista en el que la realidad pueda ser entendida. A esa realidad no se le niegan eficazmente las posibilidades mediante argumentos semánticos o sofistas.

En la historia de la filosofía occidental se habla de ser para particiones arbitrarias en lo real. Y de ahí se ha llegado al cambio entendido como el llegar a ser y el dejar de ser, es decir se ha llegado a un callejón sin salida.

El cambio es como una onda. No porque la onda se mueva, oscile, no existe, ni para existir tiene que considerarse paralizada; porque se mueve existe y porque existe se mueve. Esa sería una metáfora para explicar un presente activo y extendido más allá del meramente conceptual instante. El pasado y el futuro serían nombres para los extremos en donde el presente se desvanece y en tanto que no se ha desvanecido, ni llegado a ser, porque el presente siempre existe, en el sentido elemental y definitivo que dice que está presente y es actual. No tiene bordes ni fronteras, ni partes en las que sea algo distinto a presente. Y lo que aparece y desaparece, en el sentido usual y convencional del término, todo eso ocurre en el presente. Pasado y futuro son memoria, o cálculo.

Si se acepta que los contadores de ritmo no tienen una conexión esencial con el tiempo, es decir no una conexión diferente a la de cualquier cosa que forme parte de la realidad, y si se acepta que es entre las oscilaciones y más allá de ellas en donde el tiempo verdaderamente se manifiesta a su manera no medible, se abre un poco el camino para aceptar la duración no instantánea, es decir al presente, y para intentar entender el cambio sin los formidables obstáculos que siempre ha presentado el concepto.

La noción de instante ha contribuido o ha obligado a negar el acontecer y a presentar como sustituto una realidad estática, pero una que es meramente conceptual y que no tiene nada que ver con la experiencia temporal individual, experiencia que es un fenómeno físico tanto como otros pueden serlo; si tiene un aspecto individual o personal o subjetivo, no por ello hay que concluir que el tiempo es irreal.

Al fin y al cabo, toda cosa es, en cierta medida y desde cierto punto de vista, distinta de otra; no hay que hacer tal drama por lo subjetivo.

10.10 EL TIEMPO NO TIENE ORIGEN NI META.

La idea del tiempo como algo que fluye tiene fisuras. El agua del río fluye y nadie negará que se espera de algunas moléculas previamente identificadas que se acerquen a un cierto punto de detección, que coincidan con él en el sentido de que el detector ha funcionado, y que se alejen y más adelante sean otra vez detectadas por otro detector, y que esos eventos o situaciones o hechos puedan ser asignados a ciertas marcaciones de un reloj, que aparecen luego representadas como números naturales en aumento marcados en un plano cartesiano, o un diagrama de Minkowski o un molusco de Einstein, es decir, en algún sistema de coordenadas. O también, simplemente, hay un sentido en el cual se puede decir, con toda naturalidad, tanta que ni se observa, que el río fluye hacia el futuro, y para eso tiene que hacer uso del pasado.

Es decir, fluye en el presente, no hay partes del río en el pasado ni en el futuro, es lo único que se puede decir, lo demás es otra vez metáfora.

Todo eso debería conducir enseguida a la del universo en bloque, porque lo que fluye, si ha de fluir, ya está en el origen y no se pierde en el destino, al menos como el agua en un tramo del río no desaparece, tampoco. Y se ve entonces que algo no funciona, el fluir es imposible porque no se puede saber qué clase de flujo, de fuente o de acopio de lo que fluye hay en los extremos, y entonces tampoco en el intermedio. Para que el tiempo fluya se requiere de un origen y fuente, de meta y acumulación, de lo contrario la imagen de flujo está incompleta. Pero como no hay depósitos de tiempo pendiente, como no los hay de tiempo agotado o pasado, las opciones son: o existe solo el presente, o existe junto con un tiempo infinito hacia el futuro y otro infinito hacia el pasado. Y en este último contexto la única opción sensata es, por eso, la del universo en bloque; que no es sostenible porque no resuelve el problema del observador, y porque no es creíble que el observador sea lo único que cambia, sin cambiar, para que todo sea bloque.

La imagen del tiempo que fluye no puede ser la de algo que llega a la existencia para desaparecer de ella: así lo que se confunde es el cambio y la cosa que cambia, como si lo que se supone que fluye es también aquello sobre o desde lo que fluye. El fluir del tiempo, en el sentido tradicional, es la cosa más extraordinaria que pueda imaginarse, algo que fluye instantáneamente, es decir un fluir sin avance, sin velocidad, porque lo hace en un presente que generalmente se entiende como no más que un instante. Quizás a eso se refería Broad cuando preguntaba por la velocidad de flujo del tiempo.

Si el tiempo no es medible, no sirve de nada la imagen de flujo del tiempo, una imagen que invoca inmediatamente el fantasma de la medición. No tiene sentido afirmar que fluye sin que se sepa qué, cómo o cuánto fluye.

Y si no hay flujo del tiempo, tampoco es útil la imagen de flecha del tiempo; basta la idea de memoria y cálculo para el pasado, y cálculo para el futuro, ninguna implica existencia, y en ambos sentidos todo puede resultar tan impreciso o tan preciso como los métodos y las posibilidades fácticas lo permitan.

Hablar de un hecho futuro así calculado no implica que tenga que existir realmente algo que se pueda relacionar desde el futuro hacia el presente o pasado: esto de la relación es un argumento que a veces aparece por ahí, intentando demostrar que si se habla de algo pasado, si se habla con sentido y con racionalidad, entonces ese algo pasado tiene que existir, o no podría ser especificado, no se podría construir una relación a partir de él, ni temporal ni de otra clase.

Esos argumentos ya han sido tratados, no son sostenibles, no tiene ningún sentido decir que si la reina Ana murió tiene que estar viva para que eso sea cierto. Y entonces bien puede haber muerto. Y tampoco es lo mismo decir la reina Ana murió que decir la reina Ana es un cadáver; y ya ni siquiera lo es. Si la reina Ana murió, ya no hay reina Ana, ni viva ni muerta.

No hay que molestarse en refutar que, entonces, de eso no se puede hablar con algún sentido al menos: especialmente si se acaba de hacerlo.

11. TIEMPO Y REALIDAD.

11.1 ESPACIO TIEMPO.

Espacio tiempo es un concepto matemático que se forma con datos para espacio, generalmente tres dimensiones, pero pueden ser las que arbitrariamente se quieran usar, y uno para tiempo. Dato que el físico ha dado en llamar tiempo, pero no necesita nombre, como tampoco los otros. Y esos cuatro datos, o los que sea que se usan para dar vida a las ecuaciones tienen el mismo tratamiento objetivo, son del mismo rango, han perdido su naturaleza inicial, la que tenían en el ámbito de donde fueron extraídos.

Dos relojes perfectamente sincronizados, es decir que funcionan al mismo ritmo permiten definir eventos simultáneos aunque luego sus diales indiquen diferentes números. Hay un sentido válido en el que se puede decir que mientras en un marco de referencia alguien calcula que el viajero que pasa veloz en otro marco de referencia mira un reloj con otra hora, hay una simultaneidad temporal que se identifica mediante una diferencia, calculable, en la marcación de los relojes. Admitido, el concepto de simultaneidad ha cambiado, y estrictamente hablando no es ya posible en la relatividad general, ni siquiera en las restringidas condiciones en las que es posible en la especial. Dos relojes uno al lado del otro tendrían que mostrar marcaciones diferentes, si la tecnología permite ese grado de precisión en la construcción. Y la tecnología ya lo permite, y la medición ha sido comprobada. Bastan unos centímetros, quizás milímetros de separación. Relojes de estroncio.

El concepto de simultaneidad ha perdido el significado usual, declara Einstein. Con algo de ironía se le puede contestar, al menos en relatividad especial: si nadie calcula, no hay argumento para decir que los relojes han perdido sincronización, nada le pasa a cada reloj considerado en su marco inercial de referencia. Pero la física de relatividad especial no puede prescindir de imaginar movimientos tanto como imagina quietudes, y calcular tiempos, si no lo hace no es teoría física.

El concepto de simultaneidad ha variado, o se ha esfumado, pero no por eso algún sector del universo ha desaparecido, ni los relojes dejan de estar uno al lado del otro, aferrados a sus diferencias. Nadie dirá que el concepto de espacio ha cambiado porque dos cuerpos no pueden ocupar el mismo lugar, si el lugar se define como frente a un reloj. Algún invasor viene desde Andrómeda, no importa qué está marcando su reloj. Es el problema de Poincaré: o llegó, o no ha llegado, lo demás es información oportuna o desactualizada, o cálculo de anticipación. Y de la misma manera las ecuaciones de relatividad especial permiten calcular qué marcará el reloj en la nave espacial que pasa veloz al frente, y permiten calcular que será calculado desde la otra nave respecto de esta, y así se podrá saber que el evento que ocurre en la nave que pasa cerca de Alfa Centauri, en las precisas coordenadas tales y tales cuando un reloj allá marque precisamente tales y tales horas será simultáneo, si se tiene apego a esa palabra, con el evento que ocurre aquí en el escritorio cuando el reloj marque tales y tales números diferentes. Solamente para quien un reloj define lo que es simultáneo la simultaneidad desaparece cuando descubre la manía matemática de los relojes y confunde al tiempo con la manía y con el aparato. Nunca, al menos últimamente, hubo problema con que la imagen del sol tarda unos minutos en llegar a la tierra, está claro que la imagen no es el sol actual sino algo aquí en una retina o en la hoja de un árbol. La relatividad general ha enseñado que esos ocho minutos pueden ser otra cosa, que eso es asunto de mera distancia, que por otra parte los relojes danzan a su capricho, pero ninguno abandona lo real. Y así se tiene una nueva simultaneidad, que el ejemplo galáctico militar deja ver en claro: al pasar la calle aquí en la tierra los atacantes quedan revelados como casi inmediatos, cercanos, en un ahora que permite la defensa. Dejando de lado a los atacantes, sigue siendo raro que cada vez que uno pasa la calle tenga más peligro por la imprudencia propia o ajena que por el acercamiento del sol.

Pero con esta observación no hay que olvidar el problema general de este ejemplo y el del muon y similares, ya planteado atrás.

Una cosa nueva ha traído el concepto de espacio tiempo. El tiempo no es el orden de la sucesión, el espacio no es el orden de la coexistencia. El espacio tiempo es el ámbito absoluto de lo real hasta donde y como la física lo admite, ya no es el tiempo absoluto ni el espacio absoluto, es el espacio tiempo absoluto, sin él las ecuaciones de la relatividad general no funcionan: porque lo definen, sin él no existen, espejos uno de otro.

Hay una cierta coexistencia de las cosas definidas como parte del mismo molusco, es decir situadas en el mismo sistema de coordenadas; sus relojes serán exclusivos e individuales para cada sitio, pero no dejarán de tener en común el sistema de coordenadas, puesto que sin él no tiene sentido definirlas; es más importante, o fundamental, reconocer esa comunidad que discutir el nombre que ha de dársele. El ataque desde Andrómeda no puede ocurrir si los ejércitos ocupan distintos moluscos.

11.2 TIEMPO DISCRETO, TIEMPO CONTINUO.

El tiempo no es discreto, es decir no existen cantidades, medidas, mínimos ni máximos de tiempo. No existen por fuera de las ecuaciones. Cuando una ecuación trata al tiempo como un continuo altera el dato que le proporcionan los relojes para que el usuario especule sobre el intervalo de la duración. La especulación consiste en asumir o definir que los intervalos, es decir las duraciones, son iguales, acumulables, y diferenciables, es decir tratables por medio del cálculo. No existe ningún reloj que no sea rítmico de manera absoluta y matemática, y ningún reloj mide tiempo entre los extremos imprecisables de la duración entre ritmos.

El tiempo de la física, en la medida en que la física admite tiempo, será necesariamente discreto en cuanto jamás podrá dejar de ser medido, contado, siempre mediante aparatos que marcan números, cuentan saltos, oscilaciones, movimientos del péndulo, ocultamientos del sol, lo que sea. La clepsidra, la bella clepsidra es discreta, no en sentido matemático, y no dice cuánto tiempo ha pasado: dice que para ciertos efectos se agota poco a poco, sin calcular el poco ni el poco.

A menos que la ingeniería la convierta en un reloj, o en el mecanismo de un reloj, de manera que volumen o peso sea número, una clepsidra jamás será un reloj, y siempre dará una imagen del tiempo, y será la mejor metáfora para la duración.

Así como los sesenta segundos en que se divide un minuto no están separados uno de otro porque lo que está convencionalmente separado y entonces se entiende como discreto son las marcas en el dial, un número o marca separado del otro, de la misma manera para el caso del tiempo, el de la realidad, no el de la física, no es pensable un tiempo discreto, porque nada une, nada uniría, una cantidad de esas mínimas, a la otra, y lo que ocurra entre ellas estará por fuera del tiempo, no será temporal. Pero como aquí se habla en términos propios de las ciencias físicas, en esa ausencia de tiempo tampoco habría espacio, y entonces la supuesta discreción o separación no es pensable. Las unidades mínimas del tiempo mínimo teórico de Planck estarían unidas unas a otras porque nada puede separarlas, ni un tiempo ni un no tiempo. El tiempo real no puede ser discreto porque no hay distancia entre una unidad y otra, no hay un no tiempo entre ellas, o no es pensable. Lo mismo se puede decir para el espacio.

Si existen unidades mínimas de tiempo de Planck en el reino de lo físico, y no como convención matemática que es lo que realmente son, no hay más remedio que pensarlas como continuas, porque nada hay entre ellas, y porque no son instantes.

O en otras palabras, no tiene sentido pensar al tiempo como compuesto de partes temporales y de partes intemporales. Es, a primera vista, tan inaceptable hablar de la distancia, sea lo que eso sea, entre una unidad de tiempo y la otra, que hablar de un tiempo sin tiempo, de una eternidad que transcurre, o de un tiempo extendido pero que no transcurre, el otro nombre común para eternidad, fácil de representar en un tablero, que es lo que permite ocultar la actividad de la realidad, para poder mostrar un resumen y un subconjunto.

11.3 TIEMPO Y MOVIMIENTO.

Nunca el tiempo había sido desligado del movimiento, así sea porque sin movimiento transformado en ritmo no es posible producir el número que engaña. Y con el movimiento aparece el espacio, la distancia al menos, y de esta manera bastante curiosa los relojes han sido una cierta medida de la realidad. Sin embargo muchos filósofos y muchos físicos han desconfiado del tiempo, y al negarle realidad es como si olvidaran que con ello cae entonces la realidad del movimiento y la del cambio, y una vez que eso sucede la única posición sostenible es la del solipsismo, incluso si se trata de una mente colectiva, o lo que Kant denomina humano o le atribuye. Y aún así las contradicciones o paradojas o perplejidades que acompañan a toda idea del tiempo, contradicciones, paradojas o perplejidades que esperan solución, que no tienen por qué ser tratadas como definitivas, siguen tan campantes, porque los mismos problemas se presentan para la mente solipsista, cuyo movimiento es el pensar, cuyo pensar no puede ser entendido de manera estática, y por esta puerta de atrás el filósofo ha perdido la realidad objetiva a cambio de nada.

La razón por la cual no ha sido posible desligar al tiempo del movimiento radica en esto: no ha sido posible desligar al tiempo del ritmo. No hay ritmo sin movimiento. Si se comprende que el tiempo no es medible, ya no se requiere ligarlo al movimiento, y se puede entender más fácilmente el concepto de duración. Concepto esquivo, porque se mide, se ha medido, con relojes, como cuando se dice que el recorrido ha durado una hora, o el dolor de cabeza un día, que es la marcha aparente del sol. Y se puede entender más fácilmente la expresión que dice: la manzana ha tardado una semana en cambiar de verde a rojo. El cambio es lo que ha durado una semana, y también la manzana. Ambos son conceptos; para el caso de la manzana se puede presentar este argumento: si no es un concepto no hay como distinguirla del árbol del que pende.

El intento de considerar al tiempo como algo distinto de los relojes, es decir como algo distinto del movimiento, como algo que no depende de una relación, de ninguna manera ni en ningún sentido implica o significa que exista un tiempo absoluto y parejo como el postulado por Newton. Pero sí significa abandonar toda concepción que lo haga depender de una relación entre cuerpos en movimiento, eso se puede dejar en manos de la física, esta relación será necesaria por lo menos para la construcción de relojes. Ese tiempo de la duración y del cambio, si ha de entenderse como en el presente, es un tiempo que no guarda relación con nada, no es medible, es el tiempo del viaje de un fotón en un sentido, en el sentido de su viaje sin espejos.

Tiene magnitud, no tiene medida. Esta diferencia no es inocente, es el origen de una revolución en la historia de las matemáticas, tiene relación con la formalización de la teoría general de la relatividad que sin ella no existiría en la forma actual, y al final de este escrito se presentará en toda su importancia y como cierre para las ideas que aquí han estado quedando desperdigadas.

Newton tenía clara, en el famoso escolio, la diferencia entre el tiempo absoluto, verdadero, matemático, que fluye parejo y por sí mismo sin relación con nada externo, todas esas caracterizaciones son de él, y el tiempo de los relojes, esos que miden el tiempo por medio del ritmo a su vez mediado por el movimiento. Al primero lo denominó duración. Y con un nivel de sutileza que toma tiempo comprender expresó: a la medida de la duración por medio de relojes, a eso se le denomina tiempo en el sentido vulgar, es decir común. Y en otra caracterización de tiempo absoluto, para diferenciarlo del que simplemente es la medida de la duración, expresó que el tiempo es el mismo para un objeto, sea que se mueva rápida o lentamente: esta parte ya no es válida, ha quedado también diluida, porque ahora tampoco el espacio en el sentido de distancia es el mismo.

Aquí es en donde realmente interviene Einstein, y mediante el uso del tiempo vulgar, es decir mediante su reloj de luz, tiempo vulgar o común porque es la medida de la duración por medio del movimiento, eso es un reloj, ya lo sabía Newton, mostró que el tiempo, ese vulgar o medido, sí cambia con el movimiento, y con la gravedad, o mejor, con la geometría del espacio; pero nada dice Einstein de la duración, quizás sea un silencio más que una negación. O de pronto es un silencio obligado, quizás en su sistema o modelo de la relatividad la duración implique o sugiera un fotón quieto, y eso no es el caso, ni siquiera para el fotón que se mueve a la velocidad a la que se tiene que mover aunque la distancia se haya aplanado, aunque ya no se diga que es velocidad en el espacio sino en el espacio tiempo, la misma para todo lo que existe, un universo de relatividad general en el cual la quietud completa y sin restricciones ya no es concebible.

Es raro que Einstein haya desterrado la simultaneidad sin hacerlo también con la duración. ¿Porque el presente dura? ¿Porque el universo dura? ¿Porque la duración es un evento privado? ¿Es lo mismo? Pero el tiempo absoluto y matemático es también un reloj ideal, preso de la idea de reloj traicionado por las reglas del cálculo diferencial. No muy diferente en eso es el método de Einstein. Newton no explicó las razones por las cuales consideró que ese reloj ajustado al tiempo matemático no es quizás posible, y se necesitarían unos siglos más para que surgiera con fuerza la idea de que las matemáticas son apenas una parte de la realidad, que es la verdadera razón por la cual ese reloj escapa por siempre a las posibilidades de la ingeniería.

Este es un punto crucial para quien quiera analizar qué consecuencias tiene la teoría de la relatividad general, esa es la que se debe usar e interpretar, al fin, sobre las ideas que hayan de tenerse sobre el tiempo. La genialidad de Einstein se enfoca en los relojes, como tantas veces se ha dicho aquí, y el intento de construir uno infalible le lleva a descubrir que cada uno marcha al ritmo que se puede calcular con unas ecuaciones, pero no, nunca de manera fiable en el sentido de estable y en todos los casos, y nunca al ritmo que intentó imponerle su diseñador.

Y Newton ya lo sospechaba:

"…bien puede ser posible que no exista un movimiento suficientemente parejo como para medir adecuadamente al tiempo…"

todo esto lo dice en el numeral IV del famoso escolio, en los *Principia* y puede leerse al final de la página 78 y el principio de la 79, de la traducción al inglés de A. Motte.

Conviene incluir una versión:

"…En astronomía el tiempo absoluto se distingue del relativo mediante la modificación o corrección del tiempo vulgar. Porque los días comunes son verdaderamente desiguales, aunque se les suele considerar iguales y entonces se les usa para medir el tiempo; los astrónomos corrigen esta desigualdad mediante una deducción más precisa de los movimientos celestiales. Bien puede ser que no hay tal cosa como un movimiento parejo, por medio del cual el tiempo pueda ser medido con precisión. Los movimientos pueden ser acelerados o retardados, pero el verdadero y parejo progreso del tiempo absoluto no es susceptible de cambio. La duración o persistencia en la existencia de las cosas es la misma, sea que los movimientos son rápidos o lentos, o ninguno: y por eso debe distinguirse de lo que no es más que una medida sensible del fenómeno, y es de ello de donde obtenemos la medida, por medio de los cálculos astronómicos. Y la necesidad de ese cálculo, para determinar los tiempos de un fenómeno, es evidente tanto a partir de los experimentos con relojes de péndulo como por los eclipses de los satélites de Júpiter…" "…la duración o persistencia en la existencia de las cosas es la misma, sea que los movimientos son rápidos o lentos, o ninguno…".

Esta idea de Newton acabada de resaltar está vigente, con algunas modificaciones. Si el tiempo no es medible, ya no depende del movimiento ni del ritmo; y como el tiempo no es medible, no tiene sentido tampoco hablar de que marcha a ritmo parejo, o disparejo, o matemático, o de relojes de fotones.

Por más que se acepte irrestrictamente, y debe aceptarse y está experimentalmente comprobado, que relojes idénticos pueden marchar a distintos ritmos, según las circunstancias, no por ello está admitido negar sin relojes, o con ellos, a la duración. Porque duración es permanencia en la existencia, eso es todo, y el concepto no depende de que se le pueda asignar un número.

Newton declara conformarse, para fines prácticos, con las efemérides o tiempo astronómico; pero que la duración o persistencia de las cosas no depende del movimiento, eso es algo que ha sido descartado en la tradición interpretativa de las teorías de relatividad, pero algo cuyo reto continúa una vez que se sale del hipnotismo de los relojes. Porque se habla de la duración o persistencia de las cosas, no de la medida de la duración o la persistencia. En eso Newton sigue vigente.

Separar la idea de tiempo de la idea de reloj no implica abandonar la idea de cambio, sino que permite hacerla más manejable o menos incomprensible. Separar, al tiempo, de los relojes, no significa rechazar la idea de que el tiempo forma parte de la realidad, como todo, no es necesario postular que el tiempo está por un lado y la realidad por otro, no significa otorgar al tiempo una función creadora, ni destructora, ni especial ni vigilante al frente del resto de lo real. El segundo paso que hay que dar es abandonar de una vez esos conceptos rígidos de ser, cosa. El tercero es dejar de pretender que el estadio tiene descripción matemática exacta, y no como modelo o aproximación o redondeo. El estadio no tiene una ley, en el sentido en el que se dice que hay una ley de la palanca, y las varas apoyadas no tienen ley, lo que tiene o es ley es la fórmula de esas proporciones.

Claro está que un concepto, una idea, una fórmula matemática no cambia, lo señalo para dejar de lado esa aparente objeción, y para destacar esto: en la existencia es al menos posible que se dé el cambio, eso es algo para investigar, no hay que tener nada por obvio; pero no se requiere de cambio para que haya lugar a la existencia, esta afirmación no admite argumento en contra; y no tiene sentido negar duración a la existencia.

De esta manera la duración es algo tan temporal, es decir algo que sin tiempo no se da, como la modificación de lo que dura. Es una existencia no medida, salvo ese forzamiento que puede ocurrir tanto en un laboratorio con sus relojes de luz o de cesio o de estroncio, o en un laboratorio tan simple como el de la cocina de casa, como cuando se usa un reloj de pared para la duración de la actividad requerida para cocinar arroz. Pero es una duración sin medida, es un mantenerse en la existencia de las cosas que se mantienen en la existencia, sin que sea del caso discutir aquí si una actividad como cocinar arroz se mantiene en la existencia, o qué tanto lo hace. Y eso, por más difícil que para el filósofo pueda ser y en efecto a algunos al menos les es bien difícil, descifrar en qué puede consistir eso de cocinar arroz. Aquí

Newton triunfa otra vez: lo relojes no permiten capturar la duración, capturan el cambio de posición filtrado por movimiento repetitivo. Sin repetición no hay ritmo.

Si se utilizan relojes todo es pasado, o futuro, con relojes no hay presente. Si se mira un poco más en detalle, tampoco pasado, ni futuro.

Es como si Einstein hubiera aceptado el reto de Newton, y por eso intentó construir un reloj perfecto, tanto ideal como físico, el reloj de luz entre espejos; y los resultados son como para declarar que tanto Newton como Einstein, de tener la oportunidad, se deberían declarar sorprendidos.

11.4 TIEMPO Y EXISTENCIA. EL SABOR DEL TIEMPO. ECKHART.

Cuando el concepto de tiempo pierde relación con el de numeración desaparece una barrera que impide ver que forma entonces una característica básica de la maraña de lo real, que no es artificial como un formalismo o una convención lo pueden ser, ni depende de la validez de un sistema deductivo o de su inclusión en él. El tiempo cuyo concepto así se intenta concebir es la existencia misma, y por eso el tiempo se acaba para unos y otros, en el sentido en que, que se sepa, nada parcial escapa a la transitoriedad. Salvo lo real a secas. Por eso puede aún decirse que el universo, es decir la realidad, es eterna, en el sentido de Spinoza: es inconcebible que la realidad deje de existir, salvo como juego formal de la lógica, y eso en gracia de discusión; esta eternidad no es una congelación del tiempo, porque sin relojes no tiene sentido hablar de tiempo detenido, y con relojes, relativistas todos, no tiene sentido hablar eternidad.

Realidad es un concepto, existe, se usa para abarcar con él a la totalidad, cualquiera que sea la forma de existencia. Y si se admite que algunas cosas u objetos o personas dejan de existir, por lo menos en el sentido cotidiano de las palabras nadie objetará. Ese existir, llegar a él o abandonarlo, eso marcará el antes y el después sin necesidad absoluta de números de relojes, fechas y calendarios. Si no se admiten ni el antes ni el después se postula una realidad estática y se amplían los problemas: ya no solo hay que explicar cómo es que la realidad, o más precisamente, un aspecto de la realidad, parece cambiante; sino que además hace falta explicar cómo es posible que lo parezca, sin serlo.

Presente no es sino esto: el acto de existir. El tiempo no es un sustantivo, lo temporal es la actualización de una posibilidad que es necesidad, es el ejercicio del poder inevitable de existir, así ese poder sea de corta duración. El tiempo no otorga a las cosas apariencia de existencia, como propuso Boecio. El tiempo es la existencia.

En este sentido presente y tiempo es lo mismo, y tiene sentido fácil de captar o se le asigna uno a la expresión que entiendo es de M. Eckhart para el presente como el sabor del tiempo. Eso no lo hace irreal ni en mínima medida. Por el contrario, el tiempo sabe en el presente, y solo en él.

Lo que existe está en el presente. El presente no tiene duración a la cual se pueda asignar medida, puesto que la duración consiste en permanecer en la existencia y entonces existir, permanecer, durar, es lo mismo que existir en el presente, permanecer en el presente, durar en el presente, todo se vuelve sinónimo, una mera danza de palabras.

Si se acepta que el tiempo tiene magnitud y no tiene medida, es sencillo entenderlo como sinónimo de existencia; si se piensa como algo medible, entonces el tiempo mide a la existencia, y lo primero no tiene sentido. Pero el tiempo no es medible.

La ausencia de simultaneidad en sentido absoluto es ahora el desajuste o la descoordinación perfectamente lógica y explicable de los relojes, la única simultaneidad que ha desaparecido es la que marcan los relojes. Son palabras para lo mismo, y no tiene sentido medir el presente con un reloj. El presente dura, pero no dura en unidades de tiempo, es el tiempo de la duración, y no hay sino una y uno, y son lo mismo. En tanto que el presente es entendido como el acto de existir, no transcurre. La realidad existe con independencia de la dictadura de los relojes, con independencia de la dictadura de las ecuaciones, y de las palabras. Es un remedo de eternidad si el concepto de lo que así existe no implica existencia. No es el tiempo lo que es una imagen móvil de la eternidad, es el presente, que puede así mostrar que la eternidad es un concepto que corresponde a una extrapolación indebida de aspectos del tiempo en el sentido usual y cotidiano, que se dan como existentes, sin serlo, a saber, pasado y futuro. O mejor que decir que el presente es la imagen móvil de la eternidad, esto otro: la eternidad no sirve como imagen del presente.

No es que se hable aquí del presente extendido postulado del que hablaron W. James y sus antecesores. Ese concepto es una descripción psicológica incomprensible desde la caracterización tradicional del tiempo. El presente extendido de James es un presente que incluye pasado y eventualmente futuro, y el concepto no logra nada distinto de incorporar los problemas de siempre al análisis de la percepción sicológica, unido todo eso a los problemas que resultan, hoy, del conocimiento del funcionamiento del cerebro y la necesaria demora que ocurre con cualquier información que sea detectada, de la velocidad a la que puede procesar información, la memoria y el efecto de la memoria sobre la percepción del presente, un efecto que no puede ser sino un obstáculo, porque cambia un presente convertido en memoria y obstáculo, por otra memoria pasajera. Este retraso no debe verse con perplejidad, es como el de los ocho minutos de la luz del sol.

El estudio del funcionamiento del cerebro y su conexión con lo sicológico es un asunto de laboratorio, uno que tenga relojes, uno cuyos relojes sean también los procesos químicos y eléctricos del cerebro, un tiempo que es número, distancia, frecuencia, un tiempo de relojes. La aguda percepción del sicólogo le lleva a hablar de presente extendido, pero el reloj no le permite hacerlo. Pero si le podría permitir calcular la duración de una sensación. Eso es posible porque el presente dura, y de no ser así ninguna duración sería calculable.

Los relojes no tienen presente, es decir no lo miden. Incluso desde la mirada tradicional es también imposible que lo midan, en tanto que el tiempo esté conceptualmente dividido en instantes sin duración, o en duración no medible entre números y oscilaciones. Y la concepción actual o tradicional del tiempo no admite el concepto de instante con duración, ni el de duración sin tiempo, es decir de duración no medible. En realidad puede decirse que el estado actual de las ideas sobre el tiempo no incluye una idea clara del concepto de duración, lo elude. Sin relojes, queda admitir el presente, que es el ámbito de la existencia, y también el ámbito de la inexistencia, en el sentido de que define lo inexistente, por exclusión. Si se define el presente como duración, o si la duración forma una parte importante del concepto de presente, no por ello se habrá definido lo que haya de ser o pasar al pasado, o ser o llegar del futuro: pero quizás sería menos difícil comprender que nada existe en el pasado, nada en el futuro.

A. Prior es el fundador de una lógica formal temporal, una lógica en la que la determinación temporal forma parte de la combinatoria usada para el análisis del concepto de tiempo; pero esto es un caso particular de sus trabajos en general sobre lógica y filosofía, que para él no eran asuntos que tratan sobre el lenguaje, sino asuntos que tratan sobre la realidad. En lo que se refiere a la lógica temporal, se le atribuye la primera utilización de las calificaciones o cuantificadores: será el caso, ha sido el caso, en fin. Gran invento: lloverá, llovió. O de pronto no.

Pero esto no va hasta admitir una tesis de J. Bigelow conocida como el argumento sobre relaciones, que afirma, primero, para que exista una relación entre dos cosas, ambas tienen que existir, y segundo, algunas relaciones existen entre cosas presentes y cosas que no son presentes, luego algunas cosas, unas al menos, no presentes, existen necesariamente. Además, este silogismo es engañoso, ya admite antes de la conclusión que hay cosas no presentes. Tan engañoso como el viejo silogismo, cuyo autor no recuerdo, quizás vale la pena la digresión: ningún hombre es una piedra; por lo menos algunos hombres son animales; luego algunos animales no son piedras.

La lógica del lenguaje no es la lógica de la realidad. Es a la inversa, un poco en el sentido original reclamado por A. Prior. Si el lenguaje falla, la realidad sigue inalterada, y la falla es parte de la realidad, pero no es la realidad la que falla. El argumento sobre relaciones pretende que como la reina está muerta, ya no se puede afirmar que lo está, o la afirmación no tiene sentido. Lamentable para la reina y para los que creen que las palabras son argumentos.

La reina Ana está muerta aunque esté muerta.

11.5 LA REALIDAD SIEMPRE EXISTENTE, ACTIVA. SIN CAUSA NI META.

No basta con decir que el presente es el tiempo de lo que existe, puesto que no se distinguiría de lo eterno, ni de lo existente pasado o futuro, que son otras tesis pobladas de existencias. Tampoco que es el tiempo de lo que existe actualmente, puesto que es circular, lo actual es lo presente, pero ¿qué es actual?

Si el asunto se plantea a la inversa, parece menos difícil de clarificar. Lo que existe es real y en el acto de existir es parte de la realidad, que no puede menos que existir. Lo que existe, mientras existe, ocupa la realidad y ese ocupar es lo que se denomina presente, para distinguirlo de lo que no la ocupa, es decir no está en ella. Realidad y existencia tienen que tratarse como sinónimos, y sin limitaciones.

Si se hace énfasis en realidad más que en existencia, se ve inmediatamente como una banalidad casi, que no puede darse una realidad que no sea realidad, una realidad que no exista. Algunos ilustres filósofos se han planteado la posibilidad de que eso sea un engaño surgido de un dios o de un demonio, pero eso es asunto de teólogos. Siempre hay entonces una realidad existente, y a ese modo de existencia se le denomina presente, o actualidad, o universo, o totalidad. No es necesario duplicar esa realidad y lanzarla a un contenedor denominado pasado, y tampoco es necesario tomarla de un repositorio denominado futuro. No es necesario suponerlos, ni agregarlos a lo real, a lo presente. Nada se le cercena a la realidad por el hecho de no duplicarla ni triplicarla, o más.

A partir de la definición de duración como existencia meramente indefinida, según Spinoza en la *Ética*, ha surgido aquí la idea de un tiempo presente que no se mide por relojes y del cual no tiene sentido medir la duración. Spinoza habla también de eternidad, y se trata también de una duración, en este caso necesaria, sin medida temporal. Es una definición precisa, es la única eternidad que admite, no la confunde con un tiempo que no es tiempo, no es la suma de los tiempos ni de tiempos, y quien tenga en cuenta eso puede entender uno de los conceptos más incomprendidos de Spinoza, ese que dice que hay una parte de la mente humana que es eterna. La que es parte de la realidad pensante también eterna, esa es la explicación que no se suele encontrar. En el sentido de que la mente humana es parte de la realidad, y la realidad incluye duraciones de distinta índole. La actividad de la realidad es, en uno de sus aspectos, pensante, y es de lo pensante de donde surgen las ideas, es decir las cosas. Una cosa no es sino algo que se considera aislado del resto de la realidad, para efectos de la consideración. Cambia el modo de consideración, o de expresión, eso es el cambio; y no es el sujeto el que considera, sino la realidad que se considera a sí misma, y quien percibe su conciencia es apenas parte de la realidad y por ella es pensado; lo que se suele entender como razón humana o racionalidad y así visto no es más que un mito.

Se puede objetar: cambian las ideas, eso es cambio, eso requiere de tiempo. Y la respuesta desde la visión monista de la realidad es que no hay ningún problema con eso, bajo condición de no olvidar que cambio no es ni llegar a ser ni dejar de ser.

Y aquí hay una primera aparente conclusión que habría que destacar: no se prescinde del movimiento, pero se prescinde del llegar a ser y del dejar de ser, y se prescinde del movimiento como esencial para el concepto de tiempo, eso se deja para los relojes, como si el problema identificado por Euler se pudiera resolver para ellos. Para el tiempo en sí mismo, no tiene solución. Claro que hay movimiento en la realidad, eso no tiene sentido discutirlo. Movimiento es una idea, en el sentido de que es una descripción, no en el sentido de que sea imaginario; también desde el punto de vista relativista, desde los orígenes del concepto. Un punto definido como fijo es condición necesaria para definir a otro como en movimiento, y cualquiera de ellos sirve como punto de partida.

Es evidente de la sola definición de duración que las cosas, en el sistema de la *Ética* al menos, llegan a la existencia, no son eternas, y nada garantiza que no dejarán de existir. Pero con Spinoza una cosa no es una cosa sino una idea, y solo de manera muy derivada y secundaria es una partición en la realidad extensa, ámbito de las cosas físicas. Unas particiones se cambian por otras, tanto como una masa plástica puede cambiar de forma sin romperse; es un cambio en la consideración de las cosas, no un llegar a ser ni un dejar de ser. El cambio debe pensarse como el acto mediante el cual una idea da paso a otra. No hay problema en admitir que la idea que ha sido desplazada queda en el pasado, pero eso es una referencia, no una afirmación sobre la existencia actual de la idea en una especie de tiempo distinto del presente. Y la nueva idea no llega desde el futuro, se forma en el presente.

Si el presente es la existencia de lo que existe, y si no hay eternidad porque hay cambio, se hace necesario explicar qué pueda ser este cambio que nada tiene que ver con el llegar a ser ni con el dejar de ser; de esta manera se podría tener acceso a una idea de cambio que no implique los tradicionales conceptos de pasado o de futuro. Eso es lo que quizás se logra a partir de pensar al cambio como una transformación o evolución de ideas, en donde la palabra idea tiene un sentido filosófico muy fuerte, es algo real, forma parte del aspecto pensante de la realidad, y las ideas tienen una naturaleza peculiar, no llegan a ser ni dejan de ser. Ocurren.

La topología provee ejemplos, siempre dentro de sus formalismos, puede facilitar una metáfora para variación sin cambio. La bien conocida imagen de la tasa de café convertida en toroide. Algo cambia, siempre que por definición siga igual. Claro está que no es lo más adecuado como recipiente para tomar café, y será necesario aceptar que en ese sentido hay un cambio desde el intratable llegar a ser y dejar de ser: pero es una función, un uso, es decir una idea, lo que ha cambiado. Se puede insistir en que un toroide no es lo mismo que una taza de café, pero para hacerlo de manera razonable hay que recurrir a conceptos diferentes a los de la topología.

No hay problema en eso.

El toroide es en ese sentido matemático lo mismo que la taza porque el formalismo prescinde de algunas cosas, por ejemplo de la simple apariencia visual, y establece carácter definitorio a otras que para el caso de la función de la taza son del todo irrelevantes. Eso es una buena imagen para intentar comprender que cambio no es ni llegar a ser ni dejar de ser.

El río no fluye, siempre está ahí, definido por una totalidad; lo que fluye es el agua, y el agua no es el río.

Nada desaparece en la nada. Toda actividad ocurre en el presente, sería contradictorio, o sin sentido, decir que ocurrió en el pasado o que es o será o fue preparada desde el futuro. De esa actividad surge un nuevo ser al mismo tiempo que otro desaparece: pero ser es una determinación arbitraria, el ser no existe, a menos que se denomine ser a la realidad, que existe y que no puede desaparecer. Ley de conservación de la energía, si alguien quiere un argumento no filosófico. Nada llega del futuro en donde antes estuvo albergado, ni en ningún sentido de llegar, nada se esconde ni viaja al pasado, en ningún sentido.

Es curioso que se haya dado prioridad a la tesis de la existencia actual del pasado, o de este y el futuro, mientras se niega la del presente, porque se cede, con razón, a la necesidad de negarlo si es instantáneo.

Pero hay que explorar otras avenidas.

La conexión entre tiempo en el sentido tradicional, e idea, es aquí bastante directa porque el cambio es una idea, o lo que cambia es una idea; pero que sea idea no significa que no sea real ni que no pueda cambiar, y la existencia de la idea no se puede desconectar de la realidad, que es de donde surgen todas las ideas, y como tales están sujetas también al tiempo, a lo que el tiempo sea o las haya de sujetar; eso no les niega la más mínima realidad, en tanto que el pensamiento, el pensar, es también algo real.

El sentido más absoluto en el que se puede decir que la realidad no deja de durar, es este: no es posible que lo real se convierta en ilusión.

Si lo real es una ilusión, es una ilusión real, cosa que se le escapó a Descartes.

Las ideas concretas sobre lo real pueden resultar ilusiones, a medida que se cambian por otras, o por ideas acertadas o no, pero eso es otra cosa. Lo que es susceptible de dejar de durar, es presente mientras dura, y no es presente una vez que ha dejado de durar, y no existe en el pasado porque no es posible durar en el pasado. Duración es, por definición, existencia. Existencia es, por definición, actualidad. Pasado es por definición, inactualidad, tanto como futuro lo es. Lo que deja de durar no es el ser, nada deja de ser. La manzana no es roja, en el mismo sentido en que los átomos no son manzana. En ese nivel se puede hablar de las cosas cuyo concepto no implica existencia, o de cosas que son un concepto apenas; o más precisamente, existen como conceptos, su existencia física no es el caso. Y en este extraño sentido se puede decir que duran. O que un color en cierto modo es un concepto con objetividad de espectrómetro. Si es que ese aparato es algo objetivo, pero esto es otra discusión. No hay forma de explicar una existencia actual en el futuro, o en el pasado, sin que el concepto de existencia quede por completo desfigurado: a eso que así se supone que existe habría que agregarle algo así como una talanquera que impida su llegada, o su regreso, al presente.

La razón por la cual el individuo experimenta manzanas en lugar de partículas atómicas puede ser tan simple como la capacidad sensorial, la medida de resolución propia de cada sistema biológico; o tan compleja como el problema de la conciencia. Pero el cambio es un asunto muchísimo menos complejo que el análisis del supuesto llegar y ser, del supuesto dejar de ser. El cambio del color de la manzana, en primer lugar, es propio de las manzanas en tanto que manzanas, en segundo lugar depende de una longitud de onda, que depende de procesos físicos, químicos, en tercer lugar la longitud de onda puede variar y en efecto varía sin que la onda deje de serlo, y todo esto empieza a verse con menos rigidez que el extremo que considera a la manzana verde de ayer como existente, desalojada de un sector de la realidad y alojada en otro, y distinta de la manzana roja de hoy, recién llegada, desde el futuro en donde es, o fue, real, a la realidad presente, otra forma de realidad.

Esa última descripción de cambio es errada, implica hablar de la manzana para decir que la manzana es distinta de sí misma. Descartado eso, resulta algo menos radical y filosóficamente menos hiperbólico que la consideración de tres manzanas distintas, pero iguales en cierto sentido, y con tres distintas formas de existencia simultáneas pero que no son simultáneas y en donde todo ha de saltar instantáneamente a la consideración de infinitas manzanas e infinitos observadores e infinitas observaciones, todo además creciente siempre.

Eso que resulta es la necesidad de investigar una idea aceptable para cambio. Porque la estratagema de negar el cambio trasladando la totalidad de la realidad a un pasado real y actual, físicamente real y actual, olvida muy penosamente que ese traslado es el más fenomenal y monumental de todos los cambios, y además uno que se repetiría incontable e indefinidamente, a la velocidad de la sustitución de un instante por otro.

La realidad es activa, en el sentido en que el río es activo, y el río no es ni el cauce, ni el agua, no por eso deja de ser, no por eso llega a ser. Si la realidad ha de describirse adecuadamente como una onda, por ejemplo en la ecuación de Schödinger o en la mucho más especulativa conocida con el nombre de sus autores Wheeler y Dewitt, inmediatamente se está obligado a aceptar que la onda se agita sin cambiar, es decir, la onda sigue siendo lo que es y sigue ajustada a la descripción formal. Solo como aproximaciones, puesto que en este escrito se sostiene la radical imposibilidad de una descripción total de la realidad mediante formalismos matemáticos.

Para entender el tiempo hay que modificar algunos conceptos que tienen influencia en el problema. Por ejemplo, hay que insistir, aceptar que se puede hablar de cambio sin que se tenga que hablar de llegar a ser o dejar de ser. Un poco dar la vuelta al asunto. Si es usual y clásico argumentar que el cambio no es posible porque lo que cambia es siempre nuevo, o ha desaparecido, se puede proponer pensar desde el otro lado: es el proceso mismo de variación el que proporciona entidad a lo que cambia, y si no es por la regla, tan vaga o tan precisa como se quiera que rige el cambio, nada cambiaría. La regla del cambio es lo objetivo. El cambio entendido como función, como evolución bajo reglas, como idea, puede, y tiene claramente, un antes y un después, sin que la existencia de ese antes y ese después sea una existencia actual, porque entonces no hay cambio ni regla de cambio.

Entender o conceptualizar un objeto por medio de las reglas que rigen su variación no implica exigencias ontológicas, intelectuales, o subjetivas mayores que las que ya están implícitas en el entendimiento de un objeto como algo estático e invariable, algo que por lo demás no es claro que exista aislado en la realidad, no hay ni siquiera candidatos para ejemplos.

El ser no es más que la totalidad de la realidad, más allá de conceptos y determinaciones. Todo lo demás son partes, subconjuntos arbitrarios surgidos de eliminaciones por conveniencia o facilidad, siempre cambiantes, siempre cambiables, nunca definitivos, y por lo tanto, en un sentido que podría parecer inesperado, en tanto que no son definitivos no se puede hablar de cambio, en el sentido de llegar a ser o de dejar de ser, ni en el sentido de algo definido de lo cual se pueda decir que ha llegado del futuro o que ha sido trasladado al pasado.

La realidad es necesariamente existente, y su modo más básico de existencia es, si se mira por partes, la provisionalidad, que es otro nombre para decir que se trata del espacio para la actualización de lo posible. Esa actualización ocurre en el presente, que es lo único actual.

11.6 LA DURACIÓN ESCAPA A TODA MEDICIÓN.

La ambigüedad de este acápite resulta adecuada. Duración sin argumentos gramaticales o meramente semánticos. Lo primero es aceptar que no puede ser medida con relojes, porque lo relojes no miden lo que pasa entre oscilaciones, las cuentan, sin que se pueda afirmar objetivamente nada sobre unidad o medida de tiempo ocurrida entre oscilaciones; y sin embargo, sin esa duración, sin alguna duración, no serían siquiera posibles las oscilaciones.

Queda un resquicio por el cual surge el tiempo mismo: si dos relojes jamás marcharán al mismo ritmo, no se puede decir a qué ritmo marcha uno de ellos o el otro, salvo admitir que ambos marchan al suyo. Que ambos marchen, en eso consiste desde ese punto de vista limitado, el tiempo. Esa limitación no es del concepto, surge de este contexto circunstancialmente estrecho. Que no es medible, surge del desacuerdo de relojes. Hay otras razones más fundamentales para explicar el desacuerdo. Con un único reloj nada se hace.

Las razones para justificarlo son de dos tipos. En el primero está lo que corresponde estrictamente a los relojes, y es el ámbito de la ingeniería, de las ciencias físicas y especialmente de la teoría de gravitación y su hermana díscola, la mecánica cuántica. O viceversa. Mientras eso ocurre, seguirán siendo hipótesis que la experimentación y la comprobación tratan con suma amabilidad, bien merecida por el éxito. Y en el segundo tipo hay una razón fundamental, esencial y que parece definitiva, y es la diferencia entre magnitud y medida.

La situación permite identificar el ámbito conceptual para la duración: dos relojes uno al lado del otro, ambos duran, es decir existen de manera continuada, y no se puede decir que uno de ellos va adelante en la existencia o que le sería posible esperar al otro. Sería una pedantería extrema decir que no existen simultáneamente, pero eso se suele pasar en silencio, porque se puede decir que duran en tiempos distintos, de la misma manera que duran en lugares distintos, eso es una consecuencia lógica de usar el concepto de espacio tiempo. Simplemente para evitar equívocos se dice aquí que los relojes coexisten mientras duran, están ordenados en el espacio y en el tiempo de manera que no hay sucesión, aunque para ellos la brecha de la diferencia en las marcaciones de sus tableros aumente tanto como se quiera en tanto que se permita que los relojes sigan funcionando indefinidamente, cosa que la teoría no puede rechazar. Todos los relojes en el universo coexisten, cada uno con su marcación. El molusco, por más retorcido que se conciba, tiene a todas sus partes unidas. En este sentido preciso se puede hablar de consistencia a salvo de objeciones relativistas.

Esa sencilla consideración establece un lugar para una clase de tiempo distinta del tiempo de los relojes, distinta, al menos por ahora, del tiempo de la física. Esta concepción no niega el tiempo de la física, entendido como un artificio o reja que intenta tamizar a la duración, de la única forma en que para lo físico es posible: tratando a lo continuo como discreto, es decir, contando, marcando, individualizando, numerando, porque el reloj no permite otra cosa. El tiempo de la física es un tiempo maltrecho, preso de relojes, incompleto, y víctima de un problema intratable y fundamental: no existe reloj sin ritmo, no existe ritmo sin tiempo, el tiempo no es ritmo. En este sentido las tesis relacionistas pierden mucha fuerza, el debate sobre tiempo absoluto, todo eso pierde interés, especialmente en el marco de un presente que dura, si se acepta que carece de lógica el concepto de presente sin duración.

De esa duración se puede decir, en primer lugar, que no es extraña a los fundamentos de la mecánica cuántica, por cuanto uno de sus conceptos o herramientas esenciales es la ecuación de Schrödinger, que representa evolución determinística y en el tiempo, para su objeto cuántico u onda. Antes de una medición, antes del llamado colapso de la función de onda, todo lo que esa función representa, sea lo que sea, no puede sino existir en el ámbito de la duración. Esa ecuación es la representación de la evolución temporal de una función de onda.

Es del todo innegable que esa ecuación, sin la cual la mecánica cuántica no sería lo que hoy se entiende de ella, es inseparable del tiempo, del tiempo que permite hablar de onda y sin el cual ni hay ondas ni se puede hablar de que evolucionen o se expandan. Tampoco se podría hablar de radioactividad sin el concepto de tiempo, que aquí llega bajo la forma de vida media. El tiempo está tan esencialmente vinculado a la mecánica cuántica, que esa conocida como acción a distancia entre partículas correlacionadas dio lugar a uno de los más famosos debates en la historia de la física moderna, cuando chocó de manera más que evidente en este caso con la relatividad general. No se necesita tomar partido sobre la explicación definitiva para ese fenómeno que por ahora está bien descrito y poco comprendido. Sirve como ejemplo para mostrar de qué manera el tiempo está inmerso en la mecánica cuántica: hay discusión sobre uno de sus fenómenos, que aparentemente se sustrae de lo temporal, lo cual es visto inmediatamente como algo que exige explicación, o mejor, rechazo.

Einstein, aquel que dijo que el tiempo es una ilusión pertinaz, comprometió todo su prestigio en un debate fundado en que no aceptó la tesis de acción instantánea, es decir no mediada por el tiempo.

El tiempo de los relojes es distinto del tiempo de la duración; se impone de manera forzada a lo que es un continuo, y lo transforma en un concepto discreto. Esa imposición no es suficiente para negar válidamente realidad al tiempo no medible, al tiempo de la duración, al tiempo que dura, en el entendido de que estas dos expresiones han de ser una forma de decir lo mismo: la duración de un existente, es decir, una existencia. La arbitrariedad de la imposición resulta evidente cuando se comprende que entre oscilaciones no es posible usar el mismo método de imposición, ni ningún otro.

Es un hábito decir: la película duró dos horas. Lo que se quiere decir es que entre los extremos de duración de la película un aparato en funcionamiento mostró en su tablero algo que es habitual leer como: dos horas. Carece de sentido insistir en que no se trata de una película sino de muchas fotografías, no es necesario insistir en que muchas fotografías son una película. Y no se trata de una calificación que de pronto ha sido aquí echada de menos: emergente. Es un artificio para eludir los problemas decir que el tiempo no es fundamental sino que emerge; como decir que la película emerge de las fotografías. Con la misma falta de precisión se puede decir que emerge de la corteza visual de un espectador. Tampoco el tiempo emerge del ritmo. La duración en su sentido más básico es independiente de la mecánica, en el sentido de que dura sin tiempo, en tanto tiempo sea aquí el tiempo de los relojes, el de los físicos teóricos o el de los físicos experimentales. No se trata de la duración tal como Bergson la entendió. La duración escapa a las matemáticas, a los relojes, y a toda subjetividad. Es del todo general y objetiva, no admite limitaciones. Duración es otro nombre para realidad.

Esta duración así entendida está liberada del otro problema intratable, el del instante. La idea de instante se opone a la de tiempo, el instante es imposible, se pretende que es la contrapartida temporal de algo que tampoco existe físicamente, el punto geométrico, y así, tampoco es. La duración es independiente de cualquier medición, no es medible. Es inútil especular si la duración es afectada por la realidad física tal como es descrita por la relatividad general: en ella lo que se afecta es el espacio tiempo y los relojes, cuando intervienen, es decir siempre.

Ni Aquiles ni la Tortuga tienen a su disposición instantes con base en los cuales planear una estrategia, ni tienen puntos espaciales sobre los cuales desplazarse. Sus movimientos y sus tiempos tienen que ser pensados de otra manera. Con base en instantes y en puntos no es posible siquiera que la competencia empiece físicamente, se quedará en el tablero del cálculo diferencial, y en el de los infinitos en general.

El ser o realidad dura, eternamente en el sentido de Spinoza; los subconjuntos que el intelecto, o la conciencia o la experimentación física objetiva aísla en la realidad no son siempre caprichosos, pero son parciales, incompletos, necesariamente. En esa parcialidad se hace evidente lo temporal, un aspecto mucho más general que la idea de manzana o de río, y mucho más objetivo. Que se haga evidente no significa que de ahí surja.

En sus distintos tratamientos del tiempo y del espacio la mecánica cuántica y la relatividad general muestran sus extremos conceptuales hasta ahora sin solución. De la primera se suele decir hoy, sin exageración, que es una receta o un sistema preciso y exitoso para hacer predicciones, en esto existe acuerdo casi absoluto; en cuanto a los fundamentos y alcances conceptuales de la teoría o receta, el desacuerdo parece inconciliable, hay toda clase de historias sobre ello.

El físico cuántico calcula y él o un aparato es interpuesto para una tarea usualmente denominada observación o medición, y suele encontrar acuerdo entre lo calculado, una probabilidad, y lo medido, que pasa a la condición objetiva de dato. Esto último no podría ser de otra manera, pero se pretende que es extraordinario y esencial, parece que se piensa que la naturaleza calcula probabilidades antes de ponerse en movimiento y mientras lo hace, que las calcula a partir de las mismas bases que el experimentador. Nadie lo expresa en esos términos. El relativista general observa, con el dato observado intenta dar vida a sus ecuaciones, y vuelve a observar. Encuentra que los resultados de sus ecuaciones coinciden con lo que estima real. Se puede decir de manera más o menos general que el mecánico cuántico calcula y luego observa, y el relativista general observa y luego calcula. Claro está, hoy ambas teorías están consolidadas y esta descripción ya no es del todo cierta.

A veces queda claro por qué personas de la altura de Hawking han dicho que no saben qué es la realidad, que en sus tareas como científicos no se interesan en eso que quizás sea para los filósofos, quien sabe. Por otra parte, hay que admitir que la física de Hawking es de lejos muy superior a su filosofía.

Es de ese mundo extraordinario, sutil, profundo, exitoso, polémico, de donde se intenta recuperar, o dejar por fuera, o a salvo, un concepto, el de la duración, y usarlo para defender la idea de que existe el presente, sin futuro, sin pasado, que no es medible y que no hay que entenderlo como compuesto de una parte en el pasado, otra en el presente y otra en el futuro; que no fluye, que es parte indivisible, inseparable de lo real y no una adición y además, que esto se puede decir sin necesidad de juegos de palabras.

Una de las características de lo temporal es que es inevitable. Los relojes o lo que se pretende que representan o miden no son condiciones previas para ninguna experiencia. Las usuales paradojas alrededor de la idea de tiempo se desdoblan en otras adicionales si se sitúan todas en el terreno de lo ilusorio. Y no hay que dejar de insistir en que el costo de negar el presente se expande y crece: pérdida de credibilidad, y multiplicación innecesaria de universos siempre inaccesibles.

Newton postuló tiempo y espacios absolutos; y pasó inmediatamente a relojes en la forma de efemérides, y a medidas; Kant se aprovechó de eso para retirarlos de lo real e instalarlos como una ilusión humana necesaria, inevitable, con lo cual resultaron aún más incomprensibles.

El tiempo como condición previa instalada en la estructura conceptual humana, humanidad que ha dado en construir relojes de cesio y de estroncio que caminan a ritmos peculiares y únicos para cada uno de ellos. No es que la teoría de Kant en la *Crítica de la Razón Pura* estuviera a salvo de una crítica más o menos pensante; y la cosa ha sido zanjada por Nietzsche de manera definitiva en lo conceptual. Desde otro punto de vista, la idea de tiempo propuesta por Kant no es más que el tiempo absoluto de Newton, instalado como mecanismo inevitable y artificial en esa máquina también artificial en el sistema de Kant, descrita como lo humano o la humanidad. Esa razón denominada pura no tiene cabida en relatividad general, y su funcionamiento, como todo lo que es real, es inevitablemente afectado por el entorno.

11.7 DE VUELTA A LA (PERTINAZ) REALIDAD. RELOJES Y AVIONES.

Para preguntarse ¿cómo es posible que el tiempo transcurra? O, ¿cómo es posible la idea de cambio? no es necesario suponer o declarar anticipadamente que eso no existe sino como ilusión, de la misma manera que para situar el número uno en el primer lugar en la serie de los números naturales no es necesario definir si el mundo de las formas platónicas tiene realidad objetiva. Baste recordar los esfuerzos de Frege, Whitehead, Russell. Algo tan aparentemente sencillo como la unidad, o una igualdad, establecer el significado o la justificación matemática de eso toma cientos de páginas.

Einstein ha explicado al público no matemático que en relatividad general los relojes ya no prestan las mismas funciones que en la especial, y que inclusive dos relojes semejantes, uno al lado del otro, arrojarán indicaciones diferentes. Ya a la altura de este escrito no se trata de mirar las cosas desde el punto de vista de esas teorías, pues basta saber que está claro que los relojes son afectados por la velocidad y por la forma del espacio en el que están inmersos, o gravedad si se quiere usar ese término. Relojes con suficiente precisión para mostrarlo ya existen y los experimentos han sido llevados a cabo, las observaciones de laboratorio o en campo se pueden repetir, no hay desacuerdo en eso, es lo que se podría tomar como un hecho brillantemente predicho y ya independiente de las teorías que lo predijeron.

Toda esta excursión sobre las dos teorías ha servido para mostrar por qué pudo haber dicho Einstein que el tiempo es lo que los relojes miden, y no otra cosa, el alcance limitado que debe darse a sus palabras, y a las de Minkowski sobre la nueva concepción, u olvido, de lo que el tiempo pueda ser, y para mostrar que pese a todo, las dos teorías siguen esclavas de los relojes, y al tiempo no lo aprisionan, ni lo excluyen.

Hay unas ciertas limitaciones de las matemáticas, muy fáciles de comprender, hasta ahora apenas insinuadas aquí. Se relacionan con las posibilidades de medir al tiempo, y explican el truco oculto, tan oculto como la carta de que habló Poe, oculto en la definición de Einstein para la velocidad de la luz.

Algunos precisos resultados de la física teórica, confirmados por la física experimental, servirán para facilitar algún alejamiento de la magia de los relojes, de la magia del instante sin duración, para intentar más o menos, un nuevo punto de partida. Se deja de lado la teoría, se pasa al laboratorio, al experimento. Con esto se quiere decir: abandono, por un momento, de toda idea sobre tiempo, sobre naturaleza de relojes, sobre papel del observador. Sigue aquí la descripción de algunos de esos resultados. Son resultados, no teorías, al menos en el sentido natural de estas dos palabras.

A. Aspect. En este inicial experimento, refinado varias veces a lo largo de los años con el objeto de evitar discusiones sobre posibles o reales deficiencias, parece demostrado, según acuerdo más o menos general, que el fenómeno de la correlación o entrelazamiento entre dos partículas subatómicas, es real, correcto en el sentido de predecible teóricamente, y verificable en el laboratorio. El fenómeno fue anticipado por Schrödinger en 1935, y en términos muy generales dice que dos partículas generadas en ciertas condiciones comunes, se comportarán como una sola, no importa la distancia que las separe. Esto significa, de acuerdo con principios conocidos de mecánica cuántica, que si se mide por ejemplo la cantidad física denominada momento de la partícula, entonces la posición de la otra ya no se podrá medir con la misma probabilidad de precisión: ese efecto es inmediato, y casualmente producido, en el sentido de que depende de la primera medición. Pero a la inversa ocurre lo mismo, se puede medir primero la posición, y el efecto sobre la precisión de la otra medición se produce de la misma manera. Es el caso si la medición es en una única partícula, pero ahí no hay entrelazamiento, que requiere pluralidad. En ciertos casos bien definidos, con el fenómeno de correlación, lo que se mida en una afecta instantáneamente a la otra, o para decirlo en términos menos polémicos, los efectos de la medición afectan a la otra partícula de la misma manera que si en realidad se tratara de una sola, sin que el tiempo o la distancia intervengan. Así pues, confirmación de predicciones teóricas, mediante experimentos. La predicción es de 1935, puramente derivada de la teoría, y los experimentos van desde contradictorios o no decisivos, explicados por deficiencias en el estado de la técnica, en 1972, luego el experimento de Aspect en 1975, después mejoras que evitan la discusión sobre posibles fisuras prácticas en el experimento, llevadas a cabo en 1998, en donde la separación de las partículas llegó a ser de 30 kilómetros.

Este experimento es famoso, porque la idea de correlación o entrelazamiento fue poderosamente atacada por Einstein mediante observaciones teóricas basadas en la teoría de relatividad, y porque involucra otros hallazgos centrales, como el teorema de la desigualdad de Bell. Así entonces, el asunto está en el centro mismo de las teorías físicas, las teorías filosóficas originadas en los teóricos físicos, y los puntos de unión y de conflicto entre la mecánica cuántica y la teoría general de la relatividad. Aquí el tiempo desaparece en el sentido de que se dice que no está presente o no transcurre, y la distancia deja de tener interés salvo en cuanto sea distancia, y la medida ya no importa, y el concepto de ser o cosa, en este caso el concepto mismo de partícula puede incluso admitir discusión, una partícula podría explicarse como extendida en el espacio, y sin embargo sin unión física entre sus extremos que, quizás, seguirían siendo entendidos como puntos matemáticos. Y la realidad misma podría ser entendida como una única partícula. En este debate Einstein invirtió todo su prestigio; pero el fenómeno ha sido comprobado.

El problema de la instantaneidad, más técnicamente conocido como localidad, aparece también en el llamado colapso de la función de onda, que supuestamente ocurre a partir de una medición, ese momento en el cual la onda desaparece para dar vida a la partícula, es una de las interpretaciones. La onda es algo extendido en el espacio, la partícula no tanto por definición, pero el colapso, si eso existe, está por fuera del tiempo y del espacio, es un fenómeno instantáneo. Está relacionado con localidad porque la onda se supone indefinidamente extendida, pero su colapso es o se trata como inmediato.

En 1959. R. Pound y G. Rebka mostraron experimentalmente que a menor gravedad mayor ritmo temporal: les bastó una medición con relojes separados por una altura de unos 20 metros. En 1971 J. Hafele y R. Keating utilizaron relojes de cesio sincronizados, cuatro, dieron varias veces la vuelta al planeta, en aviones comerciales, dos veces hacia el este, y dos hacia el oeste. Los relojes fueron comparados con otros de referencia, también sincronizados previamente, que quedaron en tierra. Los relojes que volaron marcaron tiempos distintos respecto de los de tierra, y entre sí en el viaje al oeste, respecto del viaje al este. Las variaciones medidas estuvieron dentro de lo calculado por la teoría general de la relatividad en consideración a la velocidad relativa de desplazamiento, y en consideración a la altura. No hay datos sobre el tedio, el aburrimiento, las salas de espera o el tiempo sicológico.

No tiene sentido discutir o negar que los relojes se afectan con el movimiento, y con la gravedad, o mejor, la forma geométrica del espacio tiempo: ya lo había dicho Einstein, y ya está comprobado experimentalmente, y hoy se usa por cada uno en el día a día del sistema de posicionamiento global, que tiene que reajustar constantemente la hora de sus relojes, o en los cálculos, para lograr así una especie de simultaneidad que ya es otra cosa. Un reloj funciona a un ritmo distinto de aquel que está al lado, aún si la única diferencia concebible entre esos dos relojes no sea por la construcción sino por la ubicación: en el límite, por el único hecho de que se trata de dos relojes, no importa que se asuman de idéntica construcción y funcionamiento, en lo técnico.

Pero para aplicar exitosamente, como en efecto es el caso, la teoría de gravitación, es necesario un reloj dictador, uno a partir del cual los otros son alterados, se le dice sincronizar a este acto de alterar, alteración necesaria de tiempo en tiempo: el dictador es un reloj en tierra y su lectura, o varios y el promedio de sus lecturas, son los encargados de suministrar el número dictatorial.

Los extraños resultados de los experimentos mencionados confirman predicciones teóricas, sobre los cuales hay un acuerdo más o menos general respecto de su validez. El primero no se comprende con ninguna de las dos teorías de la relatividad, y parece negarlas; los otros confirman a las teorías de la relatividad, que no puede explicar el entrelazamiento. La oposición más grande entre los fenómenos gira alrededor de la función que el tiempo pueda tener; para entender lo que los experimentos muestran es indispensable hablar de tiempo, en algún sentido; ambas teorías se suelen presentar como prueba de que el tiempo es algo ideal, no físico, inexistente al final, secundario, emergente, en fin. Ese tiempo que se supone que no admiten es indispensable para comprender los experimentos y para analizar sus alcances. Pero en el sistema GPS los relojes marchan cada uno a su ritmo, que es el que la teoría general de la relatividad predice, y para que el sistema funcione hay que alterarlos, o a sus números, de tiempo en tiempo, y la medida de la alteración está dada por las mismas predicciones de relatividad general. Es una curiosidad, como si se tratara de una vuelta de tuerca: como si se dijera que hay que ajustar la realidad a las matemáticas.

11.8 LOS RELOJES SE PARECEN, PERO NO SON IGUALES.

La realidad que transcurre en el intervalo entre un extremo de la oscilación y el otro, los dos puntos de medición, tiene un límite a partir del cual ni siquiera otro reloj ha de servir, esos dos relojes con tal nivel de precisión, esos dos relojes atómicos al máximo, ya solo funcionarán al unísono, si lo hacen, por casualidad inexplicable o porque uno o ambos están mal construidos: ya no hay unísono aquí, porque no hay tiempo como movimiento o intervalo lineal para dividir y entregar bajo la denominación o unidad tiempo; tampoco lo hay para los relojes contiguos. O para hablar más precisamente, se dirá que funcionan a partir de la utilización de un reloj, de cualquier tipo de reloj que sirva para eso: será un sincronismo en el mundo de los relojes, un sincronismo que no existe, no un sincronismo en el mundo de la duración. Y tampoco, y es muy válido insistir, tampoco en el de la teoría de gravitación.

Con exactitud: dos relojes iguales en todos los aspectos que la teoría y la técnica permitan concebir, y uno de ellos no sirve para calibrar al otro, porque necesariamente funcionan a ritmos diferentes, por el hecho de ocupar dos posiciones espacio cronométricas diferentes. Es decir, desde otro punto de vista, simplemente porque son diferentes, aunque su construcción sea idéntica. De dos relojes uno al lado del otro no se podría decir que existen en tiempos distintos, sino solamente que calculan números distintos, inevitablemente, por cierto. Aquí la realidad espacio cronométrica o espacio temporal, que en este caso es lo mismo, obliga a explicar cómo es que dos relojes pueden estar uno al lado del otro, es decir, no están en el mismo espacio ni en el mismo tiempo, pero esto solamente en un sentido altamente técnico y, para el ejemplo dado, completamente artificial y sin sentido práctico alguno, porque no se puede pretender que no están en el espacio y el tiempo del observador. Sus posiciones espaciales y temporales podrán estar separadas en el plano cartesiano o en el molusco de Einstein, pero todo en el mismo plano o en el mismo molusco.

A la pregunta: qué le pasaría a alguien si viaja a una velocidad cercana a la de la luz, se suele responder: aplanamiento en el sentido del viaje, dilatación del tiempo. Respuesta incorrecta: no le ocurre nada, todo ya viaja a esa velocidad o a cualquier otra sin exceder la de la luz, depende de quién está mirando. Es decir, no tiene sentido preguntarse a qué velocidad viaja el punto de referencia, sino a qué velocidad viaja lo que es objeto de observación. Esta explicación se puede encontrar en algunos textos de divulgación de la teoría especial de la relatividad. Es decir al viajero no le ocurre nada, se le considera quieto; si otros quieren ejercer ese mismo derecho, encontrarán que el otro ha sido aplanado. Y respecto de sí mismo no notará el aplanamiento por el que otros apostarían sus credenciales académicas. La teoría parece que apenas empieza a considerar la posibilidad de que volver a preguntar eso quizás valga la pena. La teoría especial de la relatividad exige las mismas leyes físicas para todas las circunstancias, y hay un sentido preciso y correcto a partir del cual se puede decir que encuentra que las circunstancias observadas son diferentes si las leyes son las mismas. Queda a sensación de que algo importante falta aquí, aunque no se suele admitir, dado que en la práctica se usan las fórmulas de Newton, y si se quiere algo sofisticado se usa la relatividad especial, y se justifica como un caso particular de la general. Pero no es así y se advierte si se lee con cuidado lo que dijo quien las pensó.

Nada de eso es así tal cual, salvo en el papel y en los tableros sobre relatividad especial: los relojes no necesitan observadores y modifican su ritmo sin necesidad de más consideraciones. Basta recordar el experimento del reloj en el avión o en lo alto de un edificio. No se trata en el caso de los experimentos, de tiempo observado desde la distancia, ni de tiempo calculado: ha sido el tiempo de los relojes, puro y simple, a secas, tiempo oscilatorio. No ya que si se calcula el tiempo del reloj en el avión, desde tierra, será un resultado, y en el marco de referencia del avión otro. El caso puro y simple es que los relojes se descoordinan, cálculo o no. El cálculo sirve para encontrar el número de la descoordinación, que ya está en el tablero antes del cálculo, así como el cálculo estuvo hecho antes de la medición. Esa es la realidad, una en la que no hay sistemas inerciales, eso es de la relatividad especial, suponerlos es un constreñimiento para que la teoría funcione. Todo es de veras más simple en el concepto, en la teoría general, y complicado en la expresión formal que requiere matemáticas todavía hoy consideradas como avanzadas.

Y el antes y el después, separados por una duración que sí es verdadera duración, esperan alguna explicación. Una que no puede ser la contradicción según la cual, por ejemplo, se existe actualmente, en el pasado, aún antes de la fecha del nacimiento, y actualmente en el futuro aún después de la fecha de la muerte, esa forma usualmente teológica de la eternidad. Y también habría que decir que se existe, o no, muerto. Eternamente muertos, tanto como eternamente vivos. Estas extravagantes nociones han salido de especulaciones no solo religiosas sino últimamente a partir de modelos matemáticos.

El remedio contra las paradojas y los excesivos y emocionados reclamos que nacieron de la teoría especial y que han sido más o menos impuestos a la teoría general y más sensata, de la relatividad parece estar por los lados de un nuevo enfoque para el concepto de medida.

Posibilidad de cálculo, y posibilidad de medición, son dos exigencias para el concepto de tiempo, que con limitaciones y condiciones funcionan en el terreno de la física, que las requiere para poder funcionar. Por fuera de todo eso se puede empezar a entender que el tiempo es mudable, lo más mudable, en un sentido más esencial que poético. Las cosas mudan en el tiempo, el tiempo lo hace en las cosas: porque estos son aspectos de la actualización de la existencia, y deben entenderse como unidad o aspecto de lo mismo, y sin más proyecciones ni aditamentos. Ya no interesa la discusión sobre un tiempo absoluto, es decir sobre un tiempo aparte del resto de la realidad, hace rato que, desde Spinoza, debió haberse aprendido que toda división de la realidad, toda separación, es arbitraria, algo que por cierto la física actual parece mostrar cada vez más claramente, cuando empieza a tratar el problema del observador o experimentador.

Un tiempo absoluto o no, o una realidad sin ese fenómeno llamado tiempo, sea lo que sea, no es una realidad, es una hipótesis opuesta a los hechos, un ejercicio distinto del que debería ser la ocupación inicial. Y es lo mismo con ese tiempo llamado relativo o relacional defendido por Leibniz, que depende de otras cosas para que se pueda concebir, y al que Einstein en unos aspectos parece darle la razón, y en otros parece negársela. Intentar pensar el tiempo por fuera del espacio y por fuera de lo que existe, por fuera de lo real solo sirve para ejercicios de lógica modal.

Que las cosas mudan en el tiempo, y el tiempo en las cosas quiere significar: el tiempo no es un añadido, no surge, forma parte inseparable de lo real, sin tiempo no es posible la existencia. Sin existencia no hay tiempo, pero no hay que ir hasta decir que el tiempo está primero que la existencia, porque eso es caer en terrenos de la nada, impensable. El tiempo está aferrado a lo que existe como lo que existe está aferrado al tiempo: y esto otra vez, metáforas apenas.

No existe en la realidad un escenario para tiempo absoluto, se trata de una hipótesis no verificable; como tampoco existe uno para un tiempo que dependa de relaciones, puesto que no es posible prescindir de las relaciones, y por eso entonces tampoco lo es probar desde el punto de vista físico, es decir experimental, que sin esas relaciones el tiempo no existiría. Queda para aficionados a la denominada lógica modal, a veces compleja. Si el espacio es lo que permite la existencia simultánea de las cosas, y el tiempo la existencia sucesiva, dos cosas se objetan: esa imagen no es poética, y de resto no sirve para nada. También se requiere del tiempo, en su aspecto de duración y de presente, para la posibilidad de la existencia simultánea de las cosas. O mejor que simultánea y para no polemizar, basta decir lado a lado, vecindad espacial al mismo tiempo que distancia temporal de relojes entre las cosas. La teoría general de la relatividad tornó en inútil, incomprensible y de realidad física imposible, a esa distinción entre coexistencia y sucesión, puesto que ningún reloj marcaría, correctamente, lo mismo que otro.

Pero nadie visita su pasado o el ajeno. Por limitaciones absolutas de la realidad si es que algo ha de entenderse como real, y sin necesidad de incluir detalles sobre tiempo de transmisión de la señal, ningún observador podría cerciorarse de que su pasado existe actual y realmente en el mismo sentido en que su presente existe actual y realmente. Si algo observa, serán sombras en el presente.

O se hace variable la velocidad de la luz, como mostró Dicke, o se hace variable la longitud en el sentido del viaje, el resultado es el mismo, el reloj funciona igual pero marca distinto. Relojes: distancia es velocidad multiplicada por tiempo, una hora es lo mismo que la longitud de una circunferencia, lo que importa es la velocidad angular. Y un minuto es también lo mismo. Y la medida de la circunferencia no importa porque siempre se obtiene el mismo resultado: una hora, un minuto. Y la velocidad de la punta de la aguja o manecilla es siempre la misma: un giro por unidad de tiempo. Y la longitud del giro es diferente, se le denomina circunferencia, depende de la longitud de la aguja, y es distinta en cada sitio según la distancia al centro, y no es necesario que la manecilla se rompa para que gire. Eso son los relojes. No mantienen ninguna clase de velocidad, ni lineal ni angular, ni temporal, que sea de su esencia: porque no hay velocidad sin tiempo, y no hay reloj sin velocidad, tampoco lo hay sin ritmo, pero sí hay tiempo sin reloj, tanto como lo hay entre oscilaciones.

No hay velocidad sin tiempo; y sin embargo, en el mismo tiempo cada punto de la manecilla se mueve a una velocidad distinta de la de los otros puntos, a menos que se entienda como velocidad angular. Pero esa aparente paradoja podría resolverse con conceptos de relatividad general, los tiempos son distintos en cada punto, nada de eso de mismo tiempo es aplicable.

Y si el reloj es un fotón rebotando entre espejos, no queda más remedio que suponer, asumir, adoptar como axioma, que el fotón se mueve a la misma velocidad en un sentido y en el otro: así lo dijo expresamente Einstein al explicar las bases de su relatividad especial, así está en el escrito de 1905. Y olvidarse de la mecánica cuántica, que no sabe o no puede y dice que no podrá localizar un fotón, si ya conoce la velocidad, o no sabrá de la velocidad si fugazmente conoce una localización. Probabilidades inversas, y aproximaciones. En términos de mecánica cuántica a nadie se le ocurriría ese reloj. Y sin embargo los mejores son los denominados atómicos.

No se trata del único par de datos que la mecánica cuántica no puede conocer simultáneamente, pero es curioso ver como esa relación que ha sido mencionada desde siempre, aquella de que distancia es velocidad multiplicada por tiempo salta en pedazos, como tantas otras cosas, con la mecánica cuántica.

Que el tiempo fluye parejo y en cantidades o intervalos iguales no es más que una suposición bastante usual por cierto, y asumir que el tiempo fluye es una suposición aún más compleja. La idea, sin embargo, no ha nacido de la nada: se origina en el movimiento del péndulo, o en el movimiento de cualquier cosa que se use como reloj, un reloj estático no es un reloj, o no funciona.

Que el fluir del tiempo no sea más que una metáfora no significa que el tiempo no exista. El tiempo es como el acto de flotar en el mar, no es que la flotación exista, tampoco es que no exista, y sin embargo flotar es algo que se explica muy sencillamente, por lo menos desde Arquímedes. Que el tiempo exista no significa que tenga que ser como una sustancia, como algo material, como una energía, en fin. El tiempo es la existencia misma, cuya medida, la de la existencia, es la duración, que solo en el presente puede darse. Duración que no se mide con un reloj, como tampoco el presente, que siempre se le escapa al reloj. Lo único que no es necesario es la consideración de una parte de la realidad, aislada del resto; el cambio consiste en la modificación de la consideración, es decir el cambio es una idea. Eso no lo hace irreal, sirve para explicar que el cambio no es un llegar a ser ni un dejar de ser. Toda idea es temporal, y existe en el presente. Temporal significa que dura, no que necesariamente es estática, eso es el cambio. No es irreal, la realidad existe necesariamente. Eso no implica parálisis. Quizás sea mucho más de difícil de explicar o de concebir, filosóficamente, la hipótesis de parálisis de la realidad.

De repente surge entonces que el cambio y la duración pueden coexistir, nada complejo para quien, por ejemplo, considera que el movimiento es un cambio sin que lo que se mueve cambie. Lo temporal existe en el presente tanto si dura como si no dura, porque no durar no es desaparecer sino reflejar otra vez o de otra manera una existencia, o un modo de existencia, si se quiere, de lo que existe. En este sentido, una realidad que dura puede contener partes que no durarán, y la aparente contradicción no es más que efecto del lenguaje. Hasta el cambio dura; sin duración, el proceso de cambio, lo más inmediato que se tiene, no se puede comprender, queda de una vez negado, sin credibilidad alguna.

11.9 NO FLUYE EL TIEMPO, NI EL RÍO, NI EL MAR.

¿Se desplaza el tiempo en o sobre las cosas, o al lado, o algo en él? La más extraña de las ideas, y sin embargo tal es la costumbre que la cosa pasa como desapercibida; Broad preguntó cómo es que el tiempo fluye a un segundo por, o cada, segundo. Hay que recordar que se trata del número para segundos, elevado al cuadrado. Pero nada absurdo, salvo una tontería, resulta de afirmar que el que camina un kilómetro recorre esa distancia por cada kilómetro que camina; y absurdo concluir, de eso, que no camina. Se suele olvidar, sin embargo, que sin definición de kilómetro nada se ha dicho, salvo que alguien camina.

Heráclito está en su río, en alguno al menos, de espaldas a la corriente; una hoja flota, pasa río abajo. El futuro está a las espaldas, porque el agua no ha llegado, el pasado está al frente, para Heráclito, si usa ese entorno como imagen del tiempo. Mientras más cerca está el agua de la desembocadura, más lejos está del nacimiento, el futuro del llegar a la desembocadura es ya para Heráclito, que mira la hoja pasar, el pasado mismo, pero también el futuro, la hoja posiblemente habrá de llegar a su destino. No ha faltado quien diga, del tiempo, que no existe, como no existe el río así descrito, unas partes no pueden estar en algún pasado y otras en algún futuro. Y también se puede utilizar la figura para parafrasear a los amigos del universo en bloque: el río mismo ejemplifica el pasado y el futuro, que existen tanto como el presente que baña al bañista, pero el agua no fluye y no se sabe cómo pudo llegar allá el bañista, ni dónde están sus infinitos espejos disponibles para que se refleje; los amigos del bloque en crecimiento tendrán que pensar en una avalancha cuyo frente empuja, sin arrastrar, al desafortunado bañista, y pasa por encima sin hacerle daño, deja un copia y sigue mientras lo localiza en otros innumerables futuros iguales tanto física como conceptualmente, a innumerables pasados. Los endurantistas y los perdurantistas no podrán siquiera ponerse de acuerdo en qué es lo que cada uno dice. Es decir: con la imagen de flujo del tiempo no se resuelve nada, se agravan los problemas, quizás haya que dejar de pensar toda imagen del tiempo alrededor de algo que pasa, que llega o viene, va, fluye, en fin. Esas ideas surgen alrededor del mismo problema que existe con el lenguaje: la estratificación de la realidad en conjuntos arbitrariamente aislados. En el sentido ya señalado antes por otros que han pensado el problema: una constelación no existe, lo que existe así es una idea que consiste en la reunión arbitraria de estrellas, y así sucesivamente, hacia lo grande y hacia lo pequeño. La realidad es indivisible.

Lo temporal no es el desplazamiento de nada temporal, no hay una sustancia ni un objeto cuyo desplazamiento deba o pueda o no pueda ser medido de modo que resulte un número llamado tiempo, horas, años, lo que sea. Ni sirve aquí el truco de disfrazar el desplazamiento con el vestido de ritmo. Lo temporal en física es lo que puede ser tabulado con un reloj, antes de que el reloj, que se ha tornado en aparato impertinente, desaparezca del tablero o de la página impresa que pretende describir un universo en bloque. Lo temporal en el ámbito del presente no fluye, el presente es la existencia misma de lo que existe, el hecho de que exista, a eso se le denomina presente.

La existencia no fluye a ninguna parte ni en ningún sentido, como tampoco la realidad. En esa bisagra del tiempo llamada usualmente presente no se dobla nada, ningún eje existe ahí, ningunos lados para enlazar o enlazados a nada, ni a pasados ni a futuros. Lo que existe lo hace en el presente, y en tanto que ahí exista no viene del futuro ni se aleja al pasado, la agitación, o la calma, en la que consista su existencia no ocurre ni en un pasado ni en un futuro.

En física la unión entre distancia, tiempo y velocidad es irremediable; de ahí surgió la idea de Aristóteles, el tiempo como número del movimiento. Hay un cierto sentido bajo el cual eso sigue siendo cierto, pero un sentido muy limitado y no es ya la idea de Aristóteles: el tiempo de la física es el número del movimiento, si el movimiento es tamizado bajo la forma de ritmo, único mecanismo que permite transformarlo en número. El tamizado consiste en contar las oscilaciones, y en olvidarse del intermedio. La relatividad especial consiste en mostrar la ruta del fotón como sobre una línea recta. Permite pensar en dos marcaciones diferentes para relojes conceptualmente semejantes, pero semejantes solamente en esto: en la velocidad del fotón, no en el recorrido.

Para el lector que encuentre algo simples estas referencias al movimiento como un aspecto fundamental del problema discutido, además de lo ya mencionado de Penrose están estas palabras de Max Born, en la reedición de 1965, Dover, del texto *Einstein's Theory of Relativity*:

"*El problema físico planteado por el espacio y el tiempo consiste en determinar numéricamente un lugar y un punto en el tiempo para cada evento físico, de manera que permita especificarlo de entre el caos de la coexistencia y la sucesión de las cosas*".

Es curioso que para ese físico ilustre que aquí asume la idea de Leibniz, sin citarla, el caos sea la primera imagen de la realidad antes de la intervención científica.

Y la unión entre la coexistencia y la sucesión está dada por la fórmula: distancia recorrida igual a velocidad multiplicada por tiempo. Entre estas tres palabras el movimiento y el tiempo intentan ocultar lo que de misterioso tiene el asunto.

La famosa discusión de Leibniz también queda muy atrás con el simple hecho de mostrar la unión entre espacio y tiempo en la fórmula de la velocidad, y toda esa teoría sobre relaciones parece entonces más que artificial frente a la sencillez aparente de la ecuación.

11.10 LO QUE ES, ES Y OCURRE EN EL PRESENTE.

Claro que el pasado, tanto como el futuro, existen, como noción. Lo pasado es lo que ya no tiene existencia, habiéndola tenido, y el tiempo pasado es el tiempo que fue presente para la definición de la existencia de lo que existió, ya como designación formal, y no existe. El pasado es un nombre para recordar que lo que ha sido, no podrá dejar de haber sido pero ya no es. Lo que dura lo hace siempre en el presente, aunque se pretenda que la duración ha sido medida con un reloj.

Un argumento que suele aparecer por ahí, ya antes mencionado, es que cuando se habla del pasado algo ha de existir para que la frase tenga sentido. Se alega a veces que, por ejemplo, si la Biblioteca de Alejandría no existe ya, no tiene sentido decir que la Biblioteca de Alejandría es un ejemplo más de la locura humana, no por sus libros sino por los variados incendios. Se contesta a veces que la única solución para este absurdo es concluir que sí existe o de lo contrario no se podría hablar de ella, es decir hablar de una manera que tenga sentido. ¿Entonces, existen también sus incendios? Si se acepta que debe contestarse afirmativamente, de una vez al universo en bloque.

Y ¿el futuro? De él ni siquiera se puede decir que se refiere a lo que todavía no tiene existencia. El futuro es una proyección de lo presente, y como proyección es también idea. Que el pasado sea recuerdo y el futuro proyección no hace a uno más real que al otro: todo ocurre en el presente, incluidos recuerdos y proyecciones.

No existen ni son imaginables, menos construibles, relojes para medir espacio tiempo. Ni rodillos rígidos para medir espacio tiempo. El concepto físico de tiempo y el concepto físico de distancia se burlarán.

Sin embargo, sí alguien en su laboratorio contesta que la realidad es, si acaso, un concepto, que lo concreto es lo que, si es medible, tiene al frente de su aparato de medición, medible incluso si afirma que solamente es real lo que arroje el resultado de la medición, no hay objeción que presentarle. Esa persona ya ha abandonado a la ciencia, antes a la filosofía, y se ha entregado a la tecnología; en eso es cosecha de su tiempo. Algunos ilustres físicos matemáticos han adoptado expresamente este punto de vista.

Debe averiguarse si es posible definir cambio de una manera que no implique aparición o desaparición absoluta, y que al mismo tiempo no niegue el aspecto dinámico que el concepto involucra. La contradicción implícita en el concepto antiguo y tradicional está a la vista, y es el centro de argumentos en contra de esa idea y de la de tiempo: no es posible hablar de algo que cambie, la cosa desaparece en sus cambios y la nueva y efímera cosa ha salido de la nada, y si todas son distintas, no tiene sentido hablar de cosa en el sentido de misma cosa; y si son iguales no es el caso hablar de cambio. En esta trampa de palabras se ha mantenido la discusión durante siglos.

No obstante, está claro, la realidad cambia, en ese sentido usual y común. Una realidad sin cambio no ha sido percibida por nadie, que se sepa. La sola afirmación o idea es ya un cambio, cada vez que es dicha o pensada, sin cambio no son posibles esos fenómenos. Entonces es preciso forjar alguna idea que al menos algo de eso explique. Una incapacidad inveterada para explicar algún tipo de variación o actividad en la realidad no es argumento ni prueba de que no cambia: o al menos no logra despejar la incrédula mirada de quien es expuesto a ese argumento.

Si el cambio no puede ser el aparecer y desaparecer de partes o subconjuntos de lo real, cosas, que no son sino asuntos verbales, y esto además por la simple y sencilla razón de que la realidad no tiene partes ni subconjuntos, salvo como abstracciones, eso ya limita el alcance de los resultados de esta investigación.

El cambio no acrecienta, ni disminuye, lo real. Habría que decir que no lo cambia, en el preciso sentido, aunque metafórico, en el que una onda no cambia, y sin embargo ondula, o el río fluye sin escapar de sí mismo, entre otras cosas porque no es ni el agua ni el cauce.

Hay que desechar esa idea simple y no analizada que imagina a las palabras como anexas a las cosas, o a las cosas como anexas a las palabras. La distancia que existe entre el fenómeno del lenguaje como asunto auditivo o visual, y el lenguaje como asunto del entendimiento, es muy grande, inabarcable quizás si se limita a esos extremos tan simples. Las palabras no son cosas ni las cosas son palabras. La Constelación del Can desaparece cuando se comprende que se trata de un gran número de estrellas esparcidas visibles en un cierto lugar de la bóveda celeste, y la bóveda celeste misma desaparece cuando se tiene claro que su nombre surge de una casi ilusión óptica, y en esos desapareceres nada ha cambiado ni en la Constelación del Can ni en la bóveda celeste. La idea sería: este análisis se puede hacer respecto de cualquier elemento de la realidad, respecto de cualquier sustantivo, y así en general. Lo que le pasa a la manzana es un microcosmos de lo que ocurre con la Constelación del Can.

Y, por adelantar una posible objeción, la Constelación del Can era un objeto real, visible, y sigue siéndolo para quien quiera encontrarla en lugar de cierto número de objetos astronómicos más o menos desperdigados. En el caso de la manzana también hay objetos físicos desperdigados que en general no son accesibles a los sentidos de los mamíferos, por ejemplo, tanto como la manzana, quizás, no sea accesible a la bacteria que la descompone. Es apenas algo casual, no esencial. Pero eso no implica que esos objetos desperdigados e inaccesibles estén paralizados.

Además, el intelecto tiene sus caminos, y esa inaccesibilidad se remedia de manera brillante y extraordinaria, sorprendente, con la idea de manzana, y nadie debería sentirse engañado.

En esos objetos inaccesibles a los sentidos humanos en este caso, y no al intelecto, y desde ellos, y en el intelecto también, se expresa la actividad de lo real. Una palabra para esa actividad, si se quiere, puede ser: tiempo. No es que el tiempo exista o no exista, esa palabra no está ni pegada o anexa ni despegada a nada, es un concepto, y eso no quiere decir que no exista o que sea irreal. El tiempo es como los colores: no tiene sentido decir que no existen mientras se afirma que la longitud de onda de la luz de la naranja amarilla es la que el espectrómetro marca.

Y si la realidad no tiene partes o subconjuntos, si lo real es una trama indivisible, entonces otros posibles resultados de esta investigación quedan eliminados: no se puede pensar una parte de la realidad por fuera del tiempo, en el sentido tradicional de eternidad, y otra fuera de lo eterno y formando el ámbito del tiempo común de los relojes, o del tiempo de la duración, o cualquier tiempo que se suponga. Pero en la concepción de tiempo que se ha ido forjando, la palabra eternidad tiene cada vez menos sentido, si el presente que dura más que los instantes es lo único real del tiempo; y es un tiempo que ya no fluye, porque el fluir no forma parte del concepto, porque no hay ni origen ni destino para ese fluir, y eso descarta que algo fluya.

La música sirve para otra analogía; la sensación de lo musical ha sido presentada como un misterio, por supuesto que lo es si se intenta comprender desde la idea de instante. El asunto se puede analizar en términos semejantes al problema del río. No es que la música transcurra, no es que algo musical recorra un tiempo, también en el pentagrama es música, aunque el pentagrama esté olvidado en un rincón. Olvidado como pentagrama, no como papel viejo, entintado o sucio. O también.

La música no deja de ser música por el hecho de que no se le preste atención, la pieza musical está ahí tanto si transmitida como ondas en el aire o electromagnéticas, como si no; la sensación de lo musical no exige   traslado al pasado o anticipo del futuro representados en las posiciones relativas de las notas y en la organización de los ritmos y armonías y voces y todo lo demás, la música no deja de serlo porque la interpretación ha terminado y la vanidad del director aplaudida o su arte reconocido. La música es un tipo de sensación en el sentido en el que la poesía es un tipo de sensación: algo más complejo que la radiación calórica o la onda en el aire o un conjunto de palabras, algo que el ser humano capta a veces, como a veces capta un atardecer. Se trata de aspectos de lo mismo, ninguno es ni deja de ser, no es necesario comprimir toda la música en un instante imaginario que no funciona; tampoco entenderla comprimida en un presente extendido de tipo sicológico; basta la duración para que la sensación musical produzca su efecto, cambiante en el sentido convencional de la palabra, que avanza como al ritmo y extensión de la causa.

El hecho simple y evidente de que se capta un sonido, tanto como se capta un rayo de luz o una sensación térmica, o una presión, o inclusive una mirada, todo eso debería demostrar que el instante es una idea falsa. Describir el asunto por medio de la música no agrega complejidades. Persistir en la idea de instante es lo que ha llevado a negar la idea de tiempo, a postular eternidades, a desdibujar al pasado y al futuro, convertidos en zombis del presente.

11.11 SI EL RÍO NO CAMBIA, NO ES. SI ES, NO CAMBIA.

¿Qué es lo que se dice cuando se afirma que el río de Heráclito no es el mismo? ¿O cuando se dice que esas aguas son y no son las mismas? ¿O el bañista?

Es posible que eso del río no sea más que un error nacido del espejismo que asigna al bañista una realidad distinta e independiente a la del río. Es posible que el brillante reto de Heráclito tenga origen en una reacción, estimulante, al pensamiento de Oriente, como todo lo griego es también. Porque el bañista también es un río, algo que cambia en el mismo sentido en el que se dice que el río cambia, y para otras culturas eso es lo más natural. Y claro, si a esas imágenes se les agrega un reloj, aparece entonces un tiempo que señalará un antes y un después; ningún reloj numera al presente. A eso se le superpone la idea geométrica de punto, que en lo temporal se denomina instante, y así han transcurrido más de dos mil años. El instante obliga a pensar que el bañista y todo lo demás aparece y desaparece en un ritmo cíclico y frenético, sin tiempo, que no tiene explicación.

En un sentido muy elemental se dice que el río no cambia por el hecho de que las aguas por él corran hasta abandonarlo, y mientras corren modifican el cauce y el ambiente. De no ser así no sería río. Y sin embargo hay un sentido claro y lato en las palabras de Heráclito, frente a las cuales este tipo de objeciones son ridículas; y ese sentido obliga entonces a aceptar que se muere infinitas veces.

El ejemplo o metáfora del río, o el del fuego, se usa para mostrar que la realidad no es estática, por lo menos en algún sentido no lo es. Eso es lo que Heráclito propone, y se entiende con naturalidad si es visto como un tema de conversación con Parménides. Las rigideces propias de lenguaje son las que, por el contrario, crean la ilusión de permanencia, de quietud, de parálisis, esa ilusión con base en la cual se dice que nada cambia porque si cambia, es otra cosa y no la que ha cambiado.

Argumento ilustre y antiguo, y sin embargo no adelanta más que decir que el cambio, si cambia, no es cambio. Que todo cambie para que todo siga igual, Lampedusa resignado.

Si se modifica un poco puede sintetizar a Heráclito y a Parménides: todo cambia porque todo es igual. Esta última forma es el curioso antecedente para la frase de Lampedusa, y se atribuye a A. Karr, en 1849.

Sin asidero no hay cambio.

Lo que antes era cambio ahora es algo más sencillo, menos ambicioso, la realidad en movimiento, activa, no la realidad oculta en los fuegos fatuos del llegar a ser y dejar de ser. Esa actividad no tiene nada que ver con relojes, y eso no impide afirmar que el sol salió ayer y hoy ha vuelto a salir. Es lo mismo con la reina Ana y con la Biblioteca de Alejandría, salvo que estos dos últimos casos no son cíclicos; el asunto del sol dejará de serlo.

Hay que abandonar cierto escolasticismo que afirma que el movimiento es un cambio, así sea de lugar. El movimiento es movimiento, hay que suspender la manía de usar siempre otra palabra para explicar una. Cuando se intenta explicar lo obvio el resultado es oscurecimiento.

Frente a eso los gatos de Schrödinger y los discursos de Einstein en los funerales se ven algo fantásticos, y bastante tonto se oye denominar movimiento a esas tristes y muy naturales e inevitables muertes.

Pero es así. Vida es existencia pasajera, el concepto no involucra que la vida sea necesaria, lo biológico es, casi que por definición, transitorio. Es más estable el río.

No hay problema en denominar pasado a lo que ya no es sino una idea referida a un aspecto de la actividad de lo real, transformada en otra; futuro a una especulación sobre efectos esperables bajo condiciones que se suponen; y presente al espacio conceptual que corresponde a la duración, es decir permanencia, en la existencia, de lo real.

La muerte ocurre en el presente. Esto quiere decir simplemente que la muerte es tan real como la vida: van juntas. Por extraño que parezca o pese a lo mucho que se quiera evitarlo, ambos términos son conceptos y uno necesita del otro.

Si la muerte ocurriera en el futuro, quien esté en el presente estaría a salvo.

En el presente no numerable ocurre el acto de pensar lo real, el pasado es una idea y el futuro es otra; a una idea que incluya la totalidad de lo real, sin exclusiones, a eso Spinoza lo ha denominado idea infinita de dios.

O, en términos cotidianos, realidad.

No está sujeta a las limitaciones que Poincaré encontró para los dioses. No hay dioses.

12. ESPACIO, TIEMPO, Y ESPACIO TIEMPO.
12.1 EL TIEMPO DE LA FÍSICA ES NÚMERO DE RELOJ, Y SIEMPRE ES ESTÁTICO.

El espacio tiempo es una entidad matemática que surge de considerar al tiempo con la misma técnica formal que al espacio, en donde para la definición de las coordenadas espaciales se usa una unidad de medida inicialmente definida como rodillo para superponer y contar, y un aparato contador de ritmo, denominado reloj, proporciona el otro número. El espacio tiempo se construye con los datos que se asignan para el espacio, generalmente los tres conocidos largo, ancho y alto, y el cuarto dato es el número para el tiempo. Como explican los matemáticos, una vez que se tienen esos datos no es necesario denominarlos más como espaciales o como temporales, pierden toda especificidad, y las fórmulas funcionan.

Ahora el experimento: el reloj atómico de viaje en avión, o en órbita, de veras, realmente, altera su ritmo. Esa alteración no depende de la selección arbitraria de observador y observable, ni es el resultado de un cálculo o una teoría, ni depende de que sea observada. Para eso no sirve ya la teoría especial de la relatividad, hay que tener presente que es Einstein quien lo dice.

Se necesitaban las dos teorías de la relatividad, y casi un siglo de estudio, y muchas comprobaciones científicas y observaciones y verificaciones para entender que los relojes no son asuntos mágicos, que un reloj no se pone al frente de la realidad para medir uno de sus aspectos, denominado tiempo, con una especie de independencia similar a la del observador, sujeto, yo, frente a la realidad. Ninguna de las dos cosas es cierta, tanto el observador como su instrumento denominado reloj forman parte de lo observado, de la observación, de la realidad.

No son separables, salvo arbitrariamente.

Y esa experiencia es la que ha permitido comprender que un reloj no tiene nada que ver con el tiempo, y en ese sentido equívoco tienen razón Einstein y sus colegas cuando hablan de la irrealidad del tiempo.

El camino no es la meta. A menos que la meta sea el camino. No es posible medir la duración de la caminada, pero se puede comparar el número de pasos con el número del reloj, o se puede atender al reloj, o a ambos y empezar con el uso frenético de la aritmética aplicada a la actividad física personal.

El tiempo de la física es el número del movimiento del reloj, en el momento en que se usa dato, y duración podría ser la diferencia entre dos números de esos, pero eso ya no es tiempo y lo segundo parece intratable para la física. En ambos casos, se trata de la manera de proveer un cierto número a las ecuaciones, número que acompaña a muchos otros.

El tren llega a las siete; o también, las siete llegan con el tren. Es un accidente que los mecanismos de los relojes sean un poco más precisos que los de las locomotoras. Si es que lo son.

El viaje del tren duró una hora, y sin embargo cada reloj situado en cada una de las traviesas ha marcado un tiempo diferente.

12.2 TIEMPO COMO EXISTENCIA.

El universo no puede menos que existir, lo cual significa que es eterno, solamente en el muy claro sentido definido por Spinoza. Eso no significa que el universo sea estático, ni extendido de una manera que no se puede comprender, extendido desde un pasado sin origen hasta un futuro sin fin. El universo siempre ha existido en el presente, y siempre ha sido el mismo, no otro. Sin olvidar que no es estático; sin olvidar que se puede especular, con tiempo de relojes, hacia atrás o hacia adelante.

Lo anterior exige una consideración imprescindible: el universo no se originó de la nada. Es, otra vez, eterno en el sentido de necesario, no vale la pena pretender que no es así.

Eso que existe eternamente es activo, palabra preferible a cambiante. Un poco como intuyó Bruno, en el tiempo del presente el universo explora y actualiza todas sus posibilidades. Una idea extraordinaria, sencillamente expresada, breve y al mismo tiempo completa. Posibilidades que son necesidades.

Entonces hay que dejar los relojes a la física, aceptar con Newton que no es posible un reloj que marche con un ritmo que pueda denominarse matemático, aceptar con Einstein que el tiempo de la física es lo que los relojes miden, y solo para la física lo miden. Miden el ritmo, medición que consiste en contarlo. En materia de tiempo todos los relojes son tan inútiles como uno, sirven como contadores de ritmos, egotistas sin límite, pero no son medidores del tiempo de los ritmos.

Debe suponerse que nadie presumirá que el mar no existe porque cambia constantemente, sus olas y sus mareas, o porque su intolerable nivel de contaminación sigue creciendo. Se puede usar al mar como metáfora de la realidad, y a sus olas como metáfora del tiempo, es decir, el tiempo es la actividad de la realidad, y la realidad actúa de una manera que, si se considera rítmica, no es medible, y por otra parte nada exige que tenga que ser medible, ni esencialmente rítmica.

La actividad de la realidad tampoco tiene que ser pareja, tanto como no lo tienen que ser las olas ni el viento. Y eso lleva a considerar que donde no hay actividad las cosas duran y donde la hay dejan de durar, conceptos que quizás sugieran menos paradojas que eso del ser que deja de ser. Nada deja de durar cuando se considera, por ejemplo, una onda en el agua o en el aire o en su ecuación, y sus cambios son precisamente su esencia y nadie dirá que la onda no existe. Pero se trata de demasiadas palabras, todas muy recargadas: ser, esencia, existencia, duración, realidad, actividad. Dejan espacio para toda clase de controversias y desacuerdos.

Los relojes, sean ellos bellas clepsidras, la amable luna que pronto será basurero, la sombra y la edad misma han producido una quimera: la de una vida personal eterna, por fuera de todo eso. Mejor pensar en la eternidad del universo, y esperar sin impaciencia que el presente a todo lo disuelva en ella, como lo hace cada día poco a poco.

El tiempo es la realidad, no es algo diferente; y su mejor imagen no es la de un río sino la de un mar: porque no cambia se mueve, y porque se mueve no cambia.

13. MAGNITUD. MÉTRICA. RIEMANN.
13.1 GEOMETRÍA Y ESPACIO.

La fisiología que conecta con lo externo no define la naturaleza objetiva del espacio, ni siquiera si el espacio tiene una. Pero desde que se comprende que lo matemático está fundado en axiomas, eso tampoco. Y ni siquiera el éxito predictivo, o de laboratorio, de las teorías, define nada, si ha de creerse en la actualidad a los más brillantes teóricos de las ciencias físicas.

El punto esencial es la relación que pueda definirse sin exceder los conceptos, entre matemáticas y realidad, y más precisamente, entre física y geometría. El asunto empieza, pese al nombre, no con la geometría que practicaron los egipcios, ni con las formalizaciones debidas a Euclides.

El pionero es Riemann, fundador del análisis de las relaciones entre geometría y espacio, frente a eso lo de Galileo es retórica. En este contexto debe pensarse la famosa opinión de Poincaré: no hay geometría verdadera, sino la más útil o conveniente para el problema entre manos. Un germen para las ideas de Gödel, una posición ante los retos planteados por Hilbert, una respuesta no comprendida. Esto por supuesto no quiere decir que una geometría no pueda ser falsa. Zenón mezcló los infinitos con la flecha y con el estadio, y así sigue la cosa, se pretende que en la forma en que el cálculo maneja el asunto, o con el concepto de límite, o con el tratamiento moderno de los infinitesimales el asunto está resuelto. Gauss así lo entendió también. Pero así no se resuelven. Faltaba también comprender que los axiomas o postulados pueden válidamente modificar las matemáticas según las necesidades, eso ya no tiene discusión.

Aparecen nuevas perspectivas. Bolyai mostró cómo construir con regla y compás un cuadrado con un área igual a la de un círculo cuyo radio es una unidad. Cuadratura del círculo es el nombre común para eso. Pero se trata ya de otra geometría, no el cuadrado ni del círculo de Euclides.

Otro antecedente, Clifford, 1870, *On the Space-Theory of Matter*, adelanta la idea de que energía y materia son dos tipos de curvatura del espacio. La primera traducción al inglés de la merecidamente famosa conferencia de Riemann algunos de cuyos detalles pronto aparecerán aquí, se debe a este matemático, reconocido hoy, y en su época. Aquí si se mezcla formalmente todo, otra vez: geometría, no ya del espacio, sino subordinación, a la geometría, del espacio a lo que ha de considerarse como espacio, y en ese espacio, que ya no perderán su carácter meramente geométrico, energía y materia en el caso de los físicos, métrica en el caso de los matemáticos. Y necesidad de métrica, y una fuente de donde obtenerla, para el caso de los físicos. Está del todo claro que aquí, junto con Riemann, hay un antecedente más que evidente para las ideas actuales de la física y la cosmología.

Ese es el origen de la insistencia en coordenadas en los textos de Einstein. No se trata simplemente del plano cartesiano.

El espacio matemático no es el largo, ancho y alto de la vida cotidiana, que es apenas uno de los posibles espacios matemáticos. Se trata ahora de una entidad de la cual se pueden definir múltiples tipos, o variedades como se traduce desde el francés, es decir, una localización en ese espacio requiere de números independientes. Variedad: el imposible nombre para el concepto original, intraducible, *manifold*, quizás pliegue.

Por ejemplo, en una variedad de tres dimensiones una localización se define con un número o letra para alto, otra para ancho y otra para largo. Esto puede pensarse de manera independiente al plano cartesiano, que se forma por planos organizados perpendicularmente, lo cual, además, no es sino una restricción arbitraria. Así se tienen espacios, en sentido técnico, de cuantas dimensiones se quiera. De aquí no hay sino un paso para entender que lo que se defina en ese espacio de coordenadas existe en ese espacio, es decir, si las coordenadas son movidas de acuerdo con reglas precisas que la geometría suministra, movimientos generalmente conocidos como rotaciones, no es tanto el objeto lo que se mueve, sino su definición, sus coordenadas, su objetividad matemática: es el espacio mismo el que se mueve, porque el espacio es ya una definición.

Y el objeto no es más que su definición mediante coordenadas en el espacio que le corresponde.

Ese es posiblemente el origen de la objetivación de la realidad entendida como mundo por Minkowski: el tiempo espacializado es tangible, acompañado de sus inseparables compañeros parece casi un objeto, y así pasa atrás y adelante en los diagramas, universo en bloque.

No se trata de objetar al formalismo físico el uso de la geometría que considere del caso, la geometría más apta para explicar lo que se conoce del mundo físico, y quizás para permitir anticipar o predecir nuevos fenómenos, es decir unos que no estaban a la vista. Pero la realidad no surge de la geometría, y este hecho simple permite y obliga siempre a la pregunta: ¿hasta qué punto la geometría abarca a la realidad?

La respuesta ha sido ya anticipada en este escrito: si las matemáticas en general no pueden abarcar a la totalidad de la realidad, en el sentido de las limitaciones demostradas por Gödel, menos aún lo puede una rama o sector o subconjunto de ellas.

El punto en donde se cruzan las matemáticas, la geometría como parte de ellas, y la realidad física y en particular lo temporal, es el concepto de continuo, y su opuesto, el de discreto. Por discreto se entiende, de manera muy informal pero suficiente, lo que está formado por partes o lo que se puede dividir de tal forma que las partes resultantes se puedan contar mediante números, que usualmente se asumen como números enteros, pero eso no es indispensable Por continuo se entiende lo que no admite división. Por ejemplo, Cantor estableció el concepto de conjuntos cuyos elementos se pueden contar, frente a aquellos cuyos elementos no se pueden contar. Con los primeros nace el nombre de matemáticas discretas, para una rama de ellas.

Es el momento de pensar un poco más qué es lo que pueda significar que la línea recta sea una imagen del tiempo, el punto una imagen del instante, y la unidad temporal una sección de la recta, o un punto. Es decir, se anticipa aquí, con base en la autoridad de Riemann, que no es posible asignar, objetivamente, medidas a nada de eso, y por tanto no tiene sentido decir que el presente se compone de instantes, o que un instante tiene, o no tiene, duración, y como no es posible definir una unidad de medida en una recta sin la intervención de otra dimensión, tampoco es válido imaginar que el tiempo fluye como si se tratara de un punto que se desplaza por la recta, ni menos sentido tiene decir que es el tiempo, o la recta, lo que se desplaza.

Nada se desplaza de manera medible y sin embargo la recta sigue ahí, aunque no esté formada por puntos. Una recta es un espacio unidimensional, una variedad o manifold de una única dimensión. Ni siquiera tiene que ser la recta de la geometría de Euclides. Pero sobre todo, una recta es un concepto, y por eso no tiene sentido decir que algo físico se mueve en ella, porque no hay nada físico unidimensional, no se conoce.

Los párrafos que siguen están escritos con una idea básica y general en el trasfondo: la imposición de un reloj, de un ritmo, es una necesidad de la física para transformar el continuo temporal no susceptible de ninguna métrica porque si se ha de considerar con dimensión sería una solamente, y quizás ya sea mucho, para transformarlo en discreto, y una vez numerado es susceptible de utilización matemática para los fines físicos. Es un truco, o un método, o una decisión programática que debe dejarse claramente planteada y a la vista. Einstein no es explícito en eso.

En el centro de ese truco está el teorema de Pitágoras, como caso límite en los descubrimientos de Riemann; eso ha sido llevado a la teoría general de la relatividad de Einstein, como modelo para visualizar la especial. Es un modelo muy sencillo, muestra por qué la trayectoria del fotón varía en extensión cuando es vista como sobre una hipotenusa de triángulos cambiantes.

Einstein menciona expresamente que Gauss inventó un sistema para el tratamiento matemático de los continuos, que además define que es posible y válido considerar una distancia entre puntos definidos por tantos números como dimensiones tenga el espacio multidimensional definido. Pero eso requiere que el sistema se aplique con cuidado, a muy pequeñas partes o puntos cuyas distancias han de establecerse, de tal manera que se pueda considerar que en la práctica el sistema se comporte en partes, como euclidiano. En general se trata de una aplicación modificada del teorema de Pitágoras, y en particular, en esas pequeñas escalas, se trata de utilizarlo para definir distancias en términos de los componentes separados objeto de la determinación de la distancia. La mención del teorema significa o implica aquí: hay que saltar, por lo menos, a dos dimensiones, al plano. Ese es el punto crucial.

Einstein está explicando la situación para su sistema de cuatro coordenadas en la cual el tiempo no tiene una naturaleza que exija tratamiento específico; reconoce el antecedente de esto en Minkowski; pero es claro, sin discusión alguna, que para

Einstein el tiempo es un continuo. Por ejemplo este texto de su publicación de 1920:

"Que no hemos estado acostumbrados a considerar el mundo como un continuo de cuatro dimensiones se debe al hecho de que en física, antes de que apareciera la teoría de relatividad, el tiempo tenía un papel distinto y más independiente, en comparación con el de coordenada espacial. Es por esta razón que se ha tenido el hábito de considerar al tiempo como un continuo separado...pero el descubrimiento de Minkowski, que tuvo importancia para el desarrollo formal de la teoría de relatividad, no reside en esto. Se encuentra más bien en el hecho de su reconocimiento de que el continuo constituido por el espacio tiempo de cuatro dimensiones, en sus más esenciales propiedades, tiene una fuerte relación con el continuo de tres dimensiones del espacio geométrico euclidiano".

Es de nuevo en Einstein no un reconocimiento a Minkowski, sino un repetido adiós. Einstein abandona en este texto la línea de pensamiento sobre el continuo, para lanzar un dardo innecesario. Estaba más que claro que entre la formalización de Minkowski y la teoría de gravitación hay un cambio esencial en el tipo de geometría. Pero todos, si bien admiten que el tiempo es un continuo, usan relojes y ritmos, o hacen con ellos caso omiso del asunto del continuo temporal.

Se ha avanzado hasta un punto en el que se puede ver con claridad la dualidad implícita en la teoría general de la relatividad, y por supuesto en la especial también, entre relojes por un lado, y tiempo o coordenada temporal por el otro. Esa dualidad debe aparecer muy visible en los siguientes dos textos de la publicación de 1920:

"... Cuando describimos el movimiento de un punto material en relación con un sistema de referencia, no se ha establecido nada adicional a los encuentros de ese punto con puntos definidos en el sistema de referencia. Y podemos también determinar los valores que corresponden al tiempo mediante la observación de los encuentros del sistema y los relojes, junto con la observación de los encuentros de las manecillas con puntos precisos en el tablero del reloj. Es lo mismo que mediciones de espacio por medio de rodillos de medición, lo que puede verse con una sencilla consideración. Las siguientes afirmaciones tienen validez general: cualquier descripción física se descompone en un número de declaraciones, cada una de las cuales se refiere a la coincidencia espacio temporal de dos eventos A y B. En términos de coordenadas de Gauss, cada uno de esas declaraciones se expresa por la concordancia o acuerdo de las cuatro coordenadas x1, x2, x3, x4. Y así la descripción del continuo tiempo espacial por medio de coordenadas de Gauss reemplaza completamente la descripción hecha con la ayuda de un sistema de referencia, y no tiene los defectos de este último modo de descripción..."

Y así entonces:

"... El espacio tiempo de cuatro dimensiones es transferido arbitrariamente al sistema de coordenadas de Gauss. Se asigna a cada punto (evento) en el continuo cuatro números, X1, X2, X3, X4 (coordenadas), que no tienen ni un mínimo significado físico directo, y que solo sirven al propósito de numerar los puntos en el continuo de una manera definida, aunque arbitraria. Esta disposición ni siquiera tiene que ser de una clase tal que debamos considerar a X1, X2, X3 como coordenadas 'espaciales' y a X4 como la coordenada 'temporal'. El sistema de coordenadas de Gauss ha reemplazado la función del cuerpo de referencia. La

siguiente declaración corresponde a la idea fundamental del principio de la relatividad general: Todos los sistemas de coordenadas de Gauss son esencialmente equivalentes para la formulación de las leyes generales de la naturaleza´ ".

He querido dejar para el final la cita del texto preciso para el molusco con su reloj adherido:

"...*En campos gravitacionales no hay cosas tales como cuerpos rígidos con propiedades euclidianas; así el ficcional cuerpo rígido de referencia no sirve en la teoría general de relatividad. El movimiento de los relojes es también influenciado por los campos gravitacionales, de una manera tal que una definición física de tiempo hecha directamente con base en los relojes no tiene, de ninguna manera, el mismo grado de plausibilidad que en la teoría especial de relatividad. Por esta razón, cuerpos de referencia no rígidos se usan a cambio, los cuales no solo se mueven íntegramente en cualquier manera que se defina, sino que también son alterados en su forma, sin restricciones, durante el movimiento. Relojes, para los cuales la ley de su movimiento es de cualquier clase no importa qué tan irregular, sirven para la definición de tiempo. Debemos imaginar cada uno de esos relojes como fijado a un punto del cuerpo no rígido de referencia. Estos relojes satisfacen una única condición, a saber que las 'lecturas´ que se observan simultáneamente en relojes adyacentes (espacialmente) difieran entre sí solamente en una medida indefinidamente pequeña. Este cuerpo no rígido de referencia que muy apropiadamente se podría denominar 'molusco de referencia´ es el principal equivalente al sistema de coordenadas de Gauss, de cuatro dimensiones, escogido arbitrariamente. Lo que facilita que se comprenda con cierta facilidad a este 'molusco´, al menos frente al sistema de coordenadas de Gauss, es el hecho de que se ha separado formalmente (y sin justificación) la existencia de las coordenadas espaciales, por oposición a la coordenada temporal. Cada punto en el molusco es tratado como un punto espacial, y cada punto material que respecto de él es considerado en reposo es en general en reposo, en tanto que el molusco sea considerado como el cuerpo de referencia. El principio general de relatividad requiere que cualquiera de estos moluscos pueda ser usado como cuerpo de referencia con la misma validez y eficacia para la formulación de las leyes generales de la naturaleza; las leyes mismas tienen que ser independientes de la selección de molusco.*"

Una observación a esta descripción, y la idea viene por lo menos desde Poincaré: los puntos y los números que los identifican en una región espacial [manifold] no corresponden a eventos físicos. Es la totalidad del molusco, su funcionamiento, lo que describe la historia, medidas y relaciones causales del objeto descrito. ¿Y cuál es el objeto? Con ese hay que alimentar al molusco, si se quiere que la región descrita con coordenadas de Gauss o de Riemann funcione.

Aquí se puede ver con mucha claridad lo que decía Penrose sobre el funcionamiento de las leyes físicas: para que este molusco funcione hay que llenar arbitrariamente, como se suele decir, los parámetros o dimensiones en el espacio multidimensional. Una vez llenados esos cajones, la ecuación empieza a funcionar, y sirve para especular como será el futuro, como fue el pasado. La forma en que los números son proporcionados es una especulación sobre el presente en el sentido de base inicial para el cálculo. Weyl entendió muy claramente que el molusco formal es del todo necesario, aún antes de que sus variables sean alimentadas con números y conceptos, y consideró que el molusco forma parte de la realidad tanto como los datos que lo alimentan.

Este molusco, la calificación es de Einstein, así esté descalificado por él mismo en lo del reloj, muestra lo que la filosofía de la ciencia ha empezado a identificar como algo que sería ideal encontrar: ninguna teoría debe suponer nada, o las suposiciones deben ser mínimas. El molusco es una suposición que reemplaza las suposiciones de Newton, espacio y tiempo absolutos.

En este sentido, el espacio tiempo es también un supuesto, con el valor de absoluto en el sentido de no negociable. Los marcos de referencia inerciales, de la teoría especial, son también presupuestos, condiciones, idealizaciones, un poco menos viscosos que el molusco, pero también presuposiciones. Se puede aceptar que el molusco es tan variable que casi cumple la función, pero no es así, sobre todo si se piensa que el reloj no ha podido ser eliminado, y que las explicaciones sobre su aparición, uso inicial y posterior olvido son algo confusas.

Por eso la indefinición sobre el reloj que hay que pensar como adherido al cuerpo de referencia, sobre la lectura en el tablero como apenas una simple coincidencia, la aclaración de que la imagen del molusco con su reloj no es del todo precisa.

Eso no quita que hay que suministrar un número a la ecuación o molusco, dato que la física denomina tiempo.

13.2 GEOMETRÍA Y TIEMPO.

Hay que determinar qué es ese número, como se construye, y cuál es su relación con el tiempo. En lo que a la física concierne la cosa está clara y es en el terreno de la física en donde ha sido determinado. En física moderna, es decir desde Galileo, tiempo es el dato que suministra un reloj. Así se llega a la parte final de este escrito. Einstein ha eludido este punto: admite que el tiempo llega como elemento continuo, a formar parte de un continuo más general, eso es una manera un poco imprecisa de hablar, pero ese no es el problema aquí. El problema es que admite para su geometría el tratamiento del tiempo como continuo, y como parte de un continuo, pero no puede desprenderlo del ritmo, del reloj, que por definición no es continuo, y en definitiva lo trata como discreto, siempre es lo que un reloj marca o lo que para un reloj se calcula, sin perjuicio de que la coordenada temporal tenga un tratamiento similar al de las coordenadas espaciales. Esto, esa discretización, quita fuerza al reclamo de que el concepto de tiempo en general, o su objeto, ya no puede reclamar realidad.

El tiempo ha sido tradicionalmente pensado o representado como una línea, como algo unidimensional, y en términos de Riemann, como una región, variedad, manifold o espacio de una dimensión. El plano tendría dos, el espacio tres, y así tanto como se quiera. En una línea el concepto de continuo aparece con naturalidad, en cualquiera de las perspectivas: está formada por infinitos puntos, según una de las definiciones; siempre se puede definir un punto intermedio a partir de otros dos, a eso se le denomina, en matemáticas, densidad; el punto no tiene extensión, en fin.

Esa imagen de la línea lleva a pensar en pasado y futuro como algo real, casi como la misma hipóstasis que se presenta con el mundo que Minkowski representa en su tablero. Y cuando esa imagen del tiempo como línea se superpone a una imagen de la realidad, surgen los problemas que Zenón y Philoponus mostraron, y también los infinitos en los que se enmarañó Kant.

También se ha dicho que la línea no está formada por puntos, puesto que sin extensión no se extendería; o que una vez que se tiene una cantidad tan grande como se quiera de puntos, estos pierden su naturaleza numérica y se transforman en algo cualitativo que permite construir una línea, un plano, en fin. Es la idea de Peirce. Y una línea unidimensional no tiene que ser recta en el sentido de la geometría de Euclides.

Se discute si el continuo es divisible, o si el concepto de continuo impide la división, que por definición determina partes en lo que antes no era ni tenía parte. Se discuten las relaciones, o semejanzas, entre el concepto matemático de densidad y de continuo. De una vez se puede decir que el continuo sí es divisible arbitrariamente, es decir una convención puede marcar puntos o localizaciones. Es lo que hace un reloj. El asunto que interesa no es simplemente esa división arbitraria, sino una división objetiva, una que tenga métrica, como se dice técnicamente. Por ejemplo, en el plano de la geometría de Euclides hay una métrica objetiva definida por el teorema de Pitágoras: hipotenusa elevada al cuadrado es igual a la suma de los cuadrados de los lados. Esa es una medida objetiva, no hay que hablar de metros ni de kilómetros.

De todo eso interesa aquí una distinción mencionada de pasada antes, varias veces, idea de Riemann: una cosa es magnitud, otra número o cantidad definida. Si bien el concepto de número es ya bien complejo, el de magnitud parecería más simple, resulta de una comparación. Un árbol es más grande que otro, una piedra pesa menos que otra. Es todo lo que hay que decir. Es todo lo que se puede decir de la comparación entre segmentos definidos en una recta. Si se asigna un número, es porque ya se ha asignado otro, arbitrariamente, y su proporción es comparable.

Magnitud es un concepto derivado: es el resultado de una comparación. No se puede describir el tamaño de un único árbol, frente a nada más, no tiene sentido decir que es grande o que es pequeño. El concepto general de magnitud se transforma en el de medida si se superpone al árbol un cuerpo rígido de tamaño inicialmente adecuado: resulta un número, diez metros, es decir diez veces el rodillo, por ejemplo. Diez metros, diez rodillos, eso es lo mismo. Cualquiera que sea el rodillo, si mide un metro, y lo que mide el rodillo será un metro en este caso.

Y así el tiempo ha sido traicionado: se le ha superpuesto un reloj, y se ha transformado en un número para llenar un espacio en el sistema de coordenadas de Gauss o en las cuentas de la hipoteca. Hay que visualizar que el reloj es también un rodillo: el espacio recorrido por el oscilador es una distancia que se pretende inicialmente fija, regular.

En otras palabras, el uso del rodillo rígido, tanto como el uso de un reloj, es un truco para transformar en discreto lo que era continuo. La teoría no trata al tiempo como un continuo, en tanto que deba o tenga que usar relojes, así sean ideales, de fotones entre espejos. La teoría, al llevar a las ecuaciones el número que un reloj arroja, introduce una discontinuidad, introduce lo que en matemáticas se denomina discreto.

El punto es crucial, el escrito de Riemann, *On the Hypotheses Which Lie at the Foundations of Geometry*, o Sobre las Hipótesis que Forman los Fundamentos de la Geometría, una presentación oral del 10 de junio de 1854 en Gottingen, lo planteó, revolucionó las matemáticas, y entre muchas otras cosas hizo posible la expresión de la teoría de gravitación ideada por Einstein. En todas las citas de Riemann he seguido el texto traducido del alemán al inglés por Henry S. White, Vassar College, Poughkeepsie, N. Y.:

> *"Partes determinadas en una región [manifold, variedad], distinguidas por una marcación [mark] o una frontera, las denomino magnitud [quanta]. Su comparación como cantidad viene en magnitudes discretas si son contadas, y en magnitudes continuas si son medidas. Medición consiste en la superposición de las magnitudes que han de ser comparadas; para medir se requiere de algún método para emplear una magnitud como medida de la otra. A falta de eso uno puede comparar dos magnitudes solamente cuando una es parte de la otra, y aún así uno no puede decidir más allá de la pregunta sobre más o menos, no sobre la pregunta acerca de cuánto o cuantos. Las investigaciones que se pueden adelantar en este último caso forman un parte general de la doctrina de la cantidad, por fuera de determinaciones métricas, y las magnitudes son pensadas no como si existieran independientemente de la posición y no como expresables en forma de unidad, sino solamente como partes de una región. Estas investigaciones son ahora una necesidad en varias disciplinas matemáticas, particularmente el tratamiento de ciertas funciones analíticas, y la esa necesidad explica es probablemente la razón por la cual el famoso teorema de Abel y las contribuciones de Lagrange, Pfaff y Jacobi a la teoría de las ecuaciones diferenciales no ha fructificado. Por el momento será suficiente llamar la atención sobre dos puntos tomados de la parte general de la doctrina sobre magnitudes extendidas, en la cual nada se asume que no esté ya contenido en su concepto. El primero de ellos explicará cómo surgió la noción de región extendida [manifold]; el segundo sobre la dependencia [reference] de la determinación de lugar en una región, respecto de determinaciones de cantidad y la marca o distinción esencial de una región [n-fold extension]".*

Una medida requiere de una magnitud frente a otra, y el resultado es más, o menos, pero no cuánto más o cuanto menos. Eso es lo que ocurre con el tiempo, esa es la idea que este escrito propone, y con base en ella se afirma por ejemplo que no es válido afirmar que el presente se compone de instantes. Ni de segundos, en fin. El presente es, o tiene, una magnitud extendida, frente a la cual no hay otra magnitud para comparar. Esa es la extensión del presente, no el presente extendido de James y otros, no la duración de Bergson. Es un concepto simple e independiente de relojes, incluso si se entiende la percepción psicológica como resultado de un ritmo cerebral, circadiano o lo que sea.

El escrito de Riemann es una combinación entre filosofía y la fundación de una nueva rama de las matemáticas. En él discurre sobre las relaciones entre geometría y espacio o realidad, y es absolutamente claro que para él cuál ha de ser la precisa relación es un asunto pragmático que debe ser investigado por la física, y no determinado previamente desde las matemáticas. Así lo dijo en los últimos tres renglones del escrito, que parecen el encabezado para la teoría de gravitación de Einstein. Este escrito es fundamental en la historia de las matemáticas y esencial para la cosmología y la física actuales.

Con la autoridad de Riemann como soporte, se afirma: en una línea, unidimensional por definición, y sin acceso a otros medios, no es posible determinar una cantidad, sino tan solo una magnitud, es decir un pedazo, una parte, si se quiere, y no importa para qué fines. Y ya se sabe desde antiguo, y también por Cantor, que si se miran dos segmentos como formados por puntos geométricos, el número de puntos es infinito, en el mismo sentido para cualesquiera dos segmentos, independientemente de la magnitud de cada uno comparada con la del otro. Señalo esto solamente para que quede claro entonces que si se acepta el concepto de instante para el presente, puede ser tan extendido, me refiero a magnitud, no a medida, como se quiera. La palabra instante en este contexto es del todo equívoca, no debe ser usada.

Esa misma línea es la línea del tiempo: no se deja medir, no tiene sentido señalar un presente que divida o separe al pasado, del futuro, en todas partes es lo mismo, no hay mitades para la recta. Todos sus puntos son actuales, todos están en el presente, y no admiten medios artificiales para transformar su continuidad en algo discreto, a menos que se acepte que lo discreto tenga una extensión arbitraria, o lo que es lo mismo aquí, a menos que se admita que no se puede medir la duración de una oscilación.

El continuo matemático no es lo mismo que el continuo físico: el primero depende de las definiciones y axiomas, es un concepto creado para el uso requerido o para distracción y entretenimiento. El continuo de la realidad no es más que la afirmación, de tipo filosófico, que señala a la realidad como indivisible. El tiempo matemático no forma parte de ningún continuo, porque es el tiempo discreto de las oscilaciones, de los relojes, de los fotones o de los cálculos sobre una métrica posible justificada al final desde el teorema de Pitágoras.

Ha sido una característica del pensamiento occidental la incapacidad de comprender lo que no está mediado por un número. Por eso no ha comprendido al tiempo. La herencia de Aristóteles se ha depositado como un magma sólido, frío, que ya no brilla. Uno de los legados es la idea de cambio absoluto, el otro el de quietud absoluta o de nada, vistos bajo las enigmáticas frases llegar a ser y dejar de ser.

De otra manera, no tiene sentido señalar partes del continuo. Esto no significa que si el tiempo es continuo, el pasado el presente y el futuro existen simultáneamente, puesto que eso es o contradictorio o no satisface las más elementales definiciones o aproximaciones a la idea de pasado y a la de futuro. Toda la recta es actual, la línea del tiempo, la que forma parte de lo actual, es toda actual. Que el tiempo no pueda ser descompuesto admite entonces que el presente es lo único que existe, y que el presente es extendido, a secas, sin medida, ni mucho ni poco. Extenso o extendido. Llevarlo hacia el pasado y hacia el futuro no es más que un juego de palabras. El presente no tiene medida, solo tiene magnitud, es decir, es una cierta forma de extensión no susceptible de cuantificación en unidades de ninguna clase de métrica, es decir medida.

No está permitido por la lógica dar el paso de afirmar que si el presente no tiene medida, entonces se extiende al pasado y al futuro. Al contrario, el hecho de que el presente, el tiempo del presente, no puede ser medido en ninguna forma, no admite que se le pongan límites a partir de los cuales hay otra cosa. El presente está definido por la existencia de lo que existe sin limitaciones, ni condiciones ni adjetivos.

Tiene razón la física moderna, a falta de otras posibilidades insiste en el reloj. Einstein usa la definición arbitraria de tiempo para el dato inicial, hasta ahí podía llegar porque es y estaba preso de sus recientemente encontradas y muy exitosas ecuaciones. El continuo no se deja medir, ni separar. El continuo de la realidad, que es el presente y que es su actualidad y existencia; los demás quedan disponibles para el grandioso juego de las matemáticas, que todo lo puede, en tanto que no pretenda dejar de ser juego.

El tiempo no es una dimensión, ni está limitado a fundirse con el espacio. El tiempo es una condición para la existencia, o lo que es lo mismo, tiempo es existencia, y existencia no es parálisis; tampoco es un juego de espejos inaccesibles. El tratamiento matemático del espacio tiempo es un modelo exitoso, ha logrado tamizar el tiempo con el objeto de predecir la forma del espacio, siempre juntos, y todo lo demás tantas veces repetido. Pero el truco, válido, es muy visible, y no debe perderse de vista que se trata de un truco a partir del cual no está justificado multiplicar la realidad en infinitamente crecientes e inaccesibles copias inútiles, mientras se excluye de sí misma bajo el pretexto de lo instantáneo.

Termino este escrito con una traducción libre, desde el inglés, de algunas partes de la conferencia de Riemann ya citada On the *Hypotheses Which Lie at the Foundations of Geometry*, o Sobre las Hipótesis que Forman los Fundamentos de la Geometría, una presentación oral del 10 de junio de 1854 en Gottingen, tema señalado por Gauss y que Riemann elaboró como requisito para obtener la condición de profesor. Fue publicado doce años después, dos luego de la muerte de Riemann, por otro matemático ilustre, Dedekin. Este escrito es uno de los más importantes en la historia de las matemáticas, y sus desarrollos siguen en marcha. Selecciono las partes explicativas más directamente relacionadas con el asunto del continuo, la magnitud y la medición, esas que he utilizado para describir la idea de presente objetivamente extendido. Estas selecciones pasan de lado por aspectos supremamente importantes para el desarrollo de las matemáticas, pero creo que el concepto que está en la base queda relativamente indicado al menos, con las partes que he seleccionado. En todo caso, la conferencia ha quedado impresa en unas pocas páginas. El texto es fácilmente localizable en la internet, he utilizado la traducción de H. S. White. El término en inglés manifold literalmente sería: varios pliegues. Se refiere en realidad a lo que es múltiple: un espacio matemático tiene varias dimensiones, es decir múltiplemente extendido, y es entonces un manifold de ese número de dimensiones. Conservo en el texto la palabra original. Otras veces Riemann utiliza literalmente lo que puede traducirse como múltiplemente extendido, y así lo dejo.

"Plan de la Investigación. Es bien conocido que la geometría presupone no solo el concepto de espacio sino también que las nociones inmediatas para las construcciones espaciales son dadas anticipadamente. Solo se proponen definiciones nominales, y los medios esenciales para determinarlas aparecen en forma de axiomas. Las relaciones entre esas presuposiciones quedan en la oscuridad; no se ve si, o qué tanto, esa conexión es necesaria, ni siquiera de antemano se sabe si es posible.

De Euclides a Legendre, para mencionar el más renombrado de los modernos escritores sobre geometría, esta oscuridad no ha sido aclarada ni por los matemáticos ni por los filósofos que han trabajado en el asunto. La razón que lo explica es quizás el hecho el concepto de magnitud múltiplemente extendida, concepto que incluye el de magnitudes espaciales, no ha sido elaborado ni siquiera un poco. En consecuencia, me he propuesto en primer lugar la tarea de construir el concepto de magnitud múltiplemente extendida a partir de nociones generales de cantidad. De esto resultará que una magnitud múltiplemente extendida es susceptible de diversas relaciones métricas y que en consecuencia el espacio no constituye sino un caso particular de una magnitud triplemente extendida. Una consecuencia necesaria es entonces que las nociones de la geometría no son derivables de principios generales de cantidad, sino que las propiedades por las cuales el espacio se distingue de otras magnitudes triplemente extendidas que puedan concebirse solo pueden surgir de la experiencia. Y entonces de esto surge el problema de encontrar los más simples hechos por medio de los cuales las relaciones de métricas pueden se establecidas, un problema que dada la naturaleza de las cosas no es del todo definido; y esto porque variados sistemas formados por hechos simples pueden establecerse, suficientes para determinar las relaciones métricas espaciales; de esos sistemas el más importante para los efectos que nos ocupan es el conjunto de fundamentos establecidos por Euclides. Estos hechos, como todos, no son necesarios sino solamente tienen certeza empírica; esos denominados hechos son en realidad hipótesis; uno debe entonces investigar que tan probables son, y en realidad son altamente probables dentro de los límites observables, y luego de esa investigación corresponde decidir sobre la validez de extenderlos por fuera de los límites de la observación, no solo hacia lo que por inmensamente grande, o pequeño, no es de hecho medible.

....

Nociones de cantidad solo son posibles donde ya existe un concepto general que da paso a varios modos de determinación. Según exista o no entre esos modos de determinación una transición continua de uno a otro, ellos forman un manifold continuo, o uno discreto. A esos modos individuales se les denomina, en el primer caso, puntos; y en el segundo, elementos del manifold. Conceptos cuyos modos de determinación forman un manifold discreto son tan numerosos que para cosas dadas arbitrariamente siempre se puede encontrar un concepto que las subsuma, al menos en los lenguajes más desarrollados (y entonces los matemáticos han podido, sin mucho escrúpulo, partir del postulado de que cosas dadas han de ser consideradas todas como de una clase); por otra parte no se dan usualmente o con frecuencia, en la vida cotidiana, ocasiones para formar conceptos cuyos modos de determinación constituyen un manifold continuo, y entonces tan solo las posiciones de los objetos percibidos sensorialmente, y los colores, son probablemente las únicas nociones simples cuyos modos de determinación forman un manifold múltiplemente extendido. Ocasiones más frecuentes para el origen y desarrollo de esas nociones se encuentran primeramente en las matemáticas más elevadas.

Partes determinadas de un manifold, distinguidas por una seña o por un límite o frontera, se denominan quanta. Su comparación en cuanto a cantidad se hace en magnitudes discretas por medio de conteo, en magnitudes continuas por medio de medición. Medición consiste en la superposición de las magnitudes objeto de comparación; para la medición se requiere alguna manera de desplazar una magnitud, a manera de medida, sobre la otra. A falta de esto, solo se pueden comparar dos magnitudes solamente cuando una es parte de la otra, y aún así, en este caso solo se puede concluir para la pregunta sobre más o menos, no para la pregunta sobre cuánto. Las investigaciones que en este caso se pueden adelantar forman una parte general de la doctrina de cantidad con independencia de determinaciones métricas, en donde las magnitudes son entendidas no como algo que existe con independencia de la posición, y como algo que no se puede expresar en términos de unidades, sino solamente como región en un manifold. Estas investigaciones se han convertido en necesidad para ciertas ramas de las matemáticas.......

Si se tiene un objeto conceptual cuyos varios modos de determinación forman un manifold continuo, si se pasa, de una manera bien definida, de un modo de determinación a otro, los modos de determinación que han sido atravesados forman un manifold extendido simple y la marca esencial aquí es que un progreso continuo a partir de un punto solo es posible en dos dimensiones, hacia adelante o hacia atrás......

....

En esta discusión hemos distinguido primeramente relaciones de extensión (o de dominio) de aquellas de medida, y encontramos que distintas relaciones de medida son concebibles junto con relaciones de extensión iguales. Luego averiguamos por sistemas con determinaciones simples para medida por medio de las cuales las relaciones métricas espaciales están completamente determinadas y de los cuales los teoremas sobre esas relaciones son consecuencia necesaria. Queda entonces por examinar la cuestión de cómo, en que grado o hasta dónde esas asunciones están garantizadas por la experiencia. En relación con esto subsiste una diferencia esencial entre meras relaciones de extensión, y aquellas de medida: en las primeras, en donde los casos posibles forman un manifold discreto los resultados de la experiencia no son por cierto muy seguros, pero no les falta exactitud; y en las segundas, donde los casos posibles forman un continuo, todas las determinaciones basadas en la experiencia son siempre inexactas, aunque la probabilidad de que sea correcta sea muy grande. Esta antítesis se torna importante cuando estas determinaciones empíricas se extienden más allá de los límites de la observación, hacia lo desmesuradamente grande o lo desmedidamente pequeño; porque la segunda clase de relaciones obviamente se torna más inexacta por fuera de los límites de lo observable, pero no los de la primera clase.

El problema de la validez de los postulados de la geometría en lo indefinidamente pequeño forma parte de la pregunta sobre la base definitiva de las relaciones de tamaño en el espacio. En relación con esto, que bien puede pertenecer al campo de la filosofía del espacio, la anotación arriba hecha en cuanto a que en un manifold discreto el principio de sus relaciones métricas está implícito en la noción misma del manifold, ese principio debe llegar de alguna otra parte en el caso de un manifold continuo. Entonces, o bien los elementos que actualmente forman parte de las bases constitutivas de un espacio constituyen un manifold discreto, o entonces las relaciones métricas deben buscarse por fuera de esa actualidad, en fuerzas coligadas que sobre ella operan. Una decisión sobre estos asuntos solo se encontraría a partir de una estructura del fenómeno que ha sido ya consolidada por la experiencia hasta ahora acumulada, de lo cual Newton estableció las bases, y la modificación gradual que esta estructura requiera, compelida por los hechos que no puede explicar. Esas investigaciones que empiezan, como esta de la que aquí hablamos, de nociones generales, deberían promover el propósito de que esta tarea no sea obstaculizada por concepciones demasiado restringidas, y que el progreso en la percepción de la conexión entre las cosas no sea obstruido por los prejuicios de la tradición. Este rumbo nos conduce al dominio de otra ciencia, el reino de la física, en el cual dada la naturaleza de la ocasión que hoy nos convoca, no podemos incursionar".

14. ...NO HAY CAMINO/SINO ESTELAS EN LA MAR... MACHADO.

Agustín dijo que uno de los misterios del tiempo es que en tanto que es tiende a no ser. Y sí, esa ha sido la mejor concepción clásica sobre la naturaleza, en todo caso entendida como irreal, del tiempo.

Es un poco al contrario: el tiempo es, no fluye, no pasa, no tiende a nada, es existencia. Su naturaleza es presencia, denominada presente, entendida como actualidad ineludible de lo real. El presente puede verse, a manera de simple analogía, como un continuo matemático: y el continuo matemático unidimensional, tanto como el temporal que también sería en gracia de discusión unidimensional, y si es real es por supuesto de naturaleza física, tiene esta propiedad ineludible: no se puede dividir, no tiene partes ni medidas. Si desaparece la analogía, no por ello reaparece la posibilidad de medición. No es correcto asignar dimensión geométrica, ni de ninguna clase o número, a lo temporal. Eso puede ser válido para los relojes, en eso consiste el cercenamiento de lo temporal que es quizás inevitable en el ámbito de las ciencias físicas. Que el tiempo no tenga dimensión en el sentido técnico de no tener métrica no significa que sea irreal, significa que dimensión o medida es un concepto matemático no aplicable a lo temporal.

El tiempo es real y es sinónimo de presente. Pasado y futuro son conceptos, ideas, referencias, unas veces añoranza y otras esperanza.

Que el tiempo no tenga dimensión en sentido matemático no es incompatible con la naturaleza del tiempo entendida como constitutiva de lo real, como lo que he descrito como actualidad ineludible de lo real. Tiene magnitud, no tiene medida, las ideas de Riemann lo rigen sin limitaciones.

El presente se extiende indefinida e ilimitadamente, tanto como la realidad se extiende como y hasta donde es posible. Es inútil tratar de poner medidas a ese indefinida y a ese ilimitadamente.

Esa extensión no se puede marcar ni con números ni con calendarios, si acaso con señas, mojones arbitrarios, como el cambio de color de la naranja, o lo que se quiera, y eso apenas como metáfora. El presente no es ni finito ni infinito, simplemente no tiene sentido imponerle una métrica, no necesita ni del pasado ni del futuro. En el presente se vive, y en el presente se muere. No se deja dividir ni en segundos ni en eones. En él la realidad se manifiesta, no es pensable una realidad intemporal, el pensamiento forma parte de la realidad y es temporal.

Negar la actividad de la realidad no ha logrado nada distinto a exhibir una contradicción que se manifiesta por el solo hecho de actuar para negarla.

El misterio del tiempo es que siempre es. O, mejor, no hay que considerar misterioso a eso. El tiempo es la realidad, o la existencia, es lo mismo, todo menos que imaginario o transitorio; todo está hecho de tiempo: cada uno, como dijo Borges, y todo lo demás. Nada individual deja de ser, porque nada individual es.

El presente es inevitable y necesario, y en ese sentido, solo en ese, es eterno.

O de otra manera, la realidad existe necesariamente, tal como es, cambiante como es, nada en ella es instantáneo ni por fuera del tiempo, la realidad es temporal y su tiempo es el presente.

La Calera, febrero del 2022

TIEMPO sin relojes
Derechos de autor © 2022.
Maximiliano Echeverri Marulanda.

ISBN: 9798422639137

www.ingramcontent.com/pod-product-compliance
Lightning Source LLC
Chambersburg PA
CBHW071448220526
45472CB00003B/718